असे शास्त्रज्ञ, असे संशोधन

निरंजन घाटे

मेहता पब्लिशिंग हाऊस

Please contact us at **Mehta Publishing House,** 1941, Madiwale Colony, Sadashiv Peth, Pune 411030.

✆ +91 020-24476924 / 24460313

Email : info@mehtapublishinghouse.com
production@mehtapublishinghouse.com
sales@mehtapublishinghouse.com

Website : www.mehtapublishinghouse.com

- *या पुस्तकातील लेखकाची मते, घटना, वर्णने ही त्या लेखकाची असून त्याच्याशी प्रकाशक सहमत असतीलच असे नाही.*

ASE SHASTRADNYA ASE SANSHODHAN by NIRANJAN GHATE

असे शास्त्रज्ञ, असे संशोधन / विज्ञान लेख

प्रकाशक : सुनील अनिल मेहता, मेहता पब्लिशिंग हाऊस,
१९४१, सदाशिव पेठ, माडीवाले कॉलनी, पुणे ३०.

अक्षरजुळणी : इफेक्ट्स, २१/६ब, आयडिअल कॉलनी, कोथरूड, पुणे ३८.

मुखपृष्ठ : चंद्रमोहन कुलकर्णी

प्रकाशनकाल : जुलै, १९९३ / सुधारित दुसरी आवृत्ती जानेवारी, २०१२ /
पुनर्मुद्रण : मे, २०१५

ISBN for Printed Book 9788184983258

ISBN for E-Book 9788184987294

आमच्या 'गुर्लहोसूर' या धरणाखाली गेलेल्या
मूळ गावाच्या स्मृतीस–

दोन शब्द

शास्त्रज्ञांची चरित्र म्हटली, की तेच तेच शास्त्रज्ञ आणि त्याच त्याच घटना वेगवेगळ्या पुस्तकांमधून आपल्यापुढे येत राहतात. यामुळे एडिसन सोडले, तर सर्व परिचित असे शास्त्रज्ञ यात टाळले आहेत. ज्ञानज्योतीमध्ये निकोला तेस्ला यांचे चरित्र आहे, ते वाचून मी एडिसनवरही लिहावे, असे मला बऱ्याच वाचकांनी सुचवले होते. त्यांच्या इच्छेचा मी मान राखला आहे.

जॅकॉब बर्झेलियस हे रसायन शास्त्रज्ञ तसे जुनेच; पण १९८८ मध्ये स्विडीश शासनाने त्यांचे एक स्मारक उभारलं. त्यात बर्झेलियस यांचा सुमारे २०० वर्षांपूर्वीचा पत्रव्यवहार, त्यांच्या डायऱ्या, त्यांची प्रयोगशाळा, त्यांचे घर अशा स्वीडनमधल्या स्वीडनभर पसरलेल्या वस्तू आणि युरोपभर पसरलेली कागदपत्रे एकत्र करून ठेवली. विज्ञानाचे दीपस्तंभ कसे प्रज्वलित ठेवावेत, याचा हा आदर्श ठरेल.

सर सी. पी. स्नो हे लेखक म्हणून गाजले; पण त्यांच्या लेखनाचा पाया त्यांच्या संशोधक आयुष्यात होता, तर आयझॅक ॲसिमोव्ह या प्रज्ञावंतानं संशोधनात नाव गाजवणे शक्य असूनही लेखनास आपले जीवन वाहून घेतले. नुकतेच ते वारले. त्यांचे पूर्वी लिहिलेले चरित्र आणि त्यांच्यावर मी लिहिलेला मृत्यूलेख असे दोन्ही मुद्दाम वेगळे दिले आहेत. याचे कारण ॲसिमोव्ह यांच्याबद्दल मला असलेले प्रेम, एवढेच.

विल्यम विदरिंग यांच्याबद्दल फारसे लिहिले गेलेले नाही; तसेच इग्नाझ सेमेलविझ यांचं 'तो एक वेडा' हे अप्रतिम चरित्र मराठीत आलंय, पण ते मुलांच्या हाती लागेल, असे वाटत नाही. एवढ्याच कारणासाठी त्यांचेही अल्प चरित्र इथे घेतलंय.

या सर्व लोकांची गणना वेड्यांमध्ये करता येईल, पण हे वेडे असा वेगळा वसा घेतात, म्हणूनच मानवाची वेगवेगळ्या मार्गांनी प्रगती होते. असा वेडा ध्यास घेतल्याशिवाय महान कार्य घडणे अशक्यच.

ही चरित्रे वाचून माझे किशोर वाचक स्फूर्ती घेतील व पुढे असेच वेगळ्या वाटेने प्रवास करतील, अशी मला आशा आहे.

निरंजन घाटे

दुसऱ्या आवृत्तीच्या निमित्ताने

कुठल्याही पुस्तकाची दुसरी आवृत्ती निघणे, ही लेखकाच्या दृष्टीनं आनंदाची घटना असते. माझ्या दृष्टीनं 'असे शास्त्रज्ञ, असे संशोधन' हे एक महत्त्वाचे पुस्तक आहे कारण या वैज्ञानिक चरित्रांचं महत्त्व केवळ वैज्ञानिकाबद्दलची माहिती जगापुढे आणणं एवढंच नसतं, तर विज्ञानेतिहासाच्या दृष्टीनंही ती महत्त्वाची ठरते. विज्ञानाच्या प्रगतीतील काही अज्ञात टप्पे या चरित्रात दडलेले असतात.

या आवृत्तीमध्ये 'एडिसनचा मृतात्म्यांशी संपर्क साधायचा प्रयत्न' नव्याने समाविष्ट करण्यात आला आहे. त्यानंतर आयझॅक ॲसिमोव्ह यांच्यापर्यंतची प्रकरणे पूर्वीचीच आहेत. त्या खाली या शास्त्रज्ञांबद्दल १९९२ नंतर झालेल्या बदलांची टीप देण्यात आली आहे. पुढचे लेख इ.स. २००० नंतरचे आहेत. ते 'लोकसत्ता' आणि 'मार्मिक'मधील माझ्या सदरातले आहेत. ते छापण्याची परवानगी दिल्याबद्दल मी लोकसत्ता आणि मार्मिकच्या संपादकांचा आभारी आहे.

यात काही निसर्ग-चित्रकारांची माहितीही दिली आहे. हे शास्त्रज्ञ नसले तरीही त्यांनी जीवशास्त्राच्या प्रगतीस महत्त्वाचा हातभार लावला आहे, हे विसरता येत नाही. त्यामुळेच त्यांचा समावेश इथे करण्यात आला आहे.

मेहता पब्लिशिंग हाऊसचे आणि माझे संबंध गेली पंचवीस वर्षं जिव्हाळ्याचे आहेत. घरच्या माणसांचे आभार मानण्याची औपचारिकता मला योग्य वाटत नाही. त्यामुळे मेहता पब्लिशिंग हाऊसचे मी आभार मानत नाही, एवढेच!

निरंजन घाटे

अनुक्रम

विल्यम विदरिंग

नाई निर्गुडी माका, सर्व रोगांचा काका! असं आमचे आजोबा आम्हाला सांगत असत. त्याच धर्तीवर इटालियन लोक तिलपुष्पीचा काढा प्या नि काळजीमुक्त व्हा, असे म्हणायचे. आकडी वळणे, दमा अशा रोगांवर तिलपुष्पीचा वापर इटालियन लोक करत असत. फुप्फुसांचा क्षय आणि श्वसनसंस्थेच्या इतर विकारांत तिलपुष्पी गुणकारी ठरते, असे जॉन पार्किन्सन आणि जॉन गेरार्ड यांनी लिहून ठेवलेय; मात्र हृदयविकारावर तिलपुष्पी वापरल्याचा या काळात कुठेही उल्लेख आढळत नाही.

जांभळी तिलपुष्पी (पर्पल फॉक्सग्लोव) ही गेली शेकडो वर्षे निरनिराळ्या देशांमधून निरनिराळ्या प्रकारे औषधी म्हणून वापरण्यात येते. विल्यम विदरिंग यांनी ही वनस्पती हृदयविकारावर औषधी म्हणून उपयोगी ठरते, हे अठराव्या शतकात सिद्ध केलं. विदरिंग बर्मिंगहॅम इथं वैद्यक व्यवसाय करत असत, आज तिलपुष्पीचा अर्क (या अर्कातून निघालेल्या औषधींना एकत्रितपणे डिजिटॅलिस असे म्हणतात.) हृदयविकारावर आणि हृदयाच्या अनेक तक्रारींवर खात्रीशीर इलाज म्हणून वापरण्यात येतो.

इ.स. ११२० मध्ये बॅरी सेंट एडमंड यांच्या वनौषधीच्या ग्रंथात या वनस्पतीचा उल्लेख आढळतो. या वनस्पतीचा उपयोग जखमा बऱ्या करण्यासाठी होतो, असं या ग्रंथात नमूद केलं आहे. त्यानंतरच्या काळात डिजिटॅलिसचा उपयोग अनेक जखमांवर औषधी म्हणून होत होताच; पण 'किंग्ज एव्हील' असे म्हटल्या जाणाऱ्या कातडीच्या क्षयरोगावरही हा अर्क औषधी म्हणून वापरण्यात यायचा. इटालियन तर तिलपुष्पी हे सर्व रोगांवरचा अक्सीर इलाज आहे, असे म्हणायचे.

श्रॉपशायरमध्ये जन्मलेल्या विल्यम विदरिंग यांना आपल्या वैद्यकीय व्यवसायात उपयोगी ठरतील किंवा ठरू शकतील, अशा वनस्पती शोधण्याचा छंद होता. या सर्व वनस्पतींची ते सचित्र नोंद ठेवत असत. या नोंदींवरून त्यांनी एक पुस्तक लिहिले. ते १७७५ मध्ये प्रकाशित झाले, आले आणि पुढे शे-सव्वाशे वर्षं त्या पुस्तकाच्या साहाय्यानं इंग्लंडमध्ये वनस्पतिशास्त्र शिकवले जात होते.

ड्रॉप्सी, म्हणजे आपल्या शरीरात पाणी साठून सूज येणे. शरीरातल्या उतींमध्ये

हे पाणी साठते. बऱ्याचदा हृदय नीट काम करत नसल्यामुळे हे घडते; पण काही वेळा यकृत आणि मूत्रपिंडाच्या विकारांमध्येही ड्रॉप्सीमुळे शरीरास सूज येते. या विकारावर उपचार करताना विदरिंग यांनी तिलपुष्पीचा वापर केला. याचे कारण १७७५ मध्ये त्यांना हे रहस्य कळले, ते कसं ते त्यांच्याच शब्दांत बघू या–

'इ.स. १७७५ मध्ये एका घरगुती उपचाराबद्दल माझं मत मला विचारण्यात आलं होतं. इतर सर्व उपचार थकले, की लोक या म्हातारीकडं जायचे. त्यांच्या घरात पिढ्यान्‌पिढ्या चालत आलेलं औषध होतं ते आणि ते चांगलंच गुणकारी होतं; मात्र ते कसं करतात, हे त्या कुटुंबाचं गुपित होतं. हे औषध घेतलं, की खूप उलट्या आणि जुलाब व्हायचे. या काळामध्ये लघवीवर काय परिणाम व्हायचा, ते मात्र यापैकी कोणीही सांगू शकत नव्हतं. त्या म्हातारीकडं चौकशी करता तिनं वीस वनस्पतींची नावं सांगितली; पण या विषयीची माहिती असणाऱ्या व्यक्तीला त्यातली खरी औषधी कोणती, हे कळणं अवघड नव्हतं. तिलपुष्पीशिवाय त्यातल्या इतर कुठल्याही वनस्पतीत हे औषधी गुण नव्हते.' विदरिंगनी जो वनस्पतींचा अभ्यास केला होता, त्यामुळेच ते इतक्या आत्मविश्वासानं तिलपुष्पी सोडून बाकीच्या वनस्पती मोडीत काढू शकले.

यानंतर विदरिंगनी आपल्याकडे येणाऱ्या गरीब रुग्णांना तिलपुष्पीचा अर्क औषध म्हणून द्यायला सुरुवात केली; पण त्यांच्या औषधास फारसं यश आलं नव्हतं. याचं कारण हा काढा कसा करावा आणि कोणत्या प्रमाणात द्यावा, याबद्दल त्यांनी आडाखे पक्के केलेले नव्हते. त्यामुळे त्यांनी काही काळ हे औषध रुग्णांना देणं बंद केलं; पण १७७५ मध्ये ऑक्सफर्डमधल्या एका विद्वान प्राध्यापकांनी आपली ड्रॉप्सी बरी करण्यासाठी तिलपुष्पीचा पाठपुरावा करायला सुरुवात केली.

ऑक्सफर्ड विद्यापीठातील ब्रेझनोज कॉलेजचे प्राचार्य राल्फ कॉली, यांनी हे उपचार स्वत:च स्वत:वर केले होते, याची माहिती त्यांचे लंडनमधील वैद्यबंधू रॉबर्ट कॉली यांनी मे १७८५ मध्ये विदरिंगना पत्रानं कळविली. राल्फ कॉली यांनी तिलपुष्पीच्या मुळाचे चाटण घेतले होते. ऑक्सफर्डमधल्या एका सुतारानं कॉलींना हे औषध सांगितलं होतं. हे ऐकून विदरिंगनी आपले प्रयोग पुन्हा सुरू केले आणि आजच्या काळात प्रायोगिक औषधांना जे यश मिळतं, तेवढं यश त्यांनी पुढच्या नऊ वर्षांत मिळवलं. विदरिंगनी त्या काळात या वनस्पतींवर जे प्रयोग केले किंवा तर्कानं त्या वनस्पतींचा ज्या पद्धतीनं उपयोग करून घेतला, त्या पद्धती आधुनिक विज्ञानाच्या कसोटीवर योग्य ठरल्या आहेत.

विदरिंग यांनी हौस म्हणून वनस्पतिशास्त्राचा अभ्यास केलेला होता; पण ती हौसही त्यांनी मन लावून केलेली होती. यामुळंच जर या वनस्पतीचा अर्क काढायचा असेल, तर त्यासाठी पानेच सर्वाधिक उपयुक्त ठरतील, याबद्दल त्यांना खात्री वाटत

होती. एवढंच नव्हे, तर औषधांसाठी काढायची पानं ही वर्षातील एका ठरावीक वेळेसच काढली, तर औषधाचं आपोआप प्रमाणीकरण होईल, कारण त्या ठरावीक ऋतूमध्ये त्या पानांत ठरावीक प्रमाणात घटक असतील. इतर ऋतूंत हे प्रमाण बदलू शकेल, असं त्यांना वाटत होतं. आधुनिक वैज्ञानिक कसोट्यांवर त्यांचं हे निदान पूर्णपणे उतरलं आहे. वेगवेगळ्या रुग्णांवर प्रयोग करून उपचार सुरू केल्यावर या औषधाचे थोडेसे विषारी दुष्परिणाम कधी सुरू होतात, ते ओळखून या औषधाचं प्रमाण विदरिंग यांनी निश्चित केलं. यामुळं या औषधाचे कमीत कमी दुष्परिणाम सहन करून घेणं, रुग्णांना शक्य होऊ लागलं.

तिलपुष्पीचा कुठल्या रोगात उपयोग होतो आणि कोणती लक्षणं असताना तिलपुष्पी दिल्यास ती हमखास लागू पडते, याबद्दल त्यांनी नोंदी ठेवल्या आणि रुग्णांचं वर्गीकरण केलं. या सर्व नोंदींच्या साहाय्यानं १० वर्षांच्या अभ्यासानंतर १७८५ मध्ये विदरिंगनी 'तिलपुष्पीचे वैद्यकीय उपयोग' यावर एक ग्रंथ लिहिला. आजही हा ग्रंथ वाचनीय ठरतो. त्या काळातल्या वैद्यक शास्त्रावर तर या ग्रंथाचा प्रचंड प्रभाव पडला होता.

तिलपुष्पीच्या वाट्यास सतत वाद आले आहेत. या वनस्पतीचा इतिहास बघितला, तर 'वैद्यकशास्त्रातील सर्वांत वादग्रस्त वनस्पती' असं तिचं वर्णन केलं, तर ते वावगं ठरणार नाही. ती अनेकविध कारणांनी वादग्रस्त ठरली गेली. विदरिंगच्या काळातही ती वादातीत नव्हतीच.

विदरिंगच्या काळात जो वाद झाला, तो एक वेगळ्या प्रकारचाच वाद होता. तिलपुष्पी उपयोगी आहे, हे प्रथम कुणी जगासमोर आणलं, याबद्दलचा तो मानवी वाद होता.

जुलै १७७६ मध्ये इरॅस्मस डार्विन यांनी ड्रॉप्सीबद्दल विदरिंगचं मत विचारलं. इरॅस्मस डार्विन, हे त्या काळातलं बडं प्रस्थ होतं. ते वैद्यकशास्त्रात तर प्रवीण होतेच, पण इतरही शास्त्रीय संशोधनात त्यांना रस असे. बर्मिंगहॅमच्या ख्यातनाम ल्युनर सोसायटीचे ते संस्थापक सदस्य होते. विदरिंगही या संस्थेचे सदस्य होते. इरॅस्मस डार्विन यांनी ड्रॉप्सीबद्दल मत विचारल्यावर विदरिंगनी त्यांना तिलपुष्पीची माहिती दिली. तिलपुष्पी ड्रॉप्सीसाठी वापरतात, याची डार्विनना कल्पना नव्हती. इ.स. १७८० मध्ये इरॅस्मस डार्विन यांनी एक छोटी पुस्तिका प्रसिद्ध केली. त्यांचा मुलगा एडिंबर्ग इथं वैद्यकीय शिक्षण घेत होता. तो शेवटच्या वर्षात असताना; दोन वर्षांपूर्वी मरण पावला होता. त्याच्या काही विशेष महत्त्व नसलेल्या नोंदी केवळ भावनेपोटी इरॅस्मस डार्विन यांनी स्वखर्चानं प्रसिद्ध केल्या होत्या.

या पुस्तिकेला डार्विननी काही पूरक पानं जोडली होती. यात ड्रॉप्सीच्या नऊ रुग्णांवरच्या उपचाराची माहिती होती. यातल्या आठ रुग्णांवर तिलपुष्पीच्या साहाय्यानं उपचार करण्यात आले होते. यातल्या पहिल्या रुग्णाच्या वेळी इरॅस्मस डार्विननी

विदरिंगचा सल्ला घेतला होता. या पुस्तिकेत कुठेही विदरिंग यांचा उल्लेख नव्हता, तर ही शेवटची पुस्ती अशा खुबीनं जोडण्यात आली होती, की इरॅस्मस डार्विनच्या चिरंजीवांनीच हा शोध लावला, असा वाचणाऱ्यांचा ग्रह व्हावा. विदरिंग यांच्या तिलपुष्पीवरील ग्रंथाच्या आधी पाच वर्षं हे चोपडं प्रसिद्ध झाल्यामुळं साहजिकच तिलपुष्पीच्या प्रथम उपयोगाचा व त्याची नोंद ठेवल्याचा बहुमान डार्विनकडे जात होता.

१७८५च्या सुरुवातीस विदरिंगचा ग्रंथ प्रसिद्ध व्हायच्या आधी विदरिंगच्या संशोधनाचं श्रेय स्वत:कडे घेण्यासाठी इरॅस्मस डार्विन यांनी आपण ड्रॉप्सीच्या रुग्णांवर तिलपुष्पीचा कसा परिणामकारक वापर केला याबद्दल आणखी काही शोधनिबंध प्रसिद्ध केले. 'मेडिकल कॉमेंटरीज् ऑफ द कॉलेज ऑफ फिजिशियन्स ऑफ लंडन', या नियतकालिकामध्ये डार्विन यांचा हा शोधनिबंध प्रसिद्ध झाला. या शोधनिबंधात आपल्या मुलाच्या नावे प्रसिद्ध केलेल्या पुस्तिकेतील रुग्णांवर आपण स्वत:च उपचार केले होते, असं इरॅस्मस डार्विन यांनी लिहिलं होतं. पुढं इरॅस्मस डार्विन यांनी 'झुनॉमिया' नावाचा ग्रंथ प्रसिद्ध केला. त्यातही या पुस्तिकेचा त्यांनी समावेश केलेला होता. डार्विन यांनी या रुग्णांवर उपचार केले होते, याबद्दल शंका घ्यायला वाव नाही हे खरं; पण त्यांनी विदरिंगना विचारून मगच तिलपुष्पीचा वापर सुरू केला होता, हेही तितकंच खरं आणि या गोष्टीचा उल्लेख मात्र त्यांनी मोठ्या शिताफीनं टाळला होता.

यामुळं जेव्हा विदरिंगनी तिलपुष्पीच्या वापरासंबंधी आपला ग्रंथ प्रसिद्ध केला, तोपर्यंत इतरांनीही तिलपुष्पीचा वापर करायला सुरुवात केली होती व त्यासंबंधीचे आपले अनुभव शोधनिबंध म्हणून प्रसिद्ध केले होते. त्यातल्या कुणीही विदरिंगचं नावही घेतलेलं नव्हतं, तसं कारणही नव्हतं. यातल्या बऱ्याच जणांनी आपण डार्विनच्या मुलाची पुस्तिका वाचून किंवा तिलपुष्पीच्या वापरासंबंधी डार्विन यांचा शोधनिबंध वाचून तिलपुष्पीचा वापर सुरू केला, असं डार्विन यांचं श्रेय मान्य केलं होतं. यामुळं विदरिंग भयंकर खवळले आणि आपल्या ग्रंथाच्या प्रस्तावनेत त्यांनी हे सर्व नमूद केलं. यामुळं त्यांच्या आणि डार्विन यांच्यामध्ये कायमस्वरूपी वैर निर्माण झालं.

त्या काळातले सर्वच वैद्य विदरिंगइतक्या काळजीपूर्वक नोंदी ठेवून दिलेल्या औषधींचे रुग्णांवर काय परिणाम होतात, हे पाहत नसत. इंग्लंडमध्ये जीन फॅरियर आणि अमेरिकेतल्या हाल जॅक्सन यांनी विदरिंगची संशोधन परंपरा पुढे चालवली. याउलट इंग्लंडमधल्या जॉन कोकली लेडसम यांनी औषधांचा दुरुपयोग केला नि त्यांच्या रुग्णांना त्याचे परिणामही भोगावे लागले. ज्या प्रकारच्या आजारात अशी औषधं वापरू नका, असं विदरिंगनी ठामपणं सांगितलेलं होतं, त्या आजारातही इतर काही मंडळींनी ती वापरली होती, उदा. थॉमस बडरोज यांनी या वनस्पतीचा वापर क्षयाच्या रुग्णांवर उपचार करण्यासाठी केला.

एक प्रकारे अशा दुरुपयोगामुळं रुग्णांचे होणारे हाल बघूनच विदरिंगना आपला ग्रंथ सिद्ध करण्याची बुद्धी झाली होती. आपल्या ग्रंथामुळे तिलपुष्पीचा गैरवापर

टळेल, अशी त्यांना आशा वाटत होती.

इंग्लंडमध्ये १९व्या शतकात तिलपुष्पीवर म्हणावं तसं संशोधन झालं नव्हतं. तिचा वापर ड्रॉप्सीसाठी केला गेला, तरी या वापराचे दुष्परिणाम अधिक प्रमाणात दिसून येत असत. याशिवाय ही वनस्पती वाटेल त्या रोगांवर औषध म्हणून वापरण्यात येत असे. विषमज्वरापासून दम्यापर्यंत आणि नपुंसकतेपासून अपस्मारापर्यंत सर्व रोगांवर 'अक्सीर दवा' म्हणून तिलपुष्पीचा सारासार विचार बाजूस ठेवून वापर करण्यात येत होता. हृदयरोगात या वनस्पतीचा वापर करावा की न करावा, याविषयी मोठा वाद निर्माण झालेला होता.

फ्रान्समध्ये या काळात तिलपुष्पीचे रासायनिक घटक कोणकोणते, याबाबत शोध घेतला जात होता; मात्र या प्रयोगांना फारसं यश नसल्यामुळं 'ला सोसिएते द फार्मासीये द पारी'ने तिलपुष्पीतले औषधी घटक शोधून काढण्यासाठी १८३५ मध्ये ५०० फ्रँकचं बक्षीस जाहीर केलं आणि १८४० मध्ये ही रक्कम वाढवून १००० फ्रँकवर नेली.

१८४१ मध्ये उजेन होमोले आणि तेओदोर कव्हेन यांनी तिलपुष्पीच्या पानांपासून एक अर्ध स्फटिकी पदार्थ वेगळा केला नि त्याला 'डिजिटॅलिन' असं नाव दिलं. त्यांना अर्थातच हजार फ्रँकचं बक्षीस मिळालं. पुढं १८०९ मध्ये ओस्वाल्ड इश्मडेबर्ग यांनीही डिजिटॅलिने तयार करण्यात यश मिळवलं.

तिलपुष्पीमधल्या रासायनिक घटकांचं स्वरूप अतिशय जटील असल्यामुळं त्यांचं खरं स्वरूप जगापुढं यायला विसावं शकत उजाडावं लागलं आणि डिजिटॅलिस पुर्पुरिया आणि डिजिटॅलिस लॅनाटा या दोन वनस्पतींमधल्या ग्लायकोसायिडांचा अभ्यास करून तीन प्रकारची डिजिटॅलिनं वेगळी करण्यात शास्त्रज्ञांना यश आलं.

सध्या काही प्रकारच्या हृदयरोगात डिजिटॅलिने वापरण्यात येत असली, तरी त्यासंबंधीचा वाद अजून संपुष्टात आलेला नाही. हृदयाची धडधड नेहमीच्या विशिष्ट ठेक्यात चालू असतानाही येणाऱ्या हृदयविकाराच्या झटक्यात डिजिटॅलिनं वापरलं जातं. याशिवाय ॲट्रियल फिब्रिलेशन, म्हणजे हृदयाची अनियमित आणि गतिमान धडधड होत असेल, तरीही डॉक्टर डिजिटॅलिनचा वापर करतात. अशा तऱ्हेनं इंग्लंड व युरोपच्या माळरानावर आणि हिमालयात कुठंही उगवणाऱ्या या वनस्पतीपासून एक उपयुक्त औषध निर्माण झालं. याउलट आपल्याकडं माहिती असलेली आणि पूर्वापार वापरात असलेली वनस्पतिजन्य औषधं मात्र संशोधनाअभावी नाहीशी होत चालली आहेत, याचंच वाईट वाटतं.

■

जॅकॉब बर्झेलियस

अठराव्या शतकाच्या अखेरीस विज्ञानकल्पना युरोपात रुजू लागल्या होत्या. प्रत्येक गोष्टीला काही तरी तर्कशुद्ध स्पष्टीकरण देता येणं शक्य आहे, हे लोकांच्या मनावर ठसवण्याची धडपड सुरू होती. यामुळे चमत्कार, फल-ज्योतिष, परीस, अमृत अशा कल्पनांवरचा विश्वास निदान युरोपात तरी उडू लागला होता. बऱ्याच नवनव्या विद्वत्सभा स्थापन होत होत्या. या संस्था नियतकालिकं, जाहीर सभा, व्याख्यानं, चर्चा, परिसंवाद यांच्याद्वारे जनसामान्यांपर्यंत वैज्ञानिक विचार न्यावयाचा प्रयत्न करू लागल्या होत्या. विज्ञानावर अनेक पुस्तकं छापली जात होती. युद्धांमुळं तंत्रज्ञान आणि वैद्यकशास्त्रात प्रगती घडून येत होती.

रसायनशास्त्रात ललामभूत ठरलेले अनेक अग्रगण्य शास्त्रज्ञ या काळात होऊन गेले. ए. एल. लॅव्हॉयजे (१७४३ ते ९४) यांनी मूलद्रव्यांची संकल्पना स्पष्ट केलीच, पण ज्वलनाच्या प्रक्रियेचं स्पष्टीकरणही दिलं होतं. लॅव्हॉयजेंना 'आधुनिक रसायनशास्त्राचे प्रणेते' असं म्हणण्यात येतं. दे एलमेंते द शेमी (१८८९) या त्यांच्या ग्रंथानं रसायनशास्त्राचा पाया घातला. यानंतर लुईगी गॅल्वानी (१७३७ ते ९८) आणि अलेस्सांद्रो व्होल्टा यांनी रसायनशास्त्रात महत्त्वाची भर घातली. युरोपभर विज्ञान अध्यापनाची व अभ्यासकांची लाट आली आणि यातून विज्ञानाच्या सर्वच शाखांची भरभराट झाली. स्विडीश शास्त्रज्ञही या लाटेतून सुटले नव्हते.

अठराव्या शतकाच्या सुरुवातीस स्विडीश रसायनशास्त्रज्ञ मुख्यत: खाणीतून येणाऱ्या वेगवेगळ्या खनिजांचा अभ्यास करण्यात गुंतलेले होते. यामुळं खनिकर्म तंत्रज्ञान आणि खनिजशास्त्र या विषयांत त्यांची खूप प्रगती झालेली होती. स्वीडनमध्ये बऱ्याच खनिजांचं उत्पादन होत होतं, यामुळंच त्यांचा व्यवस्थित अभ्यासही होत होता. टॉर्बर्न बर्गमन (१७३५ ते ८४), कार्ल विल्हेल्म शील (१७४२ ते ८६) या दोघांनी खनिज रसायनातल्या अनेक मुलभूत मुद्द्यांवर संशोधन केलं होतं आणि रसायनशास्त्रात काही पद्धतीही विकसित केल्या होत्या. शीलनी कार्बनी रसायनात बरंच लक्ष केंद्रित केलं. वनस्पती व प्राण्यांवर प्रयोग करून सायट्रिक, मॅलिक,

ऑक्झॅलिक व इतरही काही आम्ल पदार्थ त्यांनी मिळवले होते. बर्गमन आणि शील यांच्या निधनानंतर स्विडीश रसायनशास्त्रज्ञ क्षेत्रात जी पोकळी निर्माण झाली, ती बर्झेलियसनी भरून काढली, असं म्हणावं लागेल.

जॅकॉब बर्झेलियसचा जन्म २० ऑगस्ट १७७९ या दिवशी झाला. ते माता-पित्यांच्या निधनामुळं अल्पवयातच पोरके झाले होते. यामुळं त्यांचं बालपण अतिशय हालअपेष्टेत गेलं होतं. त्यामुळं आपण जे करू ते योग्य की अयोग्य, याचा विचार करूनच ते एखादी गोष्ट करत. स्वत: विचारपूर्वक निर्णय घ्यायचे नि त्याप्रमाणे वागायचं, हीही सवय यामुळं त्यांना लहानपणापासूनच लागली होती. त्याप्रमाणं अतिशय साध्या राहणीची व कमी खर्चात जगण्याची सवयही त्यांना जडली होती. बर्झेलियस मध्यम उंचीचे, भक्कम बांध्याचे होते. त्यांचे केस पिंगट रंगाचे असून, खूप कुरळे असल्यानं भांग पाडणं त्यांना कधीच जमलं नव्हतं. त्यांचा चेहरा हसरा असला, तरी कपाळाला झटकन आठी पडून त्यांची नाराजीही लगेच व्यक्त होत असे. त्यांच्या जाड भुवयांना कारोलिन्सा संस्थेतील त्यांचे विद्यार्थी 'बर्झेलिचे धूळ झटकायचे ब्रश' असं म्हणायचे.

बर्झेलियसचे कपडे साधे असले, तरी व्यवस्थित असत. हा व्यवस्थितपणा त्यांनी प्रयत्नपूर्वक अंगीकारला होता. याचं कारण त्यांना असलेली सामाजिक मान्यता. शिवाय रॉयल स्विडीश ॲकॅडमी ऑफ सायन्सेसचे ते तहहयात सचिव होते. त्यांचा स्वभाव अतिशय प्रेमळ व मनमिळाऊ होता. त्यांची मैत्री ज्यांना ज्यांना लाभत असे, त्यांच्यावर बर्झेलियस यांच्या मैत्रीचा कायमस्वरूपी प्रभाव पडत असे. प्रयोगशाळेत ते अतिशय एकाग्रतेनं काम करायचे; पण त्या एकाग्रतेमुळं त्यांच्या आनंदी स्वभावात आणि खेळकर वागण्यात कधीही बदल झालेला दिसून येत नसे. आपल्या सहाध्यायांना मधूनच हलकेफुलके विनोद सांगून प्रयोगशाळेतही प्रसन्न वातावरण निर्माण करण्याची हातोटी त्यांना साधलेली होती. त्यांचा पत्रव्यवहार खूप मोठा होता. त्यातूनही त्यांची आशावादी व आनंदीवृत्ती प्रकट होते. असं असूनही त्यांच्या वागण्यात एक शिस्त होती, त्यामुळेच त्यांच्या हातून खूप कार्य घडू शकलं.

बर्झेलियसचा एक दोष, म्हणजे ते जाहीर व्याख्यानं देऊ शकत नसत किंवा कुठल्याही व्यासपीठावरून बोलू शकत नसत. त्यांनी एवढे शोध लावूनही त्या शोधांचा आर्थिक फायदा घ्यावा, असंही त्यांना कधी वाटलं नव्हतं. त्याचबरोबर ते त्यांच्या मित्रांनी वारंवार आग्रह करूनही बराच काळ ब्रह्मचारी राहिले. याचं कारण म्हणजे १८१२ मध्ये ते लंडनला गेले होते. तिथं त्यांनी आपले स्नेही ए. मार्केट यांना लग्नाबद्दलचं त्यांचं (म्हणजे मार्केटचं) मत विचारलं. यावर मार्केट म्हणाले, ''हा विचार ज्याचा त्यानं करावा. तू लग्न कर किंवा करू नकोस यापैकी कुठलाही

सल्ला मी तुला देणार नाही. शास्त्रज्ञ लग्न करून दु:खी होतात असंही नाही आणि लग्न न करून सुखी राहतात, असंही सांगता येत नाही. मी माझ्या संसारात सुखी आहे; मात्र माझी पत्नी वारली, तर मला वेड लागायची वेळ येईल, एवढं लक्षात ठेव. जर हा संसाराचा अनुभव माझ्या गाठीशी असता, तर मी लग्न कधीच केलं नसतं.'' या सल्ल्यामुळं बर्झेलियस लग्नाचा विचार टाळू लागले. बर्झेलियस यांची काळजी घेण्यासाठी अनेक स्त्रिया पुढे आल्या; पण वयाच्या ५६ व्या वर्षापर्यंत आपल्या निश्चयापासून ते ढळले नव्हते. त्यांची नोकराणी अतिशय प्रामाणिक, उत्तम स्वयंपाकी आणि कुरूप होती. या तिच्या गुणांची बर्झेलियसनी वाहवा केली आहे.

वयाच्या ५६ व्या वर्षी बर्झेलियसनी त्यांचे मित्र गॅब्रियल पॉपियस यांची कन्या बेटी (एलिझाबेथ) हिच्याशी लग्न केलं. बेटी त्या वेळी २४ वर्षांची होती. आपल्या लग्नाबद्दल बर्झेलियस लिहितात–

'संसारी बनणं हा एक वेगळा अनुभव आहे; पण एकंदरीनं हा अनुभव सध्यातरी सुखद वाटतो. माझा दिनक्रम लग्नामुळं सुखावह बनला आहे; पण तिच्या नातेवाइकांचं, मित्र-मैत्रिणींचं येणं-जाणं वाढलंय. त्या प्रत्येकाशी वेळ काढून बोलावं लागतं. शिवाय मध्येच उठून जाता येत नाही. ब्रह्मचारी असताना ही बंधनं नव्हती. घरी वेळेवर परत यावं लागतं; पण बेटी खूप हुशार आहे. इतर स्त्रियांच्या मानानं तर खूपच हुशार आहे. ही एक अतिशय चांगली गोष्ट आहे. संसाराबद्दल आणखी काय लिहावं, एक म्हण सांगतो–

'बिअर नवी आहे. आत्ताशी तिचा पहिला घोट घेतलाय. कालांतरानं मुरल्यावर ती अधिकाधिक चांगली होत जाईल.'

हा उतार वयातला संसार सुरू झाला, तरी बर्झेलियसच्या आयुष्यातलं केंद्रस्थान म्हणजे प्रयोगशाळा. आपल्या आयुष्याचा फार मोठा काळ बर्झेलियसनी या प्रयोगशाळेत व्यतीत केला. त्या काळात रसायनशास्त्राची प्रयोगशाळा कशी असावी, याबद्दल कोणतेच नियम नव्हते. तरीही दमटपणा, पाण्याचा निचरा, स्वच्छ हवा, प्रकाश आणि ऊन या बाबतची योग्य ती काळजी घेऊन बर्झेलियसनी आपली प्रयोगशाळा बांधली होती. फ्रीडरिश वोहलर (१८०० ते १८८३) हे १८२३-२४ मध्ये बर्झेलियसचे विद्यार्थी होते. त्यांनी बर्झेलियस यांच्या प्रयोगाबद्दल लिहून ठेवलंय–

'बर्झेलियसची प्रयोगशाळा अतिशय साधी आहे. यातलं प्रयोगांचं साहित्यही सोपं आहे. त्यात किचकटपणाचा अभाव आहे. आत दोन लांब टेबलं आहेत, कडेला आवश्यक रसायनांच्या बाटल्यांची कपाटं आहेत. यातल्या एका टेबलावर बर्झेलियस बसतात. दुसऱ्या टेबलाजवळ मी बसत असे. इथंच उपकरणं धुवायची सोय आहे. एक कार्यशाळा (वर्कशॉप) आहे. पाऱ्यानं भरलेलं भांडं, पेटलेली भट्टी, पलीकडे खोलीत ॲना स्वयंपाक करते. तीच काचसामान धुते.'

१९ व्या शतकात प्रयोगशाळेचा ढाचा बदलला. याचं कारण प्रयोगातली अचूकता वाढली. त्या काळात प्रयोगांसाठी आवश्यक ती रसायनं रसायनशास्त्रज्ञ स्वत:च तयार करून घ्यायचे. पुढं पुढं या प्रयोगातली सफाई वाढली. बऱ्याच प्रयोगांसाठी खास उपकरणं लागू लागली. यातून बर्झेलियसनी अनेक मार्ग काढले. प्रयोगशाळेतलं तंत्र त्यांनी बसवलं. त्यांचं पुस्तक पुढं ५०-१०० वर्षं आदर्श संदर्भ ग्रंथ म्हणून वापरलं गेलं. त्यांनी घालून दिलेल्या पृथ:करण पद्धतीतूनच पुढं रासायनिक पृथ:करण पद्धतीची घडी बसली.

आपल्या प्रयोगांच्या बाबतीत बर्झेलियस खूप काटेकोर वागत आणि प्रयोगशाळेतली शिस्त त्यांनी मोडली नाही. त्यांची पद्धतही अनेक प्रयत्नांनी सिद्ध केलेली असे. पृथ:करणातसुद्धा रसायनशास्त्रज्ञाच्या कौशल्यावर अवलंबून न राहता हमखास व योग्य निर्णय देणारी पद्धत ते निवडत असत. प्रत्येक रसायनशास्त्रज्ञानं प्रायोगिकतंत्र आत्मसात करायला हवं, या मुद्द्यावर त्यांचा भर असे. अचूक वजन करणं, द्रव पदार्थ एकही थेंब न सांडता प्रयोगनलिकेत ओतणं, आदी बारीकसारीक गोष्टींकडे दुर्लक्ष करून उपयोग नाही, एखादी क्षुल्लक चूक अनेक वर्षांच्या कामावर पाणी पाडू शकते, असं ते आपल्या विद्यार्थ्यांना सांगत असत. प्राथमिक शिक्षण घेतानाच बारकाव्याची माहिती करून घ्यावी, त्यासाठी खूप मेहनत व सरावाची तयारी असावी, असं त्यांनी लिहून ठेवलं आहे. जर एखाद्या प्रयोगात चूक आहे असं वाटलं, तर तो प्रयोग पुन्हा करण्याकडं त्यांचा कटाक्ष असे. त्या काळात प्रचलित असलेल्या ग्रॅव्हिमेट्रिक पृथ:करण पद्धतीतही त्यांनी बऱ्याच सुधारणा घडवून आणल्या, शुद्ध पदार्थ, रासायनिक प्रक्रियांचं मोजमाप, क्षारसाका गोळा करणं व त्याचं अचूक मापन करणं या बाबतही त्यांनी नव्या पद्धती शोधल्या. अगदी मोजका नमुना घेऊन पृथ:करण करायची कल्पनाही त्यांचीच. जवळजवळ ४० मूलद्रव्यांची आण्विक वजनं बर्झेलियसनी अचूक मोजली होती.

इ.स. १८०० मध्ये अलेस्सांड्रो व्होल्टा यांनी विद्युत ऊर्जेचा खात्रीशीर पुरवठा करण्याचं तंत्र विकसित केलं. त्याबरोबर विद्युत पृथ:करणानं रसायनांचा अभ्यास करण्याची साथ रासायनिक जगात पसरली. विद्युत विघटनानं अनेक संयुगाचे घटक वेगळे करता येऊ लागले आणि त्यामुळे बऱ्याच नवनव्या मूलद्रव्यांचा शोध लागला. यातूनच रसायनशास्त्रातले काही नवे सिद्धान्त अस्तित्वात आले. त्यात बर्झेलियसचा विद्युत रासायनिक सिद्धान्त महत्त्वाचा ठरला. बर्झेलियसनी मूलद्रव्यांचे दोन प्रकार गृहीत धरले. ज्या विद्युत प्रस्थांकडे ही मूलद्रव्यं आकर्षित होतात, त्यावरून त्यांनी मूलद्रव्यांचे घनविद्युती आणि ऋणविद्युती असे दोन प्रकार केले. आपल्या प्रयोगाच्या आधारे त्यांनी हा सिद्धान्त मांडला आणि तो सर्वच रसायनांच्या बाबतीत लागू पडू शकेल, असं म्हटलं.

फालून इथल्या योहान गॉटलीब गान (१७४५ ते १८१८) यांनी फुंकनळीच्या साहाय्यानं पृथ:करण करण्याचं जे तंत्र निर्माण केलं, ते बर्झेलियसनी त्यांच्याकडून शिकून घेऊन आत्मसात केलं. या तंत्रानंही खूप माहिती मिळवता येते, असं ते म्हणत असत. 'ही नळी फुंकून फुंकून माझा जबडा निखळून जायची वेळ आली आहे.' असं आपल्या एका पत्रात त्यांनी नमूद केलंय.

'खनिजांची तपासणी आणि रासायनिक पृथ:करणात फुंकनळीचा उपयोग' हा त्यांचा ग्रंथ १८२० मध्ये प्रसिद्ध झाला. त्याचे अनेक भाषांतून अनुवाद झाले.

सेरियम, सेलेनियम, थोरियम, सिलिकॉन आणि झिर्कोनियम ही मूलद्रव्यं बर्झेलियसनी शोधून काढली. याशिवाय लिथियम आणि व्हॅनेडियम शोधण्यातही त्याचा हातभार लागला होता. 'सजीवांचं रसायनशास्त्र' हा त्यांचा आणखी एक आवडता छंद. शरीरातल्या रसायनांमधून त्यांनी पायरुविक आम्ल वेगळं केलं. स्नायूंमध्ये जमा होणारं लॅक्टिक आम्ल आणि दुधातून मिळणारं लॅक्टिक आम्ल यात फरक नसतो, हेही त्यांनी दाखवून दिलं. याशिवाय इतरत्र घडणाऱ्या संशोधनावर ते दर वर्षी टीका-टिपण्णी करत असत.

या शास्त्रज्ञाला आधुनिक रसायनाचा पितामह म्हणून ओळखलं जातंच, त्यांच्या सन्मानार्थ रॉयल स्विडीश ॲकॅडमीनं स्टॉकहोम मध्ये १ जानेवारी १९८८ मध्ये सेंटर फॉर हिस्टरी ऑफ सायन्स (विज्ञानेतिहासाचं केंद्र) प्रस्थापित केलं. या मार्फत बर्झेलियस वस्तूसंग्रहालयाची स्थापनाही केली. पूर्वीच्या बर्झेलियस संग्रहाची शान यामुळे वाढली. या नव्या वस्तूसंग्रहालयात बर्झेलियस संबंधित ३००० वस्तू असून, ७००० पत्रं आहेत. अशा तऱ्हेनं बर्झेलियसचं योग्य स्मारक करून स्वीडननं या थोर शास्त्रज्ञाचा आदर राखला आहे.

■

इग्नाझ सेमेलविझ

वैद्यकीय शास्त्रातले मोठमोठे शोध अत्याधुनिक, स्वच्छ चकचकीत संशोधनशाळांमधून लागतात, असं आपल्याला वाटत असतं. काचपात्रांच्या रांगा, पांढरे उंदीर आणि गिनीपिगनी भरलेले पिंजरे आणि निरनिराळ्या लसींचा आपण असाच संबंध लावत असतो; पण वैद्यकशास्त्रातले अनेक महत्त्वाचे मूलभूत आणि आज प्राथमिक वाटणारे शोध माणसानं आपल्या निरीक्षणशक्तीनं लावले आहेत आणि त्यासाठी त्याला कुठल्याही प्रयोगशाळेची गरज पडली नाही. याचं उत्तम उदाहरण म्हणजे इग्नाझ सेमेलविझ यांचं चरित्र. एखाद्या पथदर्शकाला किती काट्याकुट्यातून मार्ग काढावा लागतो, याची साक्ष म्हणजे सेमेलविझनं आयुष्यभर परंपरा आणि रुढी जोपासणाऱ्या त्या काळच्या वैद्यकशास्त्रातील अध्वर्यूंबरोबर दिलेला लढा. सेमेलविझनं आयुष्याशी तडजोड करायचं नाकारलं, म्हणून आज वैद्यकशास्त्र एवढं प्रगत झालं, असं आपण म्हणू शकतो.

या हंगेरियन डॉक्टरला आज जग ओळखतं, ते बाळंतपणात रोगजंतुविरहित तंत्र वापरणारा डॉक्टर म्हणून. सेमेलविझ हा जोसेफ लिस्टर यांचा समकालीन. जोसेफ लिस्टर यांना रोगजंतुविरहित तंत्र वापरणारा पहिला शल्यशास्त्रज्ञ म्हणून प्रसिद्धी मिळाली; पण स्वत: लिस्टर या तंत्राचं श्रेय सेमेलविझना द्यायचे. लिस्टरनी या नव्या शुद्ध (म्हणजे जंतुविरहित तंत्रानं) तंत्रानं आपली पहिली शस्त्रक्रिया पार पाडली, तेव्हा सेमेलविझ यांचं व्हिएन्नामध्ये एका मनोरुग्णालयात निधन झालं. या वेळी सेमेलविझ ४७ वर्षांचे होते, तर जंतुघ्न शस्त्रक्रियेचे जनक लिस्टर ३८ वर्षांचे होते. जंतुघ्न म्हणजे अँटिसेप्टिक, याला मराठीत पूतिरोधक असाही शब्द आहे. या काळात फारच कमी व्यक्तींना सेमेलविझच्या कार्याची कल्पना होती आणि ज्यांना या कार्याची कल्पना होती, त्यांना सेमेलविझ फारसा आवडत नव्हताच; पण ते त्याचे उघड उघड शत्रू होते.

सेमेलविझचा जन्म १ जुलै १८१८ रोजी बुडापेस्टजवळ ओफेन या गावी झाला. हे ओफेन बुडापेस्टचं उपनगर म्हटलं तरी चालेल. त्यांचं बालपण तसं बरं गेलं. इ.स. १८३७ मध्ये इग्नाझला त्याच्या वडिलांनी कायदेपंडित बनण्यासाठी

विएन्ना विद्यापीठात पाठवलं. इग्नाझ एक दिवस वैद्यकशाखेचं शिक्षण घेणाऱ्या आपल्या मित्राच्या आग्रहास्तव शरीरशास्त्राच्या व्याख्यानास बसला. त्या सप्रयोग व्याख्यानामुळे इग्नाझ इतका भारावून गेला, की आपल्या वडिलांची इच्छा झुगारून तो वैद्यकशास्त्राचा अभ्यास करू लागला. इग्नाझचा हा हट्टाग्रही स्वभाव त्याच्या पुढील आयुष्यातही दिसला आणि या स्वभावामुळंच त्याच्या हातून एक महान मानव कल्याणकारी शोध लागला.

आपली नवी कोरी कायदेविषयक पुस्तकं इग्नाझनं विकून टाकली व अतिशय उत्साहानं त्यानं वैद्यकशास्त्राचा अभ्यास सुरू केला. यासाठी अर्थातच त्यानं आपल्या जिद्दी, पण कल्पक स्वभावाचा वापर करून आधी आईचं व नंतर वडिलांचं मत बदललं. ही कल्पकता आणि त्याच बरोबर तीव्र निरीक्षणशक्ती त्यानं जिद्दीनं वैद्यकशास्त्राच्या अभ्यासासाठी राबवली. कायद्याचा अभ्यास करणारा इग्नाझ हा चंगीभंगी म्हणून प्रसिद्ध होता; पण त्याची ही प्रतिमा वैद्यकशास्त्र शाखेस प्रवेश मिळताच त्यानं पुसून टाकली आणि एक हुशार व कष्टाळू विद्यार्थी म्हणून तो ओळखला जाऊ लागला. त्याला त्या विषयानं इतकं झपाटलं, की पूर्वी रात्री-बेरात्री खोलीवर परतणारा इग्नाझ आता जेवणासाठीच जेमतेम बाहेर पडू लागला. तर कधी खोलीतच जेवण करू लागला. सतत अभ्यास करणाऱ्या इग्नाझला पाहून त्याचे पूर्वीचे मित्र आश्चर्यचकित होत होते. इग्नाझनं प्रसूतिशास्त्रात विशेष प्राविण्य मिळवायचं ठरवलं. त्या काळात या विषयाकडं कुणाचं विशेष लक्ष नसेच; पण या विषयाची वैद्यकशास्त्रासही फारच थोडी माहिती होती.

इ.स. १८४४ मध्ये सेमेलविझना डॉक्टर ऑफ मेडिसीन ही विएन्ना विद्यापीठाची पदवी मिळालीच, लगेच व्हिएन्ना जनरल हॉस्पिटलमध्ये नोकरीही मिळाली. या हॉस्पिटलात त्या काळात व्हिएन्ना विद्यापीठातले प्राध्यापक, पदव्युत्तर व माजी विद्यार्थी यांचाच प्रामुख्यानं भरणा असे. इथे सेमेलविझ प्रा. योहान क्लाइन यांच्या हाताखाली काम करू लागले.

इथली एकंदर परिस्थिती बघून सेमेलविझना धक्काच बसला. या प्रसूती विभागात १२ टक्के माता बाळंतपणात बाळंतरोगानं मरत होत्या. याला 'चाईल्ड बेड फिव्हर' म्हणायचे आणि बहुतेक मातांना प्रसूतीनंतर या आजाराची बाधा व्हायची. बाळंतपणानंतर तीन ते पाच दिवसांतच या स्त्रियांना ताप यायला सुरुवात होत असे. यानंतर या स्त्रियांच्या जननेंद्रियांना सूज यायची आणि नंतर या रोगाची बाधा रक्तवाहिन्यांना व अखेरीस हृदयास होत असे.

या आजाराचं वर्णन सेमेलविझच्या जन्माच्या कितीतरी आधी त्याच्या पूर्वसुरींनी करून ठेवलेलं होतं.

इ.स. पू. पाचव्या शतकात हिप्पोक्रॅटीसनं, इ.स. १६५१ मध्ये विल्यम हार्वे यांनी, तर १७७३ मध्ये चार्ल्स वाईट यांनी या आजाराचं विस्तृत वर्णन केलेलं होतं.

लुई बॉदेलकोक या फ्रेंच प्रसूतिशास्त्रज्ञानं या विषयावर विस्तृत शोधनिबंध लिहिलेले होते, तर अलेक्झांडर गॉर्डन यांनी बॉदेलकोकच्या १७८९ मधल्या निरीक्षणांना १७९५ मध्ये आपल्या निरीक्षण परीक्षणांची जोड दिली होती. बॉदेलकॉकनी आपल्या निरीक्षणात बऱ्याच गोष्टी नमूद केल्या होत्या. जेव्हा जेव्हा डॉक्टरचे हात आणि अवजारं गर्भमार्गाच्या संपर्कात येतात, तेव्हा या रोगाचं प्रमाण वाढतं, हे त्यातलं सर्वांत महत्त्वाचं निरीक्षण होतं. याला बॉदेलकॉकनी 'संसर्गरोग' असं मोघम नाव दिलं होतं. (इंग्रजीत कंटॅजिअन) याचं कारण ज्या बायकांना हा रोग असे, त्यांच्यावर उपचार करणाऱ्या दाया व डॉक्टरांनी जर नव्या रुग्णाचं बाळंतपण केलं, तर त्या स्त्रियांना हा रोग होत असे. सेमेलविझनी जेव्हा व्हिएन्नामध्ये आपलं काम सुरू केलं, तेव्हा हा बॉदेलकॉक, गॉर्डनचा शोध तिथं कुणालाच ठाऊक नव्हता. त्या ऐवजी हा रोग एका 'सार्वत्रिक बाष्पा'मुळं होतो. या सार्वत्रिक बाष्पावर (मिआस्मा) माणसाचं नियंत्रण नसतं आणि या बाबत माणूस काहीही करू शकत नाही, अशी समजूत तिथं प्रचलित होती. हे 'सार्वत्रिक बाष्प किंवा मिआस्मा' कुठून येतं, याचं कारण कुणाला माहीत नव्हतं आणि ते कारण शोधायची कुणी तोशीस घेत नव्हतं. सेमेलविझ या विभागातील दृश्य पाहून हादरला. त्यातल्या त्यात रुग्णांना धीर देत तो या वॉर्डात हिंडत असे; पण मनातून मात्र तो खचलेला होता.

आपल्या वॉर्डशेजारच्या दुसऱ्या प्रसूती विभागातूनही सेमेलविझ कधी कधी फेरफटका मारून यायचा. या दोन्ही विभागांचं मुख्य प्रवेशद्वार एकत्रच होतं; पण या दुसऱ्या विभागात बाळंतरोगानं (प्युर्पेरल फीवर) मरणाऱ्या स्त्रियांची संख्या खूप कमी होती. जर 'सार्वत्रिक बाष्प' खरोखरच सार्वत्रिक असेल, तर सर्वत्र मृत्यूचं प्रमाण सारखंच असायला हवं, हे उघडच होतं. दरम्यान, सेमेलविझच्या लक्षात आणखीही एक गोष्ट आली. ती म्हणजे पहिल्या वॉर्डात सर्व पुरुष डॉक्टर आणि पुरुष वैद्यकीय विद्यार्थी बाळंतपण करायचे, तर दुसऱ्या वॉर्डात सर्व बाळंतपणं दाया करत असत. सेमेलविझनी आपलं हे निरीक्षण त्यांचे वरिष्ठ डॉ. क्लाईन यांच्या नजरेस आणून दिलं. क्लाईन यावर हसले; पण सेमेलविझनं त्यांचा पिच्छा सोडला नव्हता. क्लाईननं सेमेलविझकडं पुढं पुढं दुर्लक्ष करायला सुरुवात केली, तरी सेमेलविझनी आपलं वॉर्डाचं निरीक्षण तसंच चालू ठेवलं. प्रत्येक मृत्यूची व त्या रुग्णावर उपचार कोणी केला, याचीही सेमेलविझ नोंद ठेवू लागले.

क्लाईनना सेमेलविझ मनापासून आवडत नव्हते. हा फार कटकट करतो, असं त्यांचं सेमेलविझ यांच्याबद्दलचं मत होतं; पण तरीही १८४६ मध्ये क्लाईननी त्यांना आपला पूर्णवेळ सहकारी म्हणून नोकरीत कायम केलं. याचं एकमेव कारण, म्हणजे ते सेमेलविझना काढून टाकू शकत नव्हते, इतकं काम सेमेलविझ करत होते. सेमेलविझच्या अथक परिश्रमांचा सर्वत्र बोलबाला झालेला होता. रोज पहाटे

उठून सेमेलविझ शवागारात जाऊन आदल्या रात्री बाळंतरोगानं मेलेल्या स्त्रीचं शवविच्छेदन करताना आढळत असत. यामुळं या रोगाचे स्त्री जननेंद्रियं व गर्भाशयावर, तसंच रक्तवाहिन्यांवर होणारे परिणाम आता सेमेलविझना कळून चुकले. शवागारातलं काम संपलं, की आपल्या विद्यार्थी मदतनिसांना घेऊन सेमेलविझ मॅटर्निटी वॉर्डात जाऊन आपली सकाळची फेरी पूर्ण करत असत.

या रोगाचं कारण शोधायचा सेमेलविझचा प्रयत्न चालू होता. पहिल्या विभागात स्त्रियांच्या मृत्यूचं प्रमाण २५ ते ३० टक्के होतं. ते तसंच होतं आणि दुसऱ्या विभागात ते कमी होतं. याचं कारण काय, हे आता सेमेलविझच्या लक्षात येत नव्हतं. मग सेमेलविझनी अनेक प्रयोग सुरू केले. एखाद्या स्त्रीच्या मृत्यूनंतर तिचं प्रेत बाहेर नेलं जात असताना धर्मगुरू घंटा वाजवत जात असत. कदाचित याचा मानसिक परिणाम होत असेल, म्हणून सेमेलविझनी हा घंटानाद बंद करायला लावला. तरीही स्त्रियांचं मृत्यूचं प्रमाण कमी होईना. त्यांच्या पहिल्या विभागात बाळंतपणाच्या वेळी स्त्रिया पाठीवर झोपत असत, तर दुसऱ्या विभागातील दायी त्यांना कुशीवर झोपवत असत. सेमेलविझनी हीच पद्धत पहिल्या विभागातही सुरू केली. तरीही स्त्रियांच्या मृत्यूचं प्रमाण कमी होईना. पुढं याबद्दल त्यांनी लिहिलं, 'त्या काळात बुडत्याला काडीचा आधार, या न्यायानं जी मिळेल ती काडी पकडायचा मी प्रयत्न करत होतो. तो सर्व प्रकार कोड्यात टाकणाराच होता आणि त्यामुळं मी बुचकळ्यात पडलो होतो. यात फक्त मेलेल्या स्त्रियांचे देह, एवढंच सत्य होतं.'

सेमेलविझना याच काळात हॉस्पिटलमधल्या नोकरीतून काढून टाकण्यात आलं. दरम्यान, हॉस्पिटलात पुन्हा जागा खाली झाली आणि परत त्यांना नव्यानं नोकरीत घेण्यात आलं. याच वेळी त्यांच्या कानी एक दुःखद वार्ता आली. त्यांचा एक डॉक्टर मित्र शवचिकित्सा करताना विद्यार्थ्याच्या हातातल्या शल्यकर्मशस्त्रांनी जखमी झाला होता. या अपघातात झालेल्या जखमेनं त्याला रक्ताची विषबाधा झाली आणि या रक्त विषबाधेनं तो मरण पावला. या मित्राच्या शवचिकित्सेच्या अहवालात त्याला बाळंतरोगानं मरणाऱ्या स्त्रियांच्या रक्तवाहिन्यांशी या मित्राच्या रक्तवाहिन्यांचं साम्य दिसून आलं.

आता सेमेलविझचे डोळे उघडले. दररोज सेमेलविझ विद्यार्थ्यांबरोबर शवागरातून सरळ प्रसूती वॉर्डात येत होते. ते येताना हात धुवायचे; पण खरोखरच त्यांचे हात साफ होत होते का? हा प्रश्न आता त्यांना छळू लागला. आपली चूक मनोमन मान्य करून सेमेलविझनी लगेच त्यानुसार कृती सुधारली. आता नुसत्या साबणानं हात न धुता ते चुन्याच्या निवळीत क्लोरीन मिसळून त्यात हात स्वच्छ धुऊ लागले. यानंतर पुन्हा साबण लावून हात साफ करायचे, वाळवायचे नि मगच प्रसूतिगृहाकडे वळायचे, असा नवा कार्यक्रम आता त्यांनी सुरू केला. आपल्या विद्यार्थ्यांवरसुद्धा

त्यांनी ही स्वच्छतेची नवी बंधनं घातली. या प्रकारानंतर त्यांच्या प्रसूतिगृहातलं मृत्यूचं प्रमाण ३० टक्क्यावरून दोन टक्क्यांवर आलं, तर त्याच्या पुढच्या वर्षी १.५% झालं.

खरं तर यामुळे सेमेलविझना काही तरी पारितोषिक मिळायला हवं होतं. त्या ऐवजी प्रा. स्कोडा सोडले, तर इतरांनी त्यांची टिंगलटवाळीच सुरू केली. वृद्धत्वाकडे झुकलेले स्कोडा आता सेमेलविझ पद्धतीनं हात धुऊन बाळंतपणं करू लागले. या उलट १८४८ च्या हंगेरियन क्रांतीत भाग घेतल्याच्या खोट्या आरोपावरून क्लाइननी १८४९ मध्ये सेमेलविझची हकालपट्टी केली. यानंतर त्या प्रसूती विभागातलं स्त्री मृत्यूचं प्रमाण परत झपाट्यानं वाढू लागलं.

सेमेलविझ व्हिएन्नातून हंगेरीत परतले आणि बुडापेस्टमधल्या सेंट रोकस हॉस्पिटलमध्ये स्त्रीरोग व प्रसूती तज्ज्ञ म्हणून काम करू लागले. इथंसुद्धा बाळंतरोगानं मरणाऱ्या मातांचं प्रमाण खूप जास्त होतं; पण सेमेलविझ इथे आल्यावर पुढच्या सहा वर्षांत हे प्रमाण १ टक्का एवढं खाली आलं. इथंसुद्धा इतर डॉक्टर विएन्नातल्या डॉक्टरांप्रमाणेच सेमेलविझच्या स्वच्छतेच्या कल्पनांची टिंगलटवाळी करण्यातच धन्यता मानत; पण सेमेलविझनी आपलं व्रत सोडलं नाही. सेमेलविझची पद्धत जरी या डॉक्टरांना मान्य नव्हती, तरी त्यांच्या वॉर्डात मृत्यूचं प्रमाण कमी आहे, हे सत्य लपून राहत नव्हतं. याचा परिणाम म्हणून त्यांना या विभागाचे प्राध्यापक व विभाग प्रमुख करण्यात आलं.

इ.स. १८५६ मध्ये बुडापेस्ट विद्यापीठानं काटकसर करायची म्हणून रुग्णांच्या चादरी न जाळता परत वापरायला सुरुवात केली. लगेचच प्रसूती विभागात मृतांची संख्या वाढू लागली. त्याबरोबर सेमेलविझनी ही प्रथा बंद करून आपल्या विभागात नव्या चादरींची व्यवस्था केली आणि पुन्हा मृत्यूचं प्रमाण शून्यावर आणलं.

तोपर्यंत सेमेलविझनी आपल्या या प्रयोगांबद्दल कुठेच काही लिहिलं नव्हतं. इ.स. १८६१ मध्ये मात्र त्यांनी 'बाळंतरोग का, कसा व कशामुळे होतो' यावरचे आपले अनुभव ग्रंथबद्ध केले.

(बाळंतरोग हा आपल्याकडचा रूढ शब्द आहे, यास परंपरागत इंग्रजी शब्द चाईल्ड बेड फीव्हर, तर पूर्वी शास्त्रीय भाषेत प्यूर्पेरल फीव्हर आणि आता याला सेप्टी सेमीया असं म्हणतात.)

इतक्या वर्षांची मेहनत, सततचे शारीरिक श्रम आणि मानसिक व आर्थिक ताण यांचा परिणाम सेमेलविझच्या तब्येतीवर झालाच, पण ते खूप चिडखोरही बनले. आपलं काहीतरी बिनसलंय, हे त्यांच्या लक्षात आलं व त्यांनी आपल्या पत्नीजवळ ते बोलूनही दाखवलं. तेव्हा मारी सेमेलविझनी त्यांना व्हिएन्नास नेलं. १८६५ च्या उन्हाळ्यात त्यांना व्हिएन्नातील मानसोपचार रुग्णालयात दाखल करण्यात आलं व

तिथेच दहा दिवसांनी म्हणजे १७ ऑगस्ट १८६५ या दिवशी वयाच्या ४७ व्या वर्षी या महान विकृतीशास्त्रज्ञाला देवाज्ञा झाली.

शवविच्छेदनात झालेल्या सेमेलविझ रक्तविषबाधेनं निधन पावले, असं उघडकीस आलं. त्यांच्या हाताला जखम झाली असताना त्यांनी आपली अखेरची शस्त्रक्रिया केली होती आणि जन्मभर त्यांनी ज्या गोष्टींविरुद्ध लढा दिला, त्याच गोष्टीनं त्यांचा बळी घेतला होता.

■

थॉमस अल्वा एडिसन

थॉमस अल्वा एडिसन यांचं एक विस्तृत चरित्र मराठीत १९३१ मध्ये प्रसिद्ध झालं. त्याची दुसरी आवृत्ती १९३५ मध्ये प्रसिद्ध झाली. या सर्व चरित्रात एडिसन, त्यांचे गाडीतले प्रयोग, त्यांचं बहिरेपण, टेलिफोनचा शोध वगैरे हकिगती आहेत. त्यानंतरही एडिसनवर चरित्रवजा अनेक लेख प्रसिद्ध झाले. त्यातही ही माहिती आहेच; पण या सर्व चरित्रातून एडिसनची जी प्रतिमा उभी राहते, ती त्यांच्या संशोधक वृत्तीची; पण एडिसनचा आजकालच्या दृष्टीनं महत्त्वाचा गुण यात कुठंच येत नाही. तो म्हणजे त्यांची अतिशय व्यावहारिक वृत्ती. एडिसननी पेशा म्हणून संशोधनाची निवड केली. एकदा संशोधनाची पेशा म्हणून निवड केल्यावर त्याबाबत त्यांनी अतिशय धंदेवाईक दृष्टिकोन स्वीकारला आणि आपल्या संशोधनातून त्यांनी भरपूर पैसा मिळवला, शिवाय आपण पैसा मिळवला, याबद्दल त्यांच्या मनात कधीही अपराधीपणाची भावना नव्हती, तर पैसे मिळवायचा एक मार्ग म्हणूनच त्यांनी संशोधनाकडे बघितलं. आजच्या व्यावहारिक जगात जो अप्रमाणिकपणा शिरलाय, त्याचा मात्र त्यांच्या मनाला स्पर्श झालेला नव्हता, हेही तितकंच महत्त्वाचं. विजेच्या दिव्याच्या शोधाचं श्रेय त्यांनी स्वानबरोबर विभागून घेतलं आणि विजेचा दिवा हा सुरुवातीस एडिस्वान दिवा म्हणून ओळखला जात असे, यावरून हे सिद्ध होतं.

एडिसन यांचं शालेय शिक्षण फारसं झालेलं नव्हतं. त्याची उणीव त्यांनी वृत्तपत्र कचेऱ्या, तार ऑफीस आणि सार्वजनिक वाचनालयांमध्ये आपल्या आवडीच्या विषयांचं वाचन करून भरून काढली. आपल्या गॅरेजमध्ये हलाखीत नि कष्टात जगत संशोधन करणाऱ्या शास्त्रज्ञांप्रमाणं एडिसननी कधीच संशोधन केलं नव्हतं. हे असे संशोधक साहित्यात येतात, ते विद्यापीठातले पदवीधर किंवा तंत्रज्ञानाचे उच्चशिक्षित; पण ध्येयानं पछाडलेले तरुण असतात. त्या प्रमाणंही एडिसननी कधी काळी शिक्षण घेतलेलं नव्हतं. कारण त्यांना शालेय शिक्षण पूर्ण करण्याचीही संधी मिळालेली नव्हती आणि या अतिबुद्धिमान व खटपट्या बाळाचं कुठल्याही शिक्षकाशी पटलं असतं याचीही खात्री देता येत नाही. एडिसनच्या एका आधुनिक चरित्रकारानं

तर 'एडिसननी शिक्षण पूर्ण केलं असतं, तर एवढं संशोधन त्यांच्या हातून झालं नसतं, कारण शिक्षणाच्या साच्यात ठाकून ठोकून बसवताना एडिसनच्या सृजनशीलतेवर त्या शिक्षकांनी घाला घतला असता' असं म्हटलं आहे.

एडिसन कुठल्याही वैज्ञानिकांच्या किंवा तंत्रज्ञांच्या कळपात घुसले नाहीत किंवा अशा प्रकारच्या संस्थांचे सदस्यही बनले नाहीत. इ.स. १८८४ मध्ये त्यांनी अमेरिकन इन्स्टिटट्यूट ऑफ इलेक्ट्रिकल इंजिनिअर्स या संस्थेच्या स्थापनेत भाग घेतला आणि नंतर वर्षभर या संस्थेच्या संचालक मंडळावर आपलं नाव ठेवायलाही त्यांनी परवानगी दिली; पण या संस्थेच्या कार्यात तेव्हा किंवा नंतरही त्यांनी फार उत्साहानं कार्य केलं, असंही नाही. त्या काळात शास्त्रज्ञ आणि तंत्रज्ञ यांनी वृत्तपत्रांकडे आपल्या संशोधनाची माहिति देणं योग्य नव्हे, तर संशोधन हे संशोधन पत्रिकातूनच प्रसिद्ध व्हायला हवं वृत्तपत्रातून नव्हे. संशोधन जाहीर करायचं असेल, तर ते शास्त्रसभांच्या व्यासपीठावरून जाहीर व्हावं. शास्त्रज्ञांनी प्रसिद्धीची हाव धरू नये, हा विचार अमेरिकेत रुजू लागला होता. एडिसननी अशा विचारांना कधीही थारा दिला नाही. आपल्या तरुणपणात म्हणजे संशोधनाच्या सुरुवातीच्या काळात त्यांनी 'टेलिग्राफी'च्या अनेक संशोधन पत्रिकांत आपले स्वसंशोधनासंबंधित लेख प्रसिद्धीस दिले; पण अशा तऱ्हेनं प्रसिद्ध झालेल्या शोधनिबंधांचा धंदेवाईक लोक फायदा उठवतात आणि संशोधकाला प्रसिद्धी किंवा पैसा यापासून वंचित राहावं लागतं, म्हणजेच तेल गेलं, तूप गेलं, हाती धुपाटणं आलं, अशी त्यांची परिस्थिती होते, हे लवकरच एडिसन यांच्या लक्षात आलं आणि त्यांनी तर पोट भरण्यासाठी संशोधन हा व्यवसाय म्हणून निवडला होता, यामुळं त्यांना हे परवडण्यासारखं नव्हतं, यामुळं त्यांनी अमेरिकन पेटंट कचेरीस जास्त जवळचं मानलं. मग पुढं त्यांनी वृत्तपत्रांचा आपल्या उत्पादनांच्या आणि संशोधनाच्या प्रसिद्धीसाठी जास्तीत जास्त उपयोग करून घेतला, तेव्हासुद्धा आधी एकाधिकार मिळवायचा, नंतर प्रसिद्धी, हे सूत्र ठेवूनच.

अगदी तरुण वयातच एडिसननी स्वतंत्र संशोधन ही आपली दिशा निश्चित ठरवून घेतली. आपल्या उपजीविकेचं असं स्वतंत्र क्षेत्र निवडायचं त्यांचं हे धाडस स्वत:च्या कर्तृत्वावरील विश्वासापोटीच त्यांच्या हातून घडलं होतं. स्वत:च्या संशोधनाची सुरुवात केल्यानंतर काही वर्षांतच त्यांनी स्वत:ची एक संशोधन आणि प्रायोजन प्रयोगशाळा (रिसर्च अँड ॲप्लिकेशन) सुरू केली. या प्रयोगशाळेस त्यांनी संशोधनाचा कारखाना (इन्व्हेन्शन फॅक्टरी) असं नाव दिलं. अशा प्रकारची प्रयोगशाळा असावी, ही कल्पनाच तेव्हा इतर कुणाला सुचलेली नव्हती. विद्युत शास्त्रीय संशोधनात भीम पराक्रम गाजवणाऱ्या एडिसननं १९व्या शतकाच्या अखेरीस विद्युत संशोधनात गणिताचा जास्त शिरकाव होऊ लागताच आपलं लक्ष यांत्रिक आणि रासायनिक

संशोधनाकडं वळवलं. एडिसननी विद्युत उपकरणांमध्ये क्रांती घडून येईल, असे शोध लावले असले, तरी ते विद्युत अभियंता बनले नाहीत हे विशेष.

इ.स. १८६० मध्ये विशीच्या आधीच एडिसन यांचं संशोधन सुरू झालेलं होतं. काही काळ शालेय शिक्षण झाल्यावर पूर्व मिशिगनमध्ये त्यांनी तारायंत्राच्या कामाची माहिती करून घेतली. अठराव्या वर्षी वेस्टर्न युनियन टेलिग्राफ कंपनीत शिकाऊ तारायंत्र चालक म्हणून ते काम करू लागले. या काळात तारायंत्राचं अंतर्बाह्य स्वरूप त्यांनी समजावून घेतलंच; पण त्याबरोबरच त्या काळात विद्युतशास्त्राची जी प्रगती झाली होती, तीही सर्वार्थानं आत्मसात करून घेतली. १८६१ मध्ये अमेरिकाभर तारांच्या साहाय्यानं संदेशवहन सुरू झालं, तर १८६६ मध्ये अटलांटिकमध्ये टाकलेल्या तारेनं अमेरिकेचा युरोपशी संपर्क साधला गेला. यानंतर केंटुकीतल्या लुईसव्हीलमध्ये आणि ओहायोतल्या सिनसिनाटी या गावी एडिसन वृत्तपत्रांसाठी रात्री व पहाटे काम करू लागले. मोर्स संदेशांच्या तारा वृत्तपत्रांसाठी शब्दबद्ध करणं, हे काम इथं एडिसनना करावं लागत होतं. यामुळं वार्ताहरांशी त्यांचा संपर्क आलाच, पण वृत्तपत्रांना द्यायची बातमी कशा प्रकारे दिली, तर छापून येते, बातमी छापून येण्यासाठी काय करावं लागतं, याचीही एडिसनना माहिती झाली. वयाच्या २१व्या वर्षी एडिसन बोस्टनमध्ये वेस्टर्न युनियनसाठी वृत्तपत्रीय तारांचे प्रेषक म्हणून काम करू लागले.

रात्री एकट्यानं तारायंत्रावर बसायचं. त्या काळात थोडंसं काम असेल, ते उरकून घ्यायचं नि आपले प्रयोग सुरू करायचे, असा या वेळी एडिसनचा दिनक्रम– दिनक्रम कसला रजनीक्रम असे. या फावल्या वेळाचा त्यांनी अत्युत्कृष्ट उपयोग करून घेतला.

या प्रयोगांमुळं एडिसनना तारायंत्राची सर्वतोपरीनं माहिती झालीच, पण तत्संबंधित आंतरराष्ट्रीय नियतकालिकांशीही त्यांचा संपर्क आला. एडिसन 'स्वत:च प्रयोग करा,' 'घरच्या घरी विजेची उपकरणं बनवा' अशा तऱ्हेच्या पुस्तकांचं वाचन करून, त्यातले प्रयोग करून पाहायचे आणि त्यात स्वत:च सुधारणा करायचे. मग त्या नियतकालिकांना या सूचना कळवायचे. याशिवाय तारायंत्रासंबंधीची नियतकालिकं आणि पत्रकं, तसंच 'सायंटिफिक अमेरिकन' सारखी लोकार्थी विज्ञान नियतकालिकंही वाचत असत; पण त्याचबरोबर मायकेल फॅराडे यांचं 'एक्स्पेरिमेंटल रिसर्चेस' ('प्रायोगिक संशोधन') आणि रॉयल सोसायटीच्या विद्वत सभांचे वृत्तांत यांचंही वाचन करीत. याशिवाय याच क्षेत्राशी संबंधित अशा इतर व्यक्तींशीही एडिसन संपर्क साधून असत. त्यांच्या अनौपचारिक सभा होत, गप्पा होत व त्यातूनही माहितीची बरीच देवाणघेवाण होत असे.

वेस्टर्न युनियनची नोकरी जेमतेम वर्षभर केल्यानंतर वयाच्या २१ व्या वर्षी एडिसननी ती सोडली आणि व्यावसायिक संशोधक म्हणून जगणं सुरू केलं. या

काळात अमेरिकत रेल्वेमार्गाचं जाळं पसरलं जात होतं. या रेल्वे कंपन्यांच्या जोडीनं तारांची म्हणजे टेलिग्राफीची सेवा देणाऱ्या कंपन्यासुद्धा त्या काळात भरभराटीस येत होत्या. अमेरिकेतल्या बहुउद्देशी आणि बहुराष्ट्रीय व्यापारी पाळंमुळं त्या काळात प्रथम रुजत होती. त्या कंपन्यांना प्रशिक्षित नोकरवर्ग आणि भरपूर भांडवल यांची आवश्यकता असे.

१८६०-७० च्या सुमारास तारयंत्रणेचे दोन प्रकार होते. स्थानिक तारयंत्रणा आणि राष्ट्रीय तारयंत्रणा. यातल्या राष्ट्रीय तारयंत्रणेत वेस्टर्न युनियन ही एक आघाडीची कंपनी होती. तिला त्या काळात कुणीही मोठा स्पर्धक नव्हता, स्थानिक तारयंत्रणा चालवणाऱ्या संस्थांमध्ये बरीच स्पर्धा होती. या स्थानिक कंपन्या मोठ्या शहरातल्या मुख्य कचेऱ्यांतून जवळपासच्या छोट्या-मोठ्या गावांमध्ये असलेल्या शाखा-उपशाखांपर्यंत तारा टाकायचं काम करीत. शिवाय बँका व स्टॉक मार्केट यांचं अर्थविषयक संदेशवहन तारांमार्फत चालत असे. कारखाने, गुदामे आणि व्यापारी कचेऱ्यांमधली सर्व संपर्क व्यवस्था या स्थानिक तार कंपन्यांची जबाबदारी असे.

एडिसनच्या शोधबुद्धीचा या स्थानिक कंपन्यांना फार मोठा आधार होता. याचं कारण या कंपन्यांची स्पर्धा. एखाद्या संशोधकानं जलद संदेशवहन, कमी खर्चात संदेशवहन, अशा प्रकारचा शोध लावला नि त्याचा एकाधिकार मिळवला, की त्याला या कंपन्यांच्या दृष्टीनं फार महत्त्व प्राप्त व्हायचं. जर हा शोध क्रांतिकारक असेल, तर मग वेस्टर्न युनियनच्या व्यापारातला हिस्सा मिळवणंही या कंपन्यांना शक्य होत असे. या छोट्या कंपन्यांना आपल्या पदरी शास्त्रज्ञ संशोधक बाळगणं आर्थिकदृष्ट्या परवडत नसेच, तर संशोधन आणि विकास (आर अँड डी) यंत्रणा उभी करणं, ही गोष्ट तर त्यांच्या गावीही नसे. यामुळे एडिसनसारख्या खाजगी संशोधकांना या काळात भरपूर वाव होता आणि महत्त्वही होतं. या संशोधकांकडून लागलेला एखादा मूलगामी शोध या धंद्याची संपूर्ण घडी बदलू शकेल, याची वेस्टर्न युनियनला कल्पना होती. यामुळं वेस्टर्न युनियनचंही या स्वतंत्रपणे संशोधन करणाऱ्या मंडळींवर बारकाईनं लक्ष असे. त्यांचं संशोधन विकत घेऊन दाबून ठेवणं, हेसुद्धा वेस्टर्न युनियनच्या दृष्टीनं काही वेळा फायद्याचं ठरत असे.

एडिसनना या सर्व गोष्टींची कल्पना होतीच. त्यांनी बोस्टनमध्ये आपलं स्वतंत्र संशोधनाचं काम सुरू केलं. एडिसन यांचा पहिला शोध म्हणजे संदेश छापणारं तारायंत्र, दुसरा शोध म्हणजे नंबर फिरवायची यंत्रणा. (डायल टेलिग्राफ). बोस्टनमधल्या स्थानिक कंपन्यांना या यंत्रणा रोख्यांचे भाव, बोली वगैरेचे संदेश पाठवण्याच्या दृष्टीनं सोयीच्या वाटल्या.

'टेलिग्राफर' या नियतकालिकाचे संपादक फ्रँकलीन पाप आणि जेम्स ॲशली यांच्या सल्ल्यानुसार १८६९ मध्ये एडिसनी आपला मुक्काम बोस्टनमधून हलवला

आणि न्यूयॉर्ककडे कूच केलं. १८७१ मध्ये गोल्ड अँड स्टॉक टेलिग्राफ कंपनीनं एडिसनना आपल्या संस्थेत संशोधक म्हणून नेमलं, याचबरोबर ते या कंपनीत सल्लागार अभियंता म्हणूनही काम करत असत. या कंपनीची बाजारभाव व निविदा याबाबत ख्याती होती आणि त्यांना या क्षेत्रात स्पर्धकही नव्हता. या कंपनीत काम करताना एडिसननी तारायंत्रात खूप सुधारणा घडवून आणल्याच, पण संदेश पाठविण्याची एक स्वयंचलित यंत्रणाही बनवली.

त्या काळात संशोधकांच्या स्वत:च्या कार्यशाळा नसायच्या, तर तारायंत्र निर्मितीच्या किंवा इतर विद्युतयंत्रणा निर्माण करणाऱ्या एखाद्या कारखान्यात जाऊन आपल्या कल्पनेप्रमाणे यंत्र तयार करून घेणं, हाच मार्ग त्यांच्यापुढं असे. इथं इतर संशोधकही भेटायचे. मग एकमेकांच्या कल्पनांवर चर्चा व्हायची. बोस्टनध्ये एडिसन आपल्या कल्पनेप्रमाणे यंत्र तयार करून घ्यायची असतील, तर चार्ल्स विल्यम्स (ज्युनियर) यांच्या कारखान्याचा उपयोग करत असत. चार्ल्स विल्यम्स (ज्यु.) हे त्या काळातले एक ख्यातनाम विद्युत यंत्र निर्माते होते. त्या काळातले अमेरिकेतले ज्येष्ठ आणि श्रेष्ठ संशोधक मोझेस फार्मरही विल्यम्सच्या कारखान्यात आपल्या प्रायोगिक यंत्रणा तयार करण्यासाठी येत असत. शिवाय एडिसननी बोस्टन सोडल्यानंतर काही वर्षांनी अलेक्झांडर ग्रॅहॅम बेल यांनीही या कारखान्याचा आपली प्रयोगशाळा म्हणून उपयोग करून घेतला होता.

इ.स. १८७० नंतर काही काळानं एडिसननी विल्यम उंगरच्या साथीत तारायंत्र निर्मितीचा एक कारखाना न्यूयॉर्कजवळ न्यूजर्सी राज्यातल्या नेवार्क इथं सुरू केला. यामुळं आता एडिसनना कायमस्वरूपी उत्पन्न सुरू झालंच, पण संशोधनाकरता प्रयोगशाळा आणि भांडवलही उपलब्ध होऊ लागलं. स्वत:चे कारागीर हाताशी असल्यानं लोकांच्या कारखान्यात नंबर लावून उभं राहणं थांबलं. इ.स. १८७५ पर्यंत एडिसन आपला शोध लगेच विकून टाकायचे किंवा शोध लावण्यासाठी आधी पैसे घ्यायचे. यंत्र दुरुस्ती, यंत्रात सुधारणा करून त्याची कार्यक्षमता वाढवणं अशा प्रकारचे हे शोध होते. १८७५ पर्यंत एडिसनची कीर्ती संशोधक म्हणून अमेरिकाभर पसरली. आता त्यांना पैशाची चिंता करत बसायचं कारण उरलं नव्हतं.

याचं एक उदाहरण म्हणजे न्यूयॉर्कमधल्या आटोमॅटिक टेलिग्राफ या कंपनीनं एडिसनला एक ठेका दिला. याशिवाय त्याला एक छोटा कारखानाही काढून दिला. कागदी छिद्रित पट्ट्यांच्या साहाय्यानं तारा पाठवण्याचा वेग वाढवता येईल आणि आलेले संदेश आपोआप घेतले जातील, अशी यंत्रणा एडिसननं शोधून काढावी, ही त्यांची अपेक्षा होती. यामुळे तारायंत्र प्रेषक व्यक्तींची संख्या कमी होणार होती. कमी वेळात जास्त तारा पाठवता येणार होत्या. यामुळे खर्चात खूप बचत होणार होती, शिवाय असं यंत्र वृत्तपत्रांच्या दृष्टीनं खूपच महत्त्वाचं ठरलं असतं आणि वृत्तपत्रांकडून

या यंत्रास मागणी येऊ लागली, की वेस्टर्न युनियनशी स्पर्धा करता येईल, असा ऑटोमॅटिक टेलिग्राफ कंपनीचा होरा होता. १८७५ मध्ये एडिसननं एक स्वयंचलित तारायंत्र तयार केलं होतं. अटलांटिक अँड पॅसिफिक टेलिग्राफ कंपनीच्या जे गुल्ड यांनी ते संशोधन विकत घेऊन वेस्टर्न युनियनशी असलेल्या स्पर्धेत त्याचा उपयोगही करून घेतला होता. वेस्टर्न युनियननं आपल्या स्पर्धकांवर मात करण्यासाठी एक वेगळीच युक्ती शोधली. त्यांनी एक गुणित तारायंत्र निर्माण केलं. या यंत्रानं एका वेळी एकाच तारेतून दोन किंवा तीन आणि पुढे याहूनही अधिक संदेश पाठवता येऊ लागले होते. यामुळे इतर स्पर्धकांच्या मानानं वेस्टर्न युनियन खूपच पुढे होती; पण तरीही वेस्टर्न युनियननं एडिसन आणि त्याच्यासारख्या इतरही स्वतंत्रपणे संशोधन करणाऱ्या संशोधकांना आर्थिक मदत देणं चालूच ठेवलं होतं. यातल्या कुणीही एखादा क्रांतिकारक शोध लावला, तर त्याचा फायदा आपल्याला मिळावा, ही त्या मागची कल्पना होती. एडिसन या काळात इतर कंपन्यांसाठीही याच क्षेत्रातलं समांतर संशोधन करत होते; पण वेस्टर्न युनियननं त्यांच्या या संशोधनास कधीच हरकत घेतली नव्हती.

इ.स. १८७६ मध्ये एडिसन आणि वेस्टर्न युनियन यांच्यात एक संशोधनविषयक करार झाला. यामुळेच नेवार्क इथली आपली छोटी प्रयोगशाळा न्यूजर्सीतली मेन्लोपार्क इथल्या भल्या मोठ्या जागेत हलवणं आणि त्यात मनाजोगती उपकरणं बसवणं एडिसनना शक्य झालं. १८७७ च्या उन्हाळ्यात वेस्टर्न युनियननं एडिसनशी आणखी एक पाच वर्षांचा करार केला. तारासंबंधीच्या जमिनीवरून टाकलेल्या तारांबद्दल जे काही संशोधन एडिसन करतील, त्यासाठी येणारा प्रयोगशाळेचा सर्व खर्च युनियन या करारान्वये एडिसनना देणार होती. वेस्टर्न युनियननं या करारामुळं अमेरिकन तंत्रज्ञानाच्या इतिहासात एक नवाच पायंडा पाडला.

एखाद्या स्वतंत्र संशोधकाला एखाद्या विशिष्ट संशोधनासाठी यापूर्वीही अनेकांनी करारबद्ध केलं होतं. कंपनीच्या या आधीच्या उपकरणांमध्ये सुधारणा घडवून आणण्यासाठीही त्यांनी काही तंत्रज्ञ व शास्त्रज्ञांशी करार केले होते; पण या वेळेस मात्र एक व्यापारी उत्पादनं करणारी संस्था, एका संशोधन क्षेत्रातील एका संशोधकाशी कुठल्याही संशोधनासाठी सर्व समावेशक असा व ठरावीक मुदतीचा करार करत होती. तंत्रज्ञान प्रगतीच्या व्यवस्थापन क्षेत्रात एक अभूतपूर्व क्रांतीच यामुळं घडून आली होती.

वेस्टर्न युनियनशी करारबद्ध संशोधक म्हणून एडिसननी तारायंत्राद्वारे संदेशवहनावर संशोधन केलं. त्यात संदेश साठवणं, यातून हवा तेव्हा हवा तो संदेश मिळवणं आणि ध्वनिमार्फत संदेशवहन यावर त्यांनी जास्त प्रमाणात लक्ष केंद्रित केलं. या ध्वनिमार्फत संदेशवहनात वेगवेगळ्या कंप्रतेच्या ध्वनिलहरी सोडून एकाच तारेतून एका वेळी अनेक संदेश पाठवायची यंत्रणा त्यांनी निर्माण केली. यातूनच एका

चुकीच्या मार्गानं गेलेल्या प्रयोगातून फोनोग्राफच्या म्हणजे ध्वनिरेखनाचा शोध लागला. याशिवाय दूरध्वनी यंत्रणाही तयार होण्यास हातभार लागला तो वेगळाच.

या संशोधनामुळं एडिसनची कीर्ती इतकी पसरली, की वेस्टर्न युनियनच्या संचालकांनी त्याच्यावर विजेच्या दिव्याचा शोध लावण्याची जबाबदारी सोपवली. या काळातच त्यांना 'विझार्ड ऑफ मेन्लोपार्क' ही उपाधी चिकटली.

इ.स. १८७८ मध्ये एडिसननी एडिसन इलेक्ट्रिक लाईट कंपनीची स्थापना केली. ही अगदी स्वतंत्र अशी प्रायोजित संशोधन आणि विकास संस्था होती. या संस्थेचे रोखे मोठ्या प्रमाणात विकले गेले आणि त्यामुळं एडिसननी आपली मेन्लोपार्क इथली प्रयोगशाळा आणखी वाढवली व इथली यंत्रशाळा सुधारलीच, पण त्या प्रयोगशाळेस जोडून एक संदर्भ ग्रंथालयाची वेगळी इमारत आणि कचेरीही बांधली. १८७८ मध्ये एडिसनच्या प्रयोगशाळेत केवळ १०-१२ मदतनीस होते, तर १८८० मध्ये एकूण तंत्रज्ञ व कामगार मिळून ७०-८० माणसांचा ताफा या ठिकाणी काम करत होता. अशा तऱ्हेनं त्या काळातील अमेरिकेतील सर्वांत मोठी प्रायोगिक यंत्रशाळा व प्रयोगशाळा उभारण्याचा मान एडिसन यांच्याकडे जातो.

या प्रयोग करण्याच्या सोयी हाताशी आल्यावर विजेच्या दिव्याचा शोध लावण्याची शर्यत एडिसन जिंकणार, हे अनेकांच्या लक्षात आलं. कारण एकाच वेळी अनेक आघाड्यांवर संशोधन करणं आणि विविध प्रायोगिक प्रश्न हाताळणं एडिसनना शक्य होऊ लागलं. केवळ विजेरी दिव्यावर आपलं लक्ष न एकवटता एडिसननी एकूण विजेरी दिव्यामागच्या ऊर्जा प्रणालीचाच ध्यास घेतला. विद्युतनिर्मिती ते प्रकाश असं साकल्यानं संशोधन चालू ठेवून त्यांनी १८७९ च्या नववर्ष दिनाच्या पूर्वसंध्येस आपल्या विद्युत प्रणालीचं पहिलं सार्वजनिक दिग्दर्शन केलं. या वेळी एडिसननी विजेरी दिवा, त्याची चालू बंद करायची बटणं, नियंत्रक, मंडल खंडक (फ्यूज), विद्युतवाहक तारा आणि विद्युतजनित्रं या सर्वच गोष्टी जनतेसमोर आणल्या. एवढंच नव्हे, तर पाणी खेचणारा, विजेवर चालणारा एक पंप आणि विजेवर चालणारं एक शिवणयंत्र यांचंही प्रात्यक्षिक स्वत: एडिसननी इथे करून दाखवलं. एडिसन हे स्वत:चं संशोधन लोकांपुढे स्वत:च आणायचे. त्यांच्याकडे लोकांवर छाप पाडण्याची कला होती. आपलं संशोधन लोकांपुढे आकर्षकपणे कसं मांडावं, याची त्यांना चांगलीच जाण होती. जनसंपर्क हा त्यांचा हातखंडा विषय होता. लोकांवर छाप पाडण्यासाठी ते अनेक युक्त्या-प्रयुक्त्यांचा व नाटकीपणाचा उपयोग करत असत.

उदा. डिसेंबर १८८० मध्ये एडिसन व त्यांचे जवळचे मित्र व कायदेशीर सल्लागार ग्रॉस्वेनर लोरी यांनी न्यूयॉर्क शहराच्या नगरपालिकेच्या अधिकारी वर्गासाठी एक प्रात्यक्षिक आयोजित केलेलं होतं. मॅनहटनमध्ये एडिसन कंपनीची ऊर्जा यंत्रणा बसविण्यात यावी, यासाठीच अर्थात हा प्रयत्न होता. या सर्वांना यंत्रशाळा व

प्रयोगशाळा दाखवत दाखवत एडिसननी दुसऱ्या मजल्यावर आणलं, प्रयोगशाळेतील या दालनात सर्वत्र रंगीत रसायनं भरलेल्या बाटल्या शिस्तीनं लावून ठेवलेल्या होत्या. या प्रयोगशाळेच्या मध्यभागी मोठमोठी टेबलं होती. त्या टेबलांवर निरनिराळे खाद्य पदार्थ बशा भरभरून ठेवलेले होते. यातले सर्व खाद्यपदार्थ त्या काळातला न्यूयॉर्कमधला सर्व श्रेष्ठ बल्लवाचार्य लोरेंझो डेल्मोनिको यानं बनवलेले होते. सर्वत्र पांढऱ्या स्वच्छ गणवेशातले वाढपी शिस्तबद्ध उभे होते. ही सर्व मंडळी या प्रयोगशाळेत शिरताच लखखकन एकदम विजेचे दिवे लागले आणि लोरींनी एडिसनला अभिवादन करत मद्याचा चषक हवेत उंचावला. यानंतर एडिसन कंपनीला हवं ते कंत्राट लगेचच मिळालं; पण एडिसन अशा प्रसंगानंतर महत्त्वाच्या व्यक्ती परतल्या, की पुन्हा आपल्या यंत्रशाळेत कार्यमग्न होत असे. मग नवा एखादा शोध लावला, की तो नव्यानं प्रसिद्धी तंत्र वापरून तो खपवायच्या मागे लागायचा. बाजारात काय खपेल, याचं भान ठेवूनच एडिसन संशोधन करतात, असंही त्यांच्या बाबतीत बरेचदा त्यांचे टीकाकार म्हणत असत.

१८८० च्या सुमारास मेन्लोपार्कची प्रयोगशाळा व यंत्रशाळा यांचा उपयोग संशोधनापेक्षा विकासाकडे जास्त होऊ लागला. त्यांनी आपल्या हाताखालच्या माणसांना आपल्या विद्युत यंत्रणेचे भाग वाटून दिले व त्यात कोणकोणत्या सुधारणा करायला हव्यात, ते स्पष्ट केलं. हा बदल घडेपर्यंत मेन्लोपार्क ही अमेरिकेतली पहिली विद्युत अभियांत्रिकी शाळा होती. इ.स. १८८१ मध्ये न्यूयॉर्क शहरातील एडिसन मशिन वर्क्समध्ये एक तंत्रनिकेतन सुरू करण्यात आलं आणि ती पहिली अधिकृत अमेरिकन विद्युत अभियांत्रिकी शाळा म्हणून अस्तित्वात आली.

लोअर मॅनहटनचं पर्ल स्ट्रीट स्टेशन किंवा इतर अनेक इमारतींचं विद्युतीकरण करण्यात या शाळेतून बाहेर पडलेल्या विद्यार्थ्यांचा फार मोठा वाटा आहे. १८८३ मध्ये विद्युतनिर्मिती यंत्रणा उभारणारे थॉमस ए. एडिसन कन्स्ट्रक्शन डिपार्टमेंट अस्तित्वात आल्यावर तिथं भरती करण्यात येणाऱ्या प्रत्येक उमेदवाराची लेखी परीक्षा घेण्यात येऊ लागली.

त्या काळात अमेरिकेतल्या महाविद्यालयांमध्ये किंवा विद्यापीठांमधून कुठेही विद्युत अभियांत्रिकी प्रशिक्षणाची सोय नव्हती; पण एडिसनची कीर्ती ऐकून त्याच्या संस्थेत काम करायला आलेल्या व्यक्तींमध्ये बरेच जण गणित, वास्तवशास्त्र किंवा यंत्र अभियांत्रिकीचे पदवीधर होते. यात फ्रान्सिस अप्टन, चार्ल्स क्लार्क आणि विल्यम अँड्र्यूजसारख्या बुद्धिमान तरुणांचा समावेश होता. या लोकांना एडिसनच्या हाताखाली काम करायला मिळालं, हा आपला बहुमान तर वाटत होताच, पण त्याचबरोबर एडिसनच्या तत्कालीन अत्याधुनिक प्रयोगशाळेचा लाभही त्यांना मिळत होता. याचबरोबर एडिसननाही त्यांच्या गणिती ज्ञानाचा फायदा मिळवता आला.

विद्युतनिर्मिती, विद्युत उपकरणं आणि विद्युत अभियांत्रिकीत प्रामुख्यानं एडिसन यांच्या प्रयत्नानं जसजशी प्रगती होऊ लागली, तसतसे त्यातील संशोधनासाठी गणिती ज्ञानाची आवश्यकता वाढू लागली. त्याचबरोबर वास्तवशास्त्रातील सिद्धान्तही या नव्या तंत्रज्ञानात वाढत्या प्रमाणात उपयोगी पडू लागले. एडिसन यांचं औपचारिक शिक्षण शालेय पातळीवरच थांबलेलं होतं. यामुळं ही उणीव भरून काढण्यासाठी एडिसन या शास्त्र शाखांतील पदवीधर तरुणांची मदत घेऊ लागले. याचबरोबर वेगवेगळ्या संस्थांना विद्युत अभियांत्रिकी विभाग चालू करण्यासाठी ते प्रोत्साहन देऊ लागले. न्यूयॉर्कमधील कोलंबिया विद्यापीठाला त्यांनी आपल्याकडची बरीच उपकरणं भेट देऊन त्या विद्यापीठात अभियांत्रिकीवर अभ्यासक्रम सुरू करण्यास मदत केली.

१८९० मध्ये विद्युत अभियांत्रिकीत खूपच तरुण शिरले व या क्षेत्राचा मोठ्या प्रमाणात विस्तार झाला. यामुळे एडिसननी हळूहळू आपली नजर इतर क्षेत्रांकडे वळवली. १८९० मध्ये त्यांनी आपला मित्र आणि एडिसन जनरल इलेक्ट्रिक कंपनीचा आर्थिक आधारस्तंभ असलेल्या हेन्री विलार्डला एक पत्र लिहिलं. आपली संस्था प्रत्यावर्ती (अल्टरनेटिंग करंट) वीज प्रवाहावर जास्त लक्ष देत आहे, याबद्दल एडिसननी या पत्रात खेद व्यक्त केला होता, याशिवाय आपला उपयोग फक्त अडचणीतून मार्ग काढण्यापुरताच केला जातो. याबद्दलही एडिसननी नाराजी दर्शवली होती. (एडिसनना प्रत्यावर्ती प्रवाहाबद्दल नावड होती. या प्रकारचा प्रवाह हा माणसाला मृत्युदंड देण्यास उपयोगी पडेल, इतर बाबतींमध्ये तो निरुपयोगी आहे, असं ते म्हणत असत.) एडिसन स्वत: एकदिश (डायरेक्ट करंट) प्रवाहाचे पुरस्कर्ते होते. १८९० नंतर या संस्थांमधून एडिसननी आपलं लक्ष हळूहळू कमी करायला सुरुवात केली आणि न्यू जर्सीतील वेस्ट ऑरेंज इथल्या नव्या मोठ्या प्रयोगशाळेत ते बराच काळ संशोधनात वेळ घालवू लागले.

एकोणिसाव्या शतकाच्या अखेरीस विद्युतशास्त्रात गणित आणि वास्तवशास्त्रीय सिद्धान्ताना अनन्यसाधारण महत्त्व प्राप्त झालं होतं. यामुळे एडिसननी आपलं लक्ष यांत्रिक व रासायनिक गोष्टींकडे वळवलं. खनिजांची प्रतवारी करणारी किंवा तुकडे करणारी यंत्रं, फोनोग्राफमधील सुधारणा, सिमेंटनिर्मिती, विद्युत संग्राहक आणि फोनोच्या तबकड्यांची घाऊक निर्मिती अशा अनेक संशोधनांमधून त्यांनी आपलं बुद्धीकौशल्य प्रकट केलं.

यानंतर अमेरिकेत अनेक शिक्षित विद्युत अभियंते निर्माण झाले. त्यांनी संशोधन केलं, पण स्वशिक्षित अभियंत्यांचा जमाना एडिसनबरोबरच संपला आणि यानंतर 'स्पेशलायझेशन'चा जमाना आला आणि सव्यसाचित्वाची अखेर झाली, असंच म्हणावं लागेल. अशा तऱ्हेनं एडिसनबरोबरच स्वशिक्षित अमेरिकन संशोधकाचा जमानाही संपुष्टात आला.

■

थॉमस अल्वा एडिसन आणि मृतात्म्यांशी संवाद

मृतात्म्यांशी संवाद साधून काय मिळतं, हा प्रश्न अलाहिदा; पण बऱ्याच शास्त्रज्ञांचा आणि संशोधकांचा अशा गोष्टींवर विश्वास असतो. अल्फ्रेड रसेल वॅलेस यांचा मरणोत्तर अस्तित्वावर विश्वास होता. त्या संदर्भात डार्विननी त्यांना काही काळ वाळीतही टाकलं होतं. वॅलेस म्हणजे डार्विनबरोबर उत्क्रांतीवाद मांडणारे शास्त्रज्ञ; पण मृतात्म्यांच्या बाबतीत हे दोघं दोन ध्रुवांवर होते. एडिसनच्या डोक्यात मरणानंतर काय, याबाबत विचार येत होते. त्यांच्या मृत्यूपूर्वी काही काळ मृतात्म्यांशी संवाद साधणारं एक यंत्र तयार करायचं त्यांनी मनावर घेतलं होतं. हे खरं तर आश्चर्यच होतं. याचं कारण आयुष्यभर एडिसन हा त्याच्या पाखंडी आणि नास्तिक मतांबद्दल प्रसिद्ध होता. तो कधीही चर्चेला जात नसे. ''वेळ कशाला वाया घालवायचा? त्यापेक्षा माझ्या प्रयोगशाळेत माझा वेळ सत्कारणी लागतो,'' असं तो याबाबतीत म्हणत असे.

सर ऑलिव्हर लॉज आणि सर विल्यम क्रुक्स यांच्यासारख्या संशोधकांना आध्यात्मिक गोष्टींची पहिल्यापासूनच ओढ होती. एडिसननं कधीही जाहीररीत्या किंवा खासगीतसुद्धा परमार्थ, मृत्यूनंतरचं जीवन, स्वर्ग-नरक अशा कल्पनांमध्ये रस दाखवलेला नव्हता. त्याच्या आयुष्यात काही तरी असं घडलं असावं, की आयुष्याच्या उत्तरार्धात त्याला परलोकाबद्दल कुतूहल निर्माण झालं. ॲलन बेन्सन, एडिसनला १९०९ ते त्याच्या मृत्यूपर्यंत म्हणजे १९३१ पर्यंत वारंवार भेटत असत. त्यांच्या अनेक गोष्टींबद्दल चर्चा होत. या बेन्सनच्या आठवणींचा एडिसनच्या अनेक चरित्रकारांनी फायदाही घेतला. खासगीत काय किंवा सार्वजनिकरीत्या काय, एडिसन कधीही धर्माबद्दल कोणतंही मत व्यक्त करत नसे. क्वचित कधीतरी कुणी याबद्दल जोरजोरात बोलत असलं, तर एडिसन म्हणे, ''परमेश्वरानं विश्व निर्माण केलं, या विचारानं गुंता अधिक वाढतो. याचं कारण असं जर गृहीत धरलं, तर परमेश्वराला कुणी निर्माण केलं, हा प्रश्न उरतोच.''

बेन्सनला जेव्हा हे मत प्रथम ऐकायला मिळालं, तेव्हा एडिसनच्या सचिवानं बेन्सनला बाजूला घेऊन सांगितलं, ''एडिसनची ही मतं छापली गेलेलं मिसेस

एडिसनना आवडत नाही.'' बहुधा मिडोक्राफ्टनं– एडिसनच्या सचिवानं इतर पत्रकारांनाही हेच सांगितलं असणार. एडिसनचे आणि पत्रकारांचे संबंध अतिशय चांगले असत. त्यामुळं एडिसनला सहसा कुणी दुखावत नसे. त्याच्या इच्छा मानल्या जात. ही तर मिसेस एडिसनची इच्छा होती. त्यामुळं दहा वर्षं कुणी या विषयावर लिहिलं नव्हतं. बेन्सनशी एडिसन मानवाचं मूळ आणि मानवाचं भवितव्य यावर चर्चा करत असे. त्यांच्या भेटीत हा विषय आला नाही, असं सहसा कधी घडत नव्हतं. बेन्सनवर एडिसनचा विश्वास असल्यामुळं तो मात्र या विषयासंबंधी बेन्सनशी चर्चा करत असे. मग मात्र एका वार्ताहरानं एडिसनची ही मतं प्रसिद्ध केली. त्याला बहुधा मिडोक्राफ्टनं सावधगिरीची सूचना दिली नसावी. त्यामुळं एडिसन नास्तिक आणि निरीश्वरवादी असल्याचा बोलबाला झाला. एडिसन ही मतं बदलून आयुष्याच्या अखेरच्या काळात मृतात्म्यांशी संवाद साधायचा प्रयत्न करेल, असं तेव्हा कुणालाच वाटलेलं नव्हतं.

एडिसनच्या जीवन, मृत्यू आणि परमेश्वर यासंबंधीच्या कल्पना अतिशय स्पष्ट होत्या. विश्वाचं कुणीतरी नियंत्रण करतं; पण त्या नियंत्रकास व्यक्तिमत्त्व नाही, तर ते एक अशरीरी, अस्फटिकी आणि अस्पष्ट असं अस्तित्व आहे, असं एडिसन म्हणत असे. तसंच या परमेश्वराला माणसात रस असायचं काहीच कारण नाही. विश्वाचा अफाट पसारा सांभाळणरं ते अस्तित्व माणसासारख्या किरकोळ बाबीकडं लक्ष देईल, यावर एडिसनचा विश्वास नव्हता. एडिसनचा एक स्वत:चा वेगळाच सिद्धान्त होता. सर्व सजीव गोष्टींचं अस्तित्व हे एका 'जैविक ऊर्जे'वर अवलंबून असतं, असं तो म्हणे. एडिसनचा हा सिद्धान्त आणि मरणोत्तर अस्तित्वावरचा त्याचा विश्वास या अगदी परस्पर विरोधी गोष्टी होत्या, त्यामुळे त्याचे विचार बदलायला भाग पाडणारी एखादी घटना त्याच्या आयुष्याच्या उत्तरार्धात घडली असावी, अशी शंका घ्यायला वाव उरतो.

एडिसनचा हा सिद्धान्त कोणता, ते आधी बघू या. एडिसन म्हणे, ''जैविक ऊर्जा अमर आहे. तसेच ती वैश्विक आहे. ती वेगवेगळ्या रूपात प्रकट होत असते. जैविक ऊर्जेचा स्रोत विश्वाच्या दुसऱ्या कुठल्या तरी भागातून पृथ्वीवर आला आहे. ही ऊर्जा क्षणार्धात कुठेही प्रकट होऊ शकते; पण या जैविक ऊर्जेला मर्यादा आहे. विश्वात किती जैविक ऊर्जा असावी, हे निश्चित आहे. त्यामुळेच पृथ्वीवरील सजीवांच्या संख्येवरही मर्यादा पडतात. याचा अर्थ एका वेळी पृथ्वीवर किती सजीव वावरणार, हा आकडा ठरलेला असतो.''

'पृथ्वीवरचा प्रत्येक सजीव भरपूर वीजनिर्मिती, अंडी किंवा प्रजानिर्मिती करतो. एक कॉडमासा इतकी अंडी घालतो, की त्या सर्व अंड्यांतून मासे निर्माण झाले तर सगळ्या पृथ्वीवर त्यांची काही फूट उंच रास होईल आणि त्याखाली पृथ्वी झाकून जाईल; पण हे घडत नाही. ते का घडत नाही?'' असं म्हणून एडिसन थोडा वेळ

थांबायचा. मग स्वत:च या प्रश्नाचं उत्तर द्यायचा. ‘‘याचं कारण पृथ्वीवर या सर्व जीवांना जिवंत ठेवेल, एवढी जैविक ऊर्जा नाही. त्यामुळे सर्व बियांची झाडं होत नाहीत, सर्वच अंड्यांमधून पक्षी बाहेर येत नाहीत किंवा प्रत्येक बीजांडाचं फलन होत नाही.’’

प्रत्येक बीजात आणि प्रत्येक अंड्यातून जीव निर्माण होऊ शकतो, यावरच एडिसनचा विश्वास नव्हता. त्याच्या मते बिया आणि अंडी हे भावी जीवांचे आराखडे असतात. त्यांच्यात जैविक ऊर्जा शिरली, की ती कोणता आकार घेईल, हे निश्चित करणं एवढंच त्यांचं काम असतं. जैविक ऊर्जा बीत शिरली, तर ती वनस्पतीच्या रूपात प्रकट होते. अंड्यामध्ये शिरली, तर पक्ष्यांच्या रूपात प्रकट होते, असं तो म्हणे. यामुळं सर्व सजीव एकात्म आहेत, यावर त्याचा ठाम विश्वास होता.

सजीव म्हणजे ऊर्जाभारित. प्रत्येक वनस्पती आणि प्राणी बुद्धिमान असतात. हा बुद्धीचा अंश जैविक ऊर्जेशी संबंधित असतो. या बुद्धिमत्तेचा एक वैश्विक साठा आहे. त्यातून सर्व सजीवांना बुद्धिमत्ता मिळते आणि त्यांच्या मृत्यूनंतर ही बुद्धिमत्ता त्या वैश्विक साठ्यात परतते. मग ती परत वापरली जाते. ऊर्जेप्रमाणेच वैश्विक बुद्धिमत्ता अविनाशी आहे, अमर आहे, असंही एडिसनचं पक्कं मत होतं.

‘‘प्रत्येक पेशी बुद्धिमान असते; पण त्यांच्या बुद्धिमत्तेत तरतमभाव असतो, त्यामुळे काही माणसं इतरांपेक्षा हुशार असतात, काही प्राणी इतरांपेक्षा काही वेगळ्या गोष्टी करू शकतात. झाडांच्या पेशींना जमिनीतून पाणी खेचायची कला अवगत असते. माशांच्या पेशींना पाण्यातून ऑक्सिजन खेचायची किमया जमते. माझं पोट हायड्रोक्लोरिक आम्ल तयार करू शकतं. मला स्वत:ला मात्र हायड्रोक्लोरिक आम्ल तयार करता येत नाही.’’ असं एडिसन त्याच्या पेशींमधल्या जैविक ऊर्जेचं आणि वैश्विक बुद्धिमत्तेचं स्पष्टीकरण देताना सांगत असे.

त्याच्या मते प्रत्येक मानवी पेशीमध्ये बुद्धिमत्तेचे १० कोटी कण असतात. ज्याप्रमाणे अणूत इलेक्ट्रॉन असतात, त्याप्रमाणं मानवी पेशींत बुद्धिमत्तेचे कण असतात, असं तो म्हणत असे. या कणांना तो ‘लिट्ल पीपल्स’ असं चेष्टेत म्हणत असे. ही प्रत्येक छोटी व्यक्ती स्वतंत्र व्यक्तिमत्त्वाची असते. यातले काही कण मतिमंद असतात. काही हुशार असतात. काही व्यवहारचतुर असतात. काही सद्बुद्धी असलेले असतात, तर काही दुर्बुद्ध असतात. काहींना सामाजिक मन असतं, तर काही समाजद्रोही असतात. सर्वसाधारणपणे बाह्यजगाचं प्रतिबिंब इथं पडलेलं दिसतं. बहुतेक व्यक्तींच्या पेशीतल्या छोट्या पेशी या सद्वर्तनी असतात. यामुळे वेगवेगळी माणसं वेगवेगळ्या प्रकारे का वागतात, हे स्पष्ट होतं, असंही एडिसन म्हणत असे.

या छोट्या व्यक्तींना ‘समानशीले व्यसनेषु सख्यम्’ हा नियम जसा लागू

पडतो, त्याचप्रमाणं 'बर्ड्स ऑफ अ फेदर फ्लॉक टुगेदर' हा नियमही लागू पडतो. एखाद्या सामान्य बुद्धिमत्तेच्या दोन व्यक्ती एकत्र येतात, त्यामुळे त्यांची मुलंही सामान्य बुद्धिमत्तेची असतात. त्याचप्रमाणे दुर्गुणी व्यक्तींच्या बाबतीतही असंच घडतं. यामुळे कुठलीही व्यक्ती ही तिच्या सर्व पूर्वजांचं प्रतिनिधित्व करत असते. मानवी कवटीत या छोट्या व्यक्तीचं प्रचंड मोठं संमेलन भरलेलं असतं. यात ज्या लोकांचा वरचष्मा होतो, त्यानुसार त्या त्या माणसाचा स्वभाव बनतो. आपण जर निश्चय केला, तर कुठल्या छोट्या व्यक्तींचा वरचष्मा होणार, हे निश्चितपणे ठरवू शकतो.

काही वेळा मागच्या बाकावर बसलेला एखादा छोटा माणूस दंगा करतो. आपल्याच एखाद्या दुर्वर्तनी पूर्वजाकडून हा छोटा माणूस आपल्याकडे आलेला असतो. इतकी वर्षं किंवा इतक्या पिढ्या त्याला डोकं वर काढायला वाव मिळालेला नसतो. याचं कारण त्या छोट्या व्यक्तीचा पूर्वज हजारो वर्षांपूर्वी अस्तित्वात होता. आता त्याला संधी मिळालेली असते. मग एखाद्या चांगल्या घरात मधूनच एखादा वाईट मुलगा किंवा मुलगी गुण उधळते आणि हे कसं घडलं असावं, याबद्दल आपल्याला आश्चर्य वाटत राहतं; पण प्रत्येक माणसाच्या पेशींतील छोट्या माणसांत अशी वाईट किंवा दुष्ट माणसं असतातच.

जोपर्यंत एखाद्या व्यक्तीच्या शरीरातील सर्व छोटी माणसं एकाच प्रकारची असतात, तोपर्यंत त्यांच्यात सुसंवाद असतो. अशी सुसंवादी माणसं सुखी असतात आणि ती परस्पर सहवासात धन्यता मानतात. अशी छोटी सुसंवादी माणसं ज्यांच्या शरीरात असतात, ती व्यक्ती आयुष्यातला आनंद उपभोगते. ज्या वेळी एखाद्या व्यक्तीच्या शरीरातल्या छोट्या माणसांत विभिन्न व्यक्तिमत्त्वाच्या माणसांचा भरणा असतो, तेव्हा ती व्यक्ती दुःखी बनते. काही वेळा छोट्या वाईट माणसांची संख्या इतकी जास्त वाढते, की ही दुःखी व्यक्ती गुन्हे करते किंवा चांगल्या आणि वाईट छोट्या माणसांची संख्या समसमान होते आणि चांगली छोटी माणसं निराश होतात, तेव्हा ही व्यक्ती आत्महत्या करते.''

असं म्हणणारा एडिसन त्याच्या वडिलांच्या मृत्यूबद्दल बोलताना म्हणाला होता, ''माझे वडील ९३ वर्षांचे असताना त्यांच्या शरीरातील छोट्या व्यक्तींना असं वाटलं, की आता बास झालं. एक दिवस माझे वडील म्हणाले, 'मुला, मी तुझ्या बहिणीकडं जातो नि तिथं माझा अंत होईल,' असं म्हणून ते माझ्या बहिणीकडे स्वतःहून गेले. ते अतिशय धडधाकट होते. माझ्या बहिणीकडं तिसऱ्या दिवशी झोपेत त्यांना मृत्यू आला. त्यांना तेव्हा कसलाही आजार नव्हता.''

एडिसनची अनेक चरित्रं लिहिली गेली. त्यात कुठंही एडिसनचा मरणोत्तर अस्तित्वावर विश्वास होता, असं निदर्शनास आणणारे उल्लेख सापडत नाहीत. तो

जरी ऊर्जारूप अस्तित्व मान्य करत असे, बुद्धिमान छोट्या व्यक्तींची कहाणी सांगत असे, तरी एखादी व्यक्ती मृत्यूनंतर अस्तित्वात असते, हे त्याला मान्य नव्हतं. एकदा माणूस मेला की मेला. त्याचं पुढे काय होतं, हे त्या माणसाला कळेल, यावर एडिसनचा विश्वास नव्हता.

ॲलन बेन्सनशी तो त्याच्या अशा अनेक विचित्र सिद्धान्तांची चर्चा करत असला, तरी त्यात त्यानं मृतात्माच काय, पण सजीवाच्या आत्म्याच्या अस्तित्वालाही मान्यता दिल्याचं दिसत नाही. आत्म्यावर विश्वास नसलेला एडिसन मृतात्म्यांवर विश्वास ठेवेल, हे अवघडच होतं.

एडिसन पूर्णपणे नास्तिक होता. कुणीही नास्तिकानं देवाच्या अस्तित्वावर अविश्वास दर्शविणारं पुस्तक लिहिलं आणि ते प्रसिद्ध झाल्यानंतर एडिसनच्या पाहण्यात आलं, की अशा लेखकास एडिसनच्या सहीचं पत्र येत असे. त्या पत्रात त्या लेखकाच्या विचारांची स्तुती केलेली असे.

एडिसन त्याच्या मृत्यूपर्यंत थॉमस पेनला 'महान नेता' म्हणत असे. याचं एकमेव कारण, म्हणजे पेन धर्माला निरर्थक मानत असे. थॉमस पेन देशभक्त होता. त्यात विशेष काय? आपण ज्या देशात असतो, त्या देशावर निष्ठा असायलाच हवी; पण पेननं देशावर निष्ठा ठेवताना धर्म नाकारला, ही गोष्ट एडिसनला महत्त्वाची वाटत होती. आयुष्याच्या अखेरपर्यंत एडिसनचे विचार स्वच्छ आणि स्पष्ट होते. तरीही त्यानं मृतात्म्यांशी संपर्क साधणारं यंत्र तयार करायचा प्रयत्न केला होता, हे महत्त्वाचं.

एडिसन हा खऱ्या अर्थानं संशोधक होता. तो भले नास्तिक असेल; पण इतके लोक मृतात्म्यांच्या अस्तित्वाबद्दल खात्रीशीर बोलतात, तेव्हा ते अस्तित्वात आहेत की नाहीत, हे प्रयोगाद्वारे तपासून पाहण्याचं त्यानं ठरवलं असावं. त्याच्या मृत्यूपूर्वी पंधरा वर्षं आणि बेन्सनची मैत्री झाल्यानंतर सात वर्षांनी एडिसन मरणोत्तर अस्तित्वाचा विचार करू लागला, असं बेन्सनच्या आठवणींवरून दिसतं. हे स्वारस्य अचानक निर्माण झालेलं नव्हतं. त्याचबरोबर त्याला या गोष्टीत वैयक्तिक रस होता, असंही नाही.

एकदा अशी चर्चा चालू असताना तो बेन्सनला म्हणाला, "बेन्सन, खरं सांगू का, एकदा मी मेलो, की माझं काही का होईना, मला त्याची तमा नाही. मरणानंतर अस्तित्व आहे किंवा नाही, याचा जिवंतपणी काथ्याकूट कशाला करायचा?"

त्या वेळी एडिसन मनापासून बोलत होता, याबद्दल बेन्सनला खात्री वाटत होती, यामुळंच मृतात्म्यांशी संवाद साधण्याचे एडिसनचे प्रयत्न हे वैज्ञानिक चौकसबुद्धीतून निर्माण झाले होते, यात संशय नाही. तो त्याचा स्वभाव होता. एखादा शोध हरप्रयत्ने लावायचा आणि मग त्याच्या व्यावहारिक फायदा मिळवायचा, हे एडिसनच्या जीवनाचं

सूत्रच होतं. माणूस मेल्यावर नक्की काय होतं, हे कुणालाच नक्की माहीत नसतं.

एडिसन ज्या काळात वावरला, त्या काळात अमेरिकेत मृतात्म्यांशी संवाद साधला, असं जाहीरपणे सांगणाऱ्या अनेक व्यक्ती होत्या. मेणबत्ती विझली, की अंधार पडतो, तसं माणसाची प्राणज्योत मावळल्यावर होत असेल, तर त्याचा काहीच उपयोग आपल्याला होणार नाही; पण जर असं यंत्र तयार केलं, तर त्यातून भरपूर पैसा मिळवता येईल, अशी त्यानं अटकळ बांधली होती.

एडिसनच्या एका मदतनिसानं एकदा निराश होऊन एडिसनला म्हटलं होतं, "माझे सर्व प्रयोग निष्फळ ठरले. त्यांचा काय उपयोग?"

तेव्हा एडिसन म्हणाला, "अरे, याचा फार मोठा उपयोग आहे. या मार्गाचा काही उपयोग नाही, तो कुठंच जात नाही. हे तर आपल्याला कळलं!"

असा एडिसन मृतात्म्यांशी संवाद साधता येतो की ती समजूत खोटी आहे, हे बघायचा प्रयत्न करायचं ठरवू लागला होता.

माणसाला आत्मा असतो, ही समजूत पुरातन आहे. जर ती खरी असेल, तर आत्मा मर्त्य मानवाशी संबंध ठेवायचा प्रयत्न करेल का? तसा तो करत असेल आणि त्याला त्यात यश येत नसेल, तर एखाद्या यंत्राद्वारे आत्मा आणि माणूस यांचा परस्परसंबंध प्रस्थापित करणं शक्य आहे का किंवा ते शक्य नाही, हे ठरवण्याचा एडिसननं निश्चय केला असावा. त्यासाठी, म्हणजे संपर्कासाठी जी मानवी माध्यमं त्या काळात वापरली जात, त्यांच्यावर एडिसनचा विश्वास नव्हता; मात्र यंत्रांवर त्याचा पूर्ण विश्वास असल्यामुळं असं जर एखादं यंत्र करता आलं, तर या प्रश्नाचा एकदाचा कायमचा निर्णय लागेल, असं त्याला वाटत होतं. असं जर यंत्र तयार करायचं झालंच, तर त्यासाठी एडिसन हाच त्या काळातला योग्य माणूस होता. समोरच्या व्यक्तीची गरज लक्षात घेऊन त्यानुसार यंत्रनिर्मिती करण्यात त्याचा हात दुसरा कुणीच धरू शकत नव्हता.

बेन्सनच्या मते एडिसनचं हे यंत्र निर्माण करण्याच्या प्रयत्नामागे दुसरंच एक कारण असावं.

जसजसं एडिसनचं वय वाढू लागलं, तसतशी त्याला 'मृत्यूनंतर काय', या प्रश्नाची ओढ वाटू लागली असावी किंवा त्याच्या पेशींतील छोट्या व्यक्ती त्या दिशेनं विचार करू लागल्या असाव्यात.

तसंच मृत्यूनंतरच्या जीवनात एडिसननं रस घेतला, त्याला आणखीही एक कारण असावं. ते म्हणजे सर विल्यम क्रुक्सबरोबरची एडिसनची मैत्री.

सर विल्यम क्रुक्स हे नावाजलेले भौतिक आणि रसायनशास्त्रज्ञ होते. शास्त्रीय जगतात त्यांना मान होता. असं असूनही त्यांचा पारलौकिक अस्तित्वावर जबरदस्त विश्वास होता. मरणोत्तर अस्तित्व आणि मृतात्म्यांशी संपर्क, या गोष्टी त्रिकालबाधित

सत्य आहेत, असं क्रुक्स समजत असत. त्यांचे सहकारी, तसंच त्या काळातले इतर बरेच शास्त्रज्ञ याबद्दल त्यांच्या पश्चात तुच्छतेनं बोलत. काही जण त्यांच्या या समजुतींची उघड उघड टवाळी करत असत. असं असूनही या निंदानालस्तीकडे दुर्लक्ष करून क्रुक्स या विषयावर जाहीरपणं बोलत आणि वृत्तपत्रं व नियतकालिकांमधून परलोकाबद्दलची त्यांची मतं मांडत असत.

एडिसनला सर विल्यम क्रुक्सबद्दल नितांत आदर होता. त्यांची चांगली मैत्री होती. क्रुक्सची बुद्धिमत्ता आणि प्रामाणिकपणा यामुळे एडिसन क्रुक्सची सर्व मतं गंभीरपणे ऐकून घेत असे. क्रुक्सनं काही वैज्ञानिक अडचणी सोडवण्यात एडिसनला मदत केली होती. अतिशय बुद्धिमान असलेल्या एडिसनला यंत्रशास्त्रात गती असली, तरी गणिताशी त्याचं वैर होतं. अशा प्रसंगी तो इतरांची मदत घ्यायचा.

विजेचा दिवा तयार करताना प्रस्फुरित म्हणजे देदीप्यमान बनवणारी तार किंवा वात ही निर्वात नलिकेत ठेवावी लागत असे. नाही तर ऑक्सिजनशी संयोग पावून ती जळून जात असे. अशा निर्वात नलिकांची निर्मिती करण्यात 'क्रुक्स ट्यूब'च्या या निर्मात्याचा हात धरणारा त्या काळात कुणीच नव्हता. क्रुक्सनं एडिसनला निर्वात नळ्यांच्या निर्मितीचं रहस्य शिकवलं होतं. याच काळात क्रुक्सनं एडिसनला एक हादरवणारी घटना कथन केली होती. एका मृत स्त्रीचा आत्मा क्रुक्सच्या घरी येत होता. कुठल्या तरी माध्यमाच्या मदतीशिवाय मात्र तो येत नसे.

हे माध्यम एका अंधाऱ्या खोलीत कोचावर झोपत असे. त्यानंतर काही वेळानं शेजारच्या खोलीत जमलेल्या क्रुक्स आणि त्यांच्या मित्रांसमोर त्या स्त्रीचा आत्मा प्रकट होत असे. ती अगदी इतर कुठल्याही स्त्रीप्रमाणं हाडामांसाचीच असे; पण ती खोलीत कुठल्याही दारातून चालत आत येत नसे, तर आपोआप प्रकट व्हायची. इतर कुठल्याही माणसानं बोलावं, तशी बोलत असे. याचाच अर्थ ती ध्वनिलहरी निर्माण करू शकत होती. क्रुक्सच्या या वेळी हजर असलेल्या काही मित्रांनी ती स्त्री म्हणजे पलीकडच्या खोलीत माध्यम म्हणून झोपलेली स्त्रीच असावी आणि ती माध्यम-स्त्री झोपली होती, तो कोच रिकामा असावा असं सुचवलं, तेव्हा कुणी तरी जाऊन त्या खोलीत बघितलं, तेव्हा ते माध्यम तिथंच होतं; मात्र या वेळी ती माध्यम-स्त्री कसल्या तरी गुंगीत असल्याचं भासत होतं.

हे पाहूनही काही जणांचं समाधान झालं नव्हतं. ती माध्यम-स्त्री हा पुतळाच आहे, असं कुणीतरी म्हणालं. त्या स्त्रीची नाडी तपासण्यात आली. तिचे मिनिटाला ९५ ठोके पडत होते, तर या आत्मारूपी स्त्रीचे ७० ठोके पडत होते. विल्यम क्रुक्सच्या ग्रंथालयातील हे प्रयोग हिवाळाभर चालू होते. ते बंद दरवाजाआड करण्यात येत होते. क्रुक्सचे वैयक्तिक आणि निवडक मित्रच या प्रयोगांना उपस्थित असत. त्या आत्म्यांच्या परवानगीनंच क्रुक्सनी एकूण ४२ छायाचित्रं काढली. वसंत

ऋतूच्या आगमनाच्या सुमारास 'आता मला येता येणार नाही' असं त्या स्त्रीनं जाहीर केलं होतं.

क्रुक्सनं हे सर्व एडिसनला पत्रामधून कळवलं होतं. एडिसनचा क्रुक्सवर अतिशय विश्वास होता. त्याला कुणी सहजासहजी फसवत असेल, यावर एडिसनचा विश्वास बसत नव्हता. क्रुक्सनं तर कॅमेऱ्यानं या घटनांची छायाचित्रं टिपलेली होती. त्या संबंधीच्या ४३ निगेटिव्ह त्याच्याकडं होत्याच. तेव्हा एडिसनच्या मनात अशा घटनांची सत्यता पडताळून पाहणारं एखादं यंत्र तयार करायला हवं, हा विचार डोकावला. जर असं एखादं यंत्र असेल, तर मृतात्मे सजीवांशी थेट संपर्क साधू शकतील, त्यासाठी माध्यमांची गरज भासणार नाही, असं त्याला वाटू लागलं.

क्रुक्सच्या कॅमेऱ्यानं जी चित्र काढली होती, त्यात तो आत्मा सर्वसाधारणपणे स्त्रीचा होता. तो स्त्रीचा फोटो नसून भुताचा फोटो आहे, असं ठामपणे सांगता येईल, असा कोणताही वेगळेपणा त्यात नव्हता. ते चित्र मृतात्म्याचे विचारही शब्दांत मांडू शकत नव्हतं. या प्रकाराची त्या पद्धतीनं शहानिशा करून मगच जे काय मत द्यायचं ते द्यावं, असं त्यानं ठरवलं. जर त्या यंत्रानं क्रुक्सच्या बाजूनं निर्वाळा दिला, तर एडिसनचा आयुष्यभराचा असल्या गोष्टींचा विरोध कोलमडला असता. जर ते यंत्र अपयशी ठरलं, तर क्रुक्सचा दावा खोटा ठरून एडिसनचा स्वत:च्या विचारांवरचा विश्वास वाढणार होता.

बेन्सनच्या असं लक्षात आलं, की मृत्यूच्या आधी पाच वर्षं एडिसन हळूहळू परलोकविद्येचा विचार करू लागला असावा. परलोकाच्या अस्तित्वाची शक्यता ५० टक्के आहे आणि ५० टक्के नाही. आपण असं यंत्र तयार करण्याचा विचार करतोय, हे त्यानं बेन्सला सांगितलं असलं, तरी त्यानं तसा प्रयत्न केल्याचं किंवा त्यासंबंधी नोंदी केल्याचं आढळत नाही. त्यामुळं मृतात्म्यांशी संवाद साधण्यासाठी यंत्र तयार करण्याची एडिसनची कल्पना त्याच्याबरोबरच लयास गेली. एडिसनच्या कागदपत्रांत या यंत्राचे आराखडे नाहीत. तेव्हा कदाचित त्यानं हे प्रयोग गुप्तपणे केले असण्याची शक्यता नाकारता येत नाही.

■

सर सी. पी. स्नो

सर सी. पी. स्नो हे एक ख्यातनाम ब्रिटिश साहित्यिक होते. सर ग्रॅहॅम ग्रीन आणि सी. पी. स्नो या दोन ब्रिटिश लेखकांना नोबेल पारितोषिक मिळायला हवं होतं, असं ब्रिटिशमंडळी कायम म्हणत असतात. सी. पी. स्नो हे मूळ विज्ञानशाखेचे विद्यार्थी होते. त्यांच्या एका कादंबरीतली पार्श्वभूमी संपूर्णपणे वैज्ञानिक आहे. ते सुरुवातीच्या काळात विज्ञान शिक्षकही होते. वर्णपट रसायनशास्त्रात त्यांनी संशोधन केलं आणि संशोधक म्हणून मान्यता मिळवली होती. एवढंच नव्हे, तर या क्षेत्रात ते अग्रणी संशोधक मानले जात असत. विज्ञानशाखेच्या अभ्यासामुळे त्यांच्या लेखनातला फापटपसारा कमी झाला, असंही ते म्हणत. १९५९ ते १९६९ ही दहा वर्षं त्यांनी वैज्ञानिक समाज आणि कलात्मक समाज या विषयावर एफ. आर. लिबीडा यांच्याशी घातलेला वाद विसाव्या शतकातला सर्वांत मोठा साहित्यिक वाद समजला जातो. अशा या लेखकाची वैज्ञानिक बाजू जगापुढे फारशी आलेली नाही. स्नोंनी आपलं सर्व साहित्यिक लिखाण काटेकोरपणे जपून ठेवलं होतं. त्यातली बरीचशी कागदपत्रं ऑस्टिन इथल्या टेक्सास विद्यापीठात 'हॅरी रॅन्सम ह्युमॅनिटीज् रिसर्च सेंटर'मध्ये अभ्यासकांसाठी जपून ठेवण्यात आलेली आहेत; मात्र स्नोंनी आपल्या वैज्ञानिक लेखनाचा थोडाही अंश किंवा त्यांच्या टिपण-वह्या मागे ठेवल्या नाहीत, हे विशेष. त्यांनी आपल्या वैज्ञानिक जीवनाशी उत्तर आयुष्यात पूर्णपणे फारकत घेतली होती, असं दिसून येतं. याला काही खास कारण होतं का? हा प्रश्न अनुत्तरितच आहे. आपण स्नोंचं वैज्ञानिक आयुष्य बघणार आहोत.

सी. पी. स्नो (चार्ल्स पर्सी) यांचा जन्म 'लिसेस्टर' या कापड उद्योगासाठी गाजलेल्या शहरात १९०५ मध्ये झाला. त्यांचे वडील एका जोडे बनविण्याच्या कारखान्यात कामाला होते. त्याचबरोबर ते चर्चमध्ये ऑर्गन वाजवत व फावल्या वेळात संगीताच्या शिकवण्या करत असत. एका खाजगी शाळेत प्राथमिक शिक्षण घेऊन नंतर 'चार्ल्स आल्टरमान न्यूटन ग्रामर स्कूल'मध्ये माध्यमिक शिक्षण घेऊ लागले. तेथे त्यांना रसायनशास्त्राची गोडी लागली. १६व्या वर्षी शालेय शिक्षण

संपल्यावर ते याच शाळेत प्रयोगशाळा साहाय्यक म्हणून नोकरी करू लागले. यामुळेच त्या काळातल्या अतिशय प्रतिष्ठेच्या मानल्या गेलेल्या आणि अतिशय कठीण अशा 'लंडन इंटरमिजिएट बी.एस्सी' या परीक्षेची तयारी करणं त्यांना शक्य झालं. लंडनबाहेरून पदवी परीक्षेस बसायचं झाल्यास ही परीक्षा देणं त्या काळात आवश्यक असे. अशा विद्यार्थ्यांना बहि:शाल विद्यार्थी समजण्यात यायचं.

इ.स. १९२१ मध्ये लिस्टरशायर आणि स्कॉटलंड इथल्या मृत सैनिकांच्या स्मरणार्थ लिसेस्टर इथे एक महाविद्यालय सुरू करण्यात आलं. ते पूर्वीच्या वेड्यांच्या हॉस्पिटलमध्ये होतं. १९२४ मध्ये इंटरमिजिएटला चांगले गुण मिळाल्यामुळे स्नोंना या महाविद्यालयात पदवी अभ्यासक्रमासाठी प्रवेश मिळाला. (१९५७ पर्यंत हे कॉलेज लंडन विद्यापीठाशी संलग्न होतं. १९५७ मध्ये या संस्थेस विद्यापीठाचा दर्जा देण्यात आला.) एवढंच नव्हे, तर पदवी शिक्षणासाठी त्यांना शिष्यवृत्तीही देण्यात आली होती. जरी हे महाविद्यालय १९२१ मध्ये सुरू झालं, तरी १९२५ मार्चपर्यंत तिथे कायमस्वरूपी विज्ञान व्याख्याते नव्हते. मार्च १९२५ मध्ये लुई हंटर हे रसायनशास्त्र विभागात, तर ए.सी. मेंझीस (यांना सँडी म्हणत) यांना वास्तवशास्त्राचे व्याख्याते म्हणून नेमण्यात आलं. मेंझीस हे त्या काळात भरभराटीस येत असलेल्या वर्णपट विज्ञानात प्रवीण होते. गणित, रसायन आणि वास्तवशास्त्र या विषयांची परीक्षा देऊन स्नो यांना विज्ञानाची पदवी मिळाली हे खरं असलं, तरी त्यात या शिक्षकांचा वाटा अत्यल्प होता; मात्र ज्या निष्ठेनं स्नो यांनी या परीक्षेसाठी अभ्यास केला, तो या शिक्षकांनी बघितला होता. यामुळं संशोधन करण्याचा आपला मनोदय स्नो यांनी जाहीर केल्याबरोबर हंटर आणि मेंझीस यांनी स्नोंना लिस्टर येथेच 'ऑनर्स'साठी राहायची विनंती केली. हा 'ऑनर्स'चा अभ्यासक्रम आणखी दोन वर्षांचा होता. पुढे हंटर यांनी स्नोंचं वर्णन करताना 'प्रायोगिक रसायनशास्त्रातला एक अतिशय खराब विद्यार्थी' असं केलं असलं, तरी स्नो यांना ही पदवी त्या काळी प्रथम श्रेणीत मिळाली होती, हे सत्य नजरेआड करता येत नाही.

१९२७ मध्ये स्नो यांना प्रथम श्रेणीत पदवी मिळाली, त्याच वर्षी इंग्लंडमध्ये रामन स्पेक्ट्रोस्कोपी या विषयाबद्दल खूप कुतूहल निर्माण झालेलं होतं. १९२८ मध्ये मेंझीसनी वर्णपट विज्ञानाचा अभ्यास करण्यासाठी स्नोंचं मन वळवलं. रामन वर्णपटाच्या पहिल्या काही अभ्यासकांत मेंझीस यांचा समावेश होतो. त्या काळात बारा बहिस्थ (म्हणजे लंडन बाहेर वास्तव्य असलेल्या विज्ञान विद्यार्थ्यांना परवानगी असलेल्या) विज्ञान विषयात याही विषयाचा समावेश होता. स्नो हे मेंझीस यांचे आद्य संशोधक विद्यार्थी. सिनॅमिक आम्लाच्या रेण्विक स्तरात प्रकाशाचं शोषण, हा विषय स्नो यांनी आपल्या संशोधनासाठी निवडला. या आम्लाची रासायनिक संरचना आणि प्रकाश शोषण वर्णालेख यांचाही त्यांनी अभ्यास केला होता. १९२८ मध्ये या

संशोधनास मान्यता मिळून स्नोंना एम. एस्सी. पदवी मिळाली; मात्र विशेष मान्यता (डिस्टिंक्शन) मिळाली नाही, याचं कारण स्नो हे त्या वर्षीचे एकमेव बहिस्थ विद्यार्थी होते. असं असलं, तरी स्नो यांना लंडन विद्यापीठानं पुढील संशोधनासाठी 'केडी फ्लेचर-वॉर' विद्यावेतन देऊ केलं. दर वर्षी २०० स्टर्लिंग पौंड विद्यावेतन मिळवणारे ते पहिलेच बहिस्थ विद्यार्थी होते. आता हे विद्यावेतन स्वीकारायचं, तर स्नोंना लंडनला जाऊन राहावं लागणार होतं; पण या वेळी मेंझीसनी रदबदली केली आणि स्नोंसाठी केंब्रिज विद्यापीठातील कायिक रसायनशास्त्र विभागात वर्णालेख रसायनात संशोधन करण्याची परवानगी मिळवली आणि ख्राईस्ट कॉलेज केंब्रिज या आपल्या मूळच्या महाविद्यालयात त्यांनी स्नोंना प्रवेश मिळवून दिला.

या काळात इंग्लंड शास्त्रीय जगतात आघाडीवर होतं. रुदरफोर्ड, हॉपकिन्स यांच्यासारखे शास्त्रज्ञ ब्रिटिश विज्ञानध्वजा मिरवित होते. वर्णपट आरेखनाच्या शास्त्राची घोडदौड सुरू होती. अशा वेळी स्नो या वैज्ञानिक क्षेत्रात उतरले होते. १९७८ मध्ये जॉन हॅल्पेरिन यांनी स्नोंच्या मुलाखती घेतल्या, तेव्हा लहानपणापासून आपण कादंबरीकार व्हायची स्वप्नं बघत होतो, असं स्नो म्हणाले होते. आपल्याला शास्त्रज्ञ व्हावं, असं कधीही वाटलं नाही, असंही ते म्हणाले, 'यावरून पोटभरीचा समोर दिसत असलेला सर्वांत सोपा मार्ग म्हणून त्यांनी विज्ञानाची कास पकडली होती' असंच म्हणावं लागेल. विज्ञान विषयात त्यांना गती होती, हे मान्य करून त्यांनी आपण उत्कृष्ट शास्त्रज्ञ बनू शकलो नसतो, तरी कामचलाऊ शास्त्रज्ञ म्हणून जगू शकलो असतो, अशीही कबुली हाल्पेरिनना दिली होती. ही मुलाखतीतली कबुली म्हणजे पश्चातबुद्धी होती का? या प्रश्नाचं उत्तर नकारार्थी द्यावं लागेल. स्नो लिस्टर येथे महाविद्यालयात प्रथम वर्षात होते, तेव्हाच त्यांनी एक कादंबरी लिहिली होती. ही कादंबरी त्यांनीच नष्ट केली. या कादंबरीच्या संदर्भात 'द डिव्होटेड' आणि 'द युथ सर्चिंग' अशी दोन नावं त्यांनी पुढं वापरली. म्हणजेच १९२८ मध्ये स्नो केंब्रिजला डॉक्टरेटसाठी गेले, तेव्हा आपल्या लेखनास आर्थिक आधार मिळावा, हेच त्यांच्या नजरेसमोर होतं, असं गृहीत धरलं, तर ते वावगं ठरू नये.

म्हणजे स्नो हे पोटार्थी शास्त्रज्ञ होते आणि तरीही त्यांनी २२ शोधनिबंध लिहिले, हे महत्त्वाचं. याशिवाय रेण्विक वस्तुमान वर्णरेखमाला (मॉलेक्युलर मास स्पेक्ट्रोमेट्री) या विषयावर त्यांनी गणिती विवरणांनी भरलेली दोन प्रकरणंही लिहिली होती. ही फ्रॅन्सिस ॲश्टन यांच्या समस्थलीवरच्या पाठ्यपुस्तकात समाविष्ट करण्यात आली आहेत. हे पाठ्यपुस्तक त्या काळात पदव्युत्तर विद्यार्थ्यांचं बायबल मानण्यात येत असे.

या २२ शोधनिबंधांपैकी १६ निबंधांत स्नो हे सहलेखक होते. यातले सहा त्यांनी विद्यार्थी म्हणून लिहिले होते. ४ त्यांचं मार्गदर्शन घेत असलेल्या विद्यार्थ्यांच्या

कामावरचे होते. ६ फिलिप बौडेनबरोबर संशोधन सहकार्य करून लिहिण्यात आले होते. अशा तऱ्हेनं स्नोंनी १२ शोधनिबंध स्वत: संशोधन करून लिहिले होते.

१९३३ मध्ये डॉ. स्नो (फेलो ऑफ द ख्राईस्ट कॉलेज) यांनी केंब्रिजमध्ये चालू असलेल्या रसायनशास्त्रातील संशोधनाचा आढावा घेणारा एक लेख लिहिला. सामान्य माणसाला समजेल, असा विज्ञानावरचा लेख कसा लिहावा, याचं हे आदर्श उदाहरण म्हणता येईल. या लेखामुळंच १९३८ ते १९४० दरम्यान त्यांना 'डिस्कव्हरी' या लोकार्थी विज्ञान नियतकालिकाचे संपादक म्हणून नेमण्यात आलं.

स्नोंनी १९३३ च्या या लेखात स्वत:च्या कार्याचा उल्लेख मात्र अजिबात केलेला नव्हता. रेण्विक संरचनेबद्दल ऊपारूण ऊर्जेच्या साहाय्यानं संशोधन करून त्यांनी १९२९ मध्ये चार शोधनिबंध प्रसिद्ध केलेले होते. या काळात एरिक रायडिअल यांचा स्नोंवर खूप प्रभाव पडला होता. त्यांनी ए.एम. टेलर या आपल्या सहाध्यायाच्या मदतीनं या आपल्या संशोधनासाठी एक नवं यंत्रही तयार केलं होतं. हे काम त्यांना रात्री विद्यापीठाची विद्युतनिर्मिती केंद्रातील जनित्रं बंद झाल्यावर करावं लागत असे. हे यंत्र म्हणजे सर रॉबर्ट रॉबिन्सन यांनी आपल्या संशोधनात वापरलेल्या यंत्राची सुधारित आवृत्ती होती. या यंत्राच्या साहाय्यानं रायडिअल यांच्या मार्गदर्शनाखाली स्नोंनी नायट्रिक ऑक्साईड आणि कार्बन मोनॉक्साईड या दोन आण्विक रेणूंचा अभ्यास तर केलाच, पण या रेणूंच्या रमणरेषांचा आणि ऊपारूण पट्टांचाही अभ्यास केला.

या संशोधनानंतर त्यांनी फॅराडे चर्चा मंडळात 'रेण्विक संरचना आणि वर्णालेख' या चर्चेत सप्टेंबर १९२९ मध्ये ब्रायटन विद्यापीठात भाग घेतला. या चर्चेसाठी रमण, हुंड, हर्झबर्ग, टेलर आणि मुलिकेन यांच्यासारखे मान्यवर संशोधक उपस्थित होते.

यानंतर बौडेन या आपल्या ऑस्ट्रेलियन मित्राशी चर्चा करून ऊपारूण वर्णालेख वापरून जटील कार्बनी रेणूंचं स्वरूप उकलणं शक्य आहे, या निष्कर्षाप्रत स्नो पोहोचले. याच काळात प्रकाश संश्लेषणाबाबत काही संशोधन ई.सी.सी. बेली यांनी प्रसिद्ध केलं होतं (नंतर ते खोटं असल्याचं उघडकीस आलं.) तर जीवनसत्त्वांवरसुद्धा खूप संशोधन चालू होतं आणि यातून अनेक संशोधक भरपूर पैसा मिळवत होते. विशेषत: मुडदूस होणाऱ्या मुलांना अतिनील किरण सोडलेलं अन्न दिलं, तर त्यांची तब्येत सुधारते, असं हेन्री स्टीनबॉक यांनी दाखवून दिलं आणि 'विस्कॉन्सिन' विद्यापीठाला याबाबतचे एकाधिकार देण्यात आले होते. यामुळे स्नोंनी आपलं लक्ष जीवनसत्त्वांवरील संशोधनाकडे वळवलं.

१४ मे १९३२ च्या 'नेचर'च्या अंकात 'द फोटोकेमिस्ट्री ऑफ व्हिटॅमिन्स ए, बी.सी. अँड डी' हा बौडेन आणि स्नो यांचा शोधनिबंध प्रसिद्ध झाला. या जीवनसत्त्वांचे

संरचनात्मक रेण्विक बंध विशिष्ट कंपनांच्या लहरींनी नष्ट होतात आणि त्यांची जैवी वैशिष्ट्यं त्यामुळे नाहीशी होतात. एवढंच नव्हे, तर एकरंगी प्रकाशाचा मारा करून जीवनसत्त्वं नव्यानं तयार करणं शक्य होईल आणि त्यांची संरचनाही शोधून काढता येईल, असं त्यांच्या शोधनिबंधाचं थोडक्यात सार सांगता येईल. या पत्राच्या अखेरीस या संशोधकांनी एफ. जी. हॉपकिन्स, जे.बी. एच. हाल्डेन इत्यादी मार्गदर्शकांचे आभार मानले होते.

या शोधपत्रास खूप प्रसिद्धी मिळाली. 'इंडस्ट्रियल अँड इंजिनिअरिंग केमिस्ट्री' या नियतकालिकानं 'या संशोधनामुळे 'अ' जीवनसत्त्वाची निर्मिती प्रथम कृत्रिमरीत्या शक्य होण्याचा मार्ग सापडला' असे या संशोधनाबद्दल उद्गार काढले. द लान्सेट, द ब्रिटिश मेडिकल जर्नल आणि इतर नियतकालिकं व वर्तमानपत्रं यांनीही हा शोध उचलून धरला. असं असलं, तरी केमिकल सोसायटीच्या वार्षिक आढाव्यात या शोधाचा उल्लेख आढळत नाही, हे विशेष.

याचं कारण हे संशोधन चुकीचं ठरलं होतं. जीवनसत्त्वाच्या निर्मितीसाठी उत्प्रेरकं कारणीभूत होतात, प्रकाश संस्लेषण नव्हे, हे आता सिद्ध झालंय. तेव्हा हे ठाऊक नव्हतं. ११ जून १९३२ या दिवशी आयन हैलबोर्न आणि त्यांचे विद्यार्थी रिचर्ड मॉर्टन यांनी या संशोधनाचे वाभाडे काढले. यातला काही भाग- म्हणजे वर्णरेखन करून जीवनसत्त्वाचं स्वरूप निश्चित करणं, हा जुनाच होता. १९२८ मध्येच मॉर्टननं स्वत:च ते शोधून काढलं होतं व प्रसिद्धही केलं होतं. एकाच तंत्रानं अनेक जीवनसत्त्वांची संरचना शोधून काढता येते, हे स्नोंचं गृहीत मुळातच चुकीचं होतं. त्यांच्या तंत्रानं प्रयोग करून मॉर्टनना नवं जीवनसत्त्व करण्यात अपयश आलं होतं. हैलबोर्न आणि मॉर्टन हे लिव्हरपूल विद्यापीठातले संशोधक; पण केवळ त्यांनीच बौडेन-स्नो संशोधनावर टीका केली नव्हती, तर केंब्रिज विद्यापीठातील काही संशोधकांनीही या संशोधनावर खरमरीत टीका केली होती. तसंच सिनसिनाटी विद्यापीठातूनही या संशोधनाचा फोलपणा सिद्ध करणारे पुरावे प्रसिद्धीस देण्यात आले होते. या कुठल्याही टीकेस बौडेन आणि स्नो यांनी उत्तर दिलं नव्हतं किंवा आपली चूकही त्यांनी कबूल केली नव्हती. २६ एप्रिल १९३४ या दिवशी या दोघांनी रॉयल सोसायटीच्या सदस्यांसमोर आपल्या संशोधनकार्याचा आढावा घेतला. त्यात त्या शोधपत्राचा उल्लेखही नव्हता.

१९३४ मध्ये स्नोच्या हातून आणखी एक चूक घडली. त्यांचा एक विद्यार्थी एरिक इस्टवूड याच्याबरोबर त्यांनी एक शोधनिबंध प्रसिद्ध केला; पण सहा महिन्यांनी आमच्या प्रयोगाचे निष्कर्ष हे रासायनिक अशुद्धतेमुळे आले होते, असं त्यांना जाहीर करावं लागलं. आपल्या कादंबरीलेखनात मग्न झालेल्या स्नोंनी आपल्या विद्यार्थ्यांच्या प्रयोगांवर लक्ष ठेवलं, तर अधिक बरं, असं त्या वेळी कुणीतरी म्हणालं, पण असा

निष्कर्ष काढण्याइतका पुरावा आता उपलब्ध नाही. यानंतर मात्र स्नोंनी एकही शोधनिबंध प्रसिद्ध केला नाही किंवा संशोधनही केलं नाही; मात्र १९४५ पर्यंत ख्राईस्ट कॉलेजमध्ये त्यांनी शिक्षकाचं पद भूषविलं. १९४५ पर्यंत स्नोंच्या तीन कादंबऱ्या प्रसिद्ध झाल्या होत्या. 'डेथ अंडर सेल' ही डिटेक्टिव्ह कथा निनावीच प्रसिद्ध झाली होती. पुढं १९६६ मध्ये तिची दुसरी आवृत्ती निघाली. १९३३ मध्ये 'न्यू लाइव्ह्ज फॉर ओल्ड' ही युटोपियन म्हणजे रम्य भविष्यकालाचं चित्र रंगवणारी कादंबरीही प्रसिद्ध झाली, तर 'द सर्च' ही १९३४ मध्ये प्रसिद्ध झालेली कादंबरी स्नोंच्या संशोधनावर आधारित होती, हे त्यांनी पुढं कबूल केलं. १९५८ मध्ये या कादंबरीची सुधारित आवृत्ती प्रसिद्ध झाली.

या कादंबरीचा नायक आणि माईल्स हा स्फटिकशास्त्राचा विद्यार्थी आहे. आपल्या सहकाऱ्यानं पुरवलेली प्रायोगिक माहिती तो खात्री करून न घेता वापरतो. नंतर त्याच्या चूक लक्षात येते; पण तो आपल्या मित्राचं दुष्कृत्य उघडकीस आणत नाही, तर विज्ञानाशी फारकत असलेला वेगळाच जीवनप्रवाह निवडतो अशी या कादंबरीची थोडक्यात कथा आहे. या कादंबरीचा खूपच बोलबाला झाला. त्यामुळे स्नोंनी पूर्णपणे लेखनास वाहून घ्यायचं ठरवलं.

यानंतर काही वर्षांनी त्यांनी 'स्ट्रेंजर्स अँड ब्रदर्स' या नऊ खंडांच्या कादंबरी मालिकेतली पहिली कादंबरी लिहावयास घेतली. दुसऱ्या महायुद्धात ते श्रम मंत्रालयाचे वैज्ञानिक विभाग संचालक होते. १९५७ मध्ये त्यांना 'नाईटहुड', तर १९६४ मध्ये 'हाऊस ऑफ लॉर्ड्स'चं सदस्यत्व देण्यात आलं. या सर्व काळात त्यांचं लेखन चालूच होतं. ते ब्रिटनच्या तंत्रज्ञान मंत्रालयाचे पार्लमेंटरी सेक्रेटरी होतेच. १ जुलै १९८० रोजी त्यांचं निधन झालं, तेव्हा 'एका थोर ब्रिटिश कादंबरीकाराचं निधन' या मथळ्याखालीच त्यांच्या निधनाची बातमी छापली गेली आणि ती तशी छापली जावी ही त्यांची आयुष्यभर इच्छाही होती.

■

इ. जी. सुदर्शन

जॉर्ज सुदर्शन हे नाव ऐकलंय कधी? हे नाव ऐकल्यावर असं वाटेल, की ही व्यक्ती बहुधा रॉक गायक वगैरे असेल; पण तसं नाही. हे नाव एका जगद्‌विख्यात वास्तवशास्त्रज्ञाचं आहे. त्यांना कधीही नोबेल पारितोषिक मिळणं शक्य आहे. सुदर्शन यांनी टेक्सास विद्यापीठात काम करताना सौम्य प्रक्रिया (वीक इंटरॅक्शन) सिद्धान्त मांडण्यात वाटा उचलला होता. निसर्गातल्या मूलभूत शक्तींपैकी ही एक शक्ती आहे, या सिद्धान्तावर अधिक संशोधन करून त्यात सुधारणा सुचवणाऱ्या दोन शास्त्रज्ञांना पुढं नोबेल पारितोषिक मिळालं; पण मूळ सिद्धान्त मांडणाऱ्या एकाही व्यक्तीला अजून हे पारितोषिक मिळालेलं नाही.

स्पष्टवक्तेपणा हा सुदर्शन यांचा स्थायीभाव आहे. ऑस्टिन, टेक्सास नि मद्रास, भारत या दोन्ही ठिकाणी वास्तव्य असलेल्या सुदर्शनांच्या या गुणांची त्यांच्या सहाध्यायींना आता सवय झाली आहे. सुदर्शन यांच्या वास्तवशास्त्रातील अधिकाराबद्दल कुणाच्याही मनात शंका नाही; पण या सुदर्शनांचं एक वेड, एक ध्यास हा मात्र या शास्त्रशाखेमधील काही दिग्गजांना मानवत नाही. हे वेड म्हणजे टॅकिऑन्स.

टॅकिऑन्स नावाचे कण सैद्धान्तिकदृष्ट्याच फक्त अस्तित्वात आहेत. त्यांच्या अस्तित्वाचा ठोस पुरावा अजून मिळालेला नाही. या टॅकिऑन्सबद्दल सिद्धान्त मांडणाऱ्यांपैकी सुदर्शन हे पहिले. किंबहुना हे त्यांचंच बाळ आहे, असं या क्षेत्रात म्हटलं जातं. या कणांच्या बऱ्याच गुणधर्मांना आजच्या विज्ञानात स्पष्टीकरण नाही. ते आजच्या साच्यात बसत नाहीत. यामुळे वास्तवशास्त्रज्ञांना हे कण आवडत नाहीत. त्यामुळेच या कणांची महती गाणारे सुदर्शनही वास्तवशास्त्राच्या मूळ प्रवाहापासून थोडेसे बाजूला पडल्यासारखे झाले असावेत.

टॅकिऑन हे प्रकाशापेक्षा अधिक वेगानं प्रवास करतात. यामुळे टॅकिऑन्सच्या अस्तित्वाबद्दल शास्त्रज्ञ साशंक आहेत. कारण सापेक्षतावादाच्या सिद्धान्तानुसार ज्ञात विश्वातील कुठलीही गोष्ट ही प्रकाशापेक्षा जास्त वेगानं प्रवास करू शकत नाही.

प्रकाशाचा वेग ही आपल्या विश्वातील वेगाची अंतिम मर्यादा आहे, असं शास्त्रीय जगात मानलं जातं. टॅकिऑनवर अविश्वास दाखविणाऱ्या शास्त्रज्ञांना हे कारण पुरेसं असलं, तरी कुठल्याही नियमात काही पळवाटा असतात. त्याप्रमाणे सापेक्षतावादाच्या सिद्धान्तातही अशा पळवाटांना जागा आहे, याचीही या शास्त्रज्ञांना कल्पना आहे. स्वत: आइन्स्टाईन यांनी मांडलेल्या सिद्धान्तात कुठलीही वस्तू प्रकाशापेक्षा जास्त वेगानं जाऊच शकणार नाही, असं म्हटलं असलं, तरीही कुठलीही वस्तू प्रकाशाच्या वेगाच्या जवळपासचा वेग गाठू शकत नाही, असा आजपर्यंतचा शास्त्रज्ञांचा अनुभव यामुळं या विश्वातील कुठलीही वस्तू प्रकाशापेक्षा जास्त वेगानं प्रवास करेल किंवा असा प्रवास करणारी वस्तू मग ती कणरूप का असेना– अस्तित्वात असेल, यावर रूढीप्रिय शास्त्रज्ञ विश्वास ठेवायला तयार होत नाहीत.

सुदर्शन यांच्या मते जेव्हा एखादी वस्तू तिच्या निर्मितीच्या क्षणीच प्रकाशाच्या वेगापेक्षा जास्त वेगानं प्रवास करत असेल, तर तिच्यावर प्रकाशाच्या वेगाचं बंधन ओलांडण्याची वेळच येणार नाही. टॅकिऑन्स हे असे कण आहेत, असं सुदर्शन यांचं म्हणणं आहे. या विश्वातले इतर सर्व नियम त्यांना लागू असल्यामुळं त्यांनाही प्रकाशाच्या वेगानं प्रवास करता येणार नाही, कारण त्यांच्या दृष्टीनं प्रकाशाचा वेग अतिशय मंद ठरेल.

टॅकिऑन्सची संकल्पना मान्य करताना शास्त्रज्ञांपुढं येणारी दुसरी अडचण म्हणजे या टॅकिऑनचं वस्तुमान. वास्तवशास्त्रात या टॅकिऑन्सना असत् वस्तुमान (इमॅजिनरी मास) असल्याचं मानलं जातं. असत्-संख्या (इमॅजिनरी नंबर) ही गणिती संकल्पना इथं वापरण्यात येते. म्हणजे या वस्तुमानाचा वर्ग हा ऋण चिन्हांकित असतो. गणिती संकल्पना म्हणून कागदोपत्री असत्-संख्यांचा वापर करणं हा बुद्धीला व्यायाम असतो; पण प्रत्यक्षात असत्-संख्येचं अस्तित्व मान्य करणं हे अवघड आहे, असं याबाबत शास्त्रज्ञ म्हणतात.

याहीपेक्षा बुचकळ्यात टाकणारी गोष्ट म्हणजे टॅकिऑन्स कालप्रवाह ही संकल्पना धाब्यावर बसवतात, यामुळं दोन टॅकिऑनी घटना घडत असतील, तर त्यातली कुठली घटना आधी घडली व कुठली नंतर घडली, हे सांगणं अवघड होतं. या दोन घटनांना दोन प्रेक्षक असतील, तर ते एकमेकांविरोधी मत मांडू शकतील. यामुळं कुठल्याही घटनेचा कार्यकारणभाव निश्चित करणं अवघड होईल. समजा, एखाद्या मुलानं दगड मारून कैरी पाडली, हे आपण बघितलं, तर आपण कैरी पाडल्याबद्दल त्या मुलाला दोष देऊ किंवा कौतुक करू, हा झाला सापेक्षतावाद. आता हेच टॅकिऑनी विश्वात घडलं, तर एका व्यक्तीस मुलानं दगड मारून कैरी पाडली, असं दृश्य दिसेल, तर दुसऱ्या व्यक्तीस पडलेली कैरी आणि दगड झाडास एकदम चिकटले आणि तिथून दगड निघून त्या मुलाच्या हातात गेला, असं दृश्य दिसेल. अशा अर्थहीन घटनेचं तो प्रेक्षक समर्थन करणं अतिशय अवघड गोष्ट आहे, असं वास्तवशास्त्रज्ञ म्हणतात.

उपआण्विक कणांचं वास्तवशास्त्र हा सामान्य माणसाच्या दृष्टीनं अगम्य विषय आहे. या विषयातल्या वास्तवशास्त्राची बुद्धी आणि अमूर्त कल्पना आत्मसात करण्यासाठी कल्पनाशक्ती अशा दोन्ही गोष्टी तल्लख व प्रगल्भ असाव्या लागतात, असं म्हटलं जातं. या क्षेत्रात अनेक तार्किक गोष्टी अतार्किक ठरतात, तर अगम्य गोष्टी या तर्कशुद्ध असाव्या लागतात; पण या क्षेत्रातले वास्तवशास्त्रज्ञसुद्धा 'टॅकिऑन' या शब्दानं दचकतात. याचं कारण अजून कुणीही या कणांचं अस्तित्व सिद्ध करू शकलेलं नाही. तसे सर्वच प्रयत्न असफल ठरलेले आहेत. असं जर असेल, तर टॅकिऑन्सचा अभ्यास कशासाठी करायचा?

डॉ. सुदर्शन टॅकिऑन्सच्या अभ्यासासाठी संशोधनाची आवश्यकता पटवून देण्यासाठी अनेक कारणं देऊ शकतात. टॅकिऑनचं अस्तित्व नाकारावं, असं अजून तरी काही घडलेलं नाही. टॅकिऑन्सच्या अस्तित्वाबद्दलचा सिद्धान्त गणितीदृष्ट्या बरोबर आहे व निसर्गात अनेक अशक्य वाटणाऱ्या गोष्टी नंतर अस्तित्वात असल्याचं सिद्ध झालं आहे.

याचं एक उदाहरणही डॉ. सुदर्शन देतात. ब्रिटिश वास्तवशास्त्रज्ञ पॉल दिराक यांनी १९२५ ते १९३० च्या दरम्यान दिराक समीकरण मांडलं. या समीकरणाच्या साहाय्यानं इलेक्ट्रॉन्सची वर्तणूक अचूक सांगता येणं शक्य झालं. याच समीकरणानं असंही सिद्ध होत होतं, की निसर्गात आणखी काही ऋण ऊर्जाभरीत कण असायला हवेत. त्या वेळी या समीकरणाचा हा भाग बऱ्याच शास्त्रज्ञांना निरर्थक वाटत होता. अनेक वास्तवशास्त्रज्ञांनी हा वावदुकपणा आहे, असं स्पष्ट शब्दांत सांगितलं. पुढे १९३२ मध्ये कार्ल अँडरसन यांनी पॉझिट्रॉनचा शोध लावला. हे पॉझिट्रॉन सर्व बाबतीत इलेक्ट्रॉनसारखेच होते; फक्त त्यांचा विद्युतभार इलेक्ट्रॉनच्या बरोबर विरुद्ध होता.

दुसरं कारण म्हणजे वास्तवशास्त्राच्या अनेक सिद्धान्ताच्या सिद्धतेसाठी जी गणिती समीकरणं वापरली जातात, त्यात जागोजाग टॅकिऑन डोकावतात. असं झालं, की वास्तवशास्त्रज्ञ त्या समीकरणांमधून टॅकिऑन हुसकावून लावण्याचा प्रयत्न करतात. यामुळे मूळ सिद्धान्त मार खातो. या ऐवजी ही समीकरणं आपल्याला नक्की काय सांगायचा विचार करताहेत, याकडे शास्त्रज्ञांनी लक्ष द्यायला हवं, असं सुदर्शन सांगतात.

टॅकिऑन शोधण्याचं तिसरं महत्त्वाचं कारण, म्हणजे टॅकिऑनचं अस्तित्व सिद्ध झालं, तर आपल्यासाठी विज्ञानाचं नवं दालन उघडं होणार आहे. खूप नवी माहिती आपल्याला मिळणार आहे. नवनवे शोध लागणार आहेत. कण-वास्तवशास्त्रातील बरीच कोडी सुटणार आहेत. ख-वास्तवशास्त्र आणि विश्वरचनाशास्त्रात प्रचंड प्रगती होण्याची शक्यता आहे. ख-वास्तवशास्त्रास आणि विश्वरचनेच्या संकल्पनेस एक

नवा संदर्भ, एक नवं परिमाण प्राप्त होणार आहे, की त्यामुळं टॅकिऑनचा शोध घ्यायचा प्रयत्न करायला हवा, असं सुदर्शन यांना वाटतं.

सुदर्शन यांना टॅकिऑनचा ध्यास लागला असला, तरी टॅकिऑन्सच्या मागे लागण्यात इतर शास्त्रज्ञांना फारसा रस नाही, असं सुदर्शन यांना वाटतं. टॅकिऑनवर अन्याय होतोय, असं सुदर्शन यांचं स्पष्ट मत आहे. कुठलाही वास्तवशास्त्रज्ञ चाकोरीबद्ध विचार सोडायला तयार नाही– याचं कारण आपण इतरांना दुखावलं, तर आपलं नुकसान होईल, अशी यांना भीती वाटते, असं सुदर्शन म्हणतात. 'टॅकिऑन्सचं अस्तित्व नाकारणाऱ्यांना टॅकिऑन्स सापडणारच नाहीत; कारण यांचं संशोधन पूर्वग्रहदूषित आहे.'

टॅकिऑन्सना टॅकिस म्हणजे चपळ या ग्रीक शब्दावरून त्याचं नाव मिळालं. हे नाव देणारे शास्त्रज्ञ म्हणजे कोलंबिया विद्यापीठातले वास्तवशास्त्रज्ञ डॉ. जेरॉल्ड फॅनबर्ग. डॉ. सुदर्शन आणि डॉ. फॅनबर्ग हे एके काळी सहाध्यायी व जवळचे मित्र होते. पुढे फॅनबर्ग यांनी टॅकिऑन संशोधनाबद्दल सर्व श्रेय स्वत:च घेण्याचा प्रयत्न केला, असा आरोप डॉ. सुदर्शन यांनी केल्यामुळं या दोघांमध्ये वितुष्ट आलं.

सुदर्शन म्हणतात त्याप्रमाणे टॅकिऑनवर अन्याय झालेला नाही. त्यांना भरपूर प्रसिद्धीही मिळालेली आहे. १९६० नंतर वीस वर्षांत टॅकिऑन्ससंबंधी २०० संशोधनपत्रिका प्रसिद्ध झालेल्या आहेत. यातलं काही संशोधन वादग्रस्तही ठरलंय, तर काही फारच भुक्कड होतं. उदा. फिलिप कॅलाहान नावाच्या स्वत:ला अल्पऊर्जातज्ज्ञ म्हणून घेणाऱ्या व्यक्तीनं अंजिराच्या झाडाला विद्युतप्रवाह शोधक लावून टॅकिऑन्सचा शोध लावल्याचं जाहीर केलं. एवढंच नव्हे, तर त्यांच्या साहाय्यानं अनेक असाध्य व दुर्धर रोग बरे केल्याचंही कॅलाहाननं जाहीर केलं. याचा त्रास सुदर्शन यांना झाला, पण हे प्रत्येक क्षेत्रात घडतं, त्यास वास्तवशास्त्र कसं अपवाद असेल?

कॅलाहानसारखे काही अपवाद सोडले, तर बाकीचे टॅकिऑन संशोधक टॅकिऑनचा अभ्यास अत्यंत गंभीरपणे करतात. इटलीमधल्या कॅरानिया विद्यापीठातले वास्तवशास्त्रज्ञ इरॅस्मो रेकामी यांनी टॅकिऑनवर बरंच संशोधन केलं आहे. टॅकिऑन सिद्धान्तातील त्रुटी दूर करण्याचा त्यांचा प्रयत्न असतो. येल विद्यापीठातल्या ॲलन कोडोस यांनीही टॅकिऑन्सबद्दल काही मतं मांडली आहेत. त्यांच्या मते न्यूट्रिनो कणांमध्ये काही कण टॅकिऑन्सचेही असू शकतात. स्वत: फॅनबर्ग या विषयात रस घेऊन काम करत आहेत. टॅकिऑन्सवरचं सर्व संशोधन एकत्र करून त्यांचा ग्रंथ प्रसिद्ध करण्याचा त्यांचा प्रयत्न आहे. याशिवाय टॅकिऑन्ससंबंधी एक मोठा वैचारिक शोधनिबंध ते लिहीत आहेत.

इस्राईलमधल्या बेनगुरियन विद्यापीठातले अहारॉन डेविडसन यांनी टॅकिऑनसंबंधी एक अगदी वेगळाच सिद्धान्त मांडला आहे. डेविडसन यांच्या मते आपल्या त्रिमित

विश्वात जे मूलभूत कण आहेत, ते चतुर्थमितीत 'टॅकिऑन' बनतात. ज्या वेळेस आपण चौथ्या मितीच्या म्हणजे 'काळ' या संकल्पनेच्या संदर्भात या कणांकडे पाहू लागलो, तेव्हा त्यांना टॅकिऑन्सचं स्वरूप प्राप्त होतं आणि आपल्या तीन मितीत मंदगतीत वाटणारे कण या चौथ्या मितीच्या संदर्भात प्रकाशाहून जास्त वेगानं प्रवास करणारे कण बनतात.

टॅकिऑनसंबंधीच्या रूढ सिद्धान्तापेक्षा डेविडसन यांचा हा सिद्धान्त प्रचलित विज्ञानाच्या चाकोरीजवळचा आहे. सामान्य सापेक्षतावादाच्या समीकरणांच्या साहाय्यानं याबाबत स्पष्टीकरण देता येतं, एवढंच नव्हे, तर या चौथ्या मितीबद्दलच्या समीकरणांच्या साहाय्यानं याबाबत स्पष्टीकरण देता येतं. एवढंच नव्हे, तर या चौथ्या मितीबद्दलही बरीच माहिती डेविडसन यांच्या सिद्धान्तामुळे आपल्या हाती येते. असं असलं, तरी डेविडसन साध्या टॅकिऑन्ससंबंधी कसलाही तर्क करायला तयार नाहीत. याचं कारण सांगताना ते म्हणतात, "चतुर्थ मितीत टॅकिऑन ठीक वाटले, तरी त्रिमित विश्वात अजून तरी त्यांना मानाचं स्थान नाही."

हे डेविडसन यांचं म्हणणं खरं वाटावं, अशी परिस्थिती आहे. सिरॅक्यूज विद्यापीठाचे जोशुआ गोल्डबर्ग यांच्या मते टॅकिऑनचं अस्तित्व कुणीही सिद्ध करू शकलेला नाही. त्यामुळे त्या वादास केव्हाच मूठमाती मिळालेली आहे. याबाबत आता उगीचच कीस काढत बसण्यात अर्थ नाही. कोडास यांनासुद्धा आता टॅकिऑन्सबद्दल आत्मीयता उरलेली नाही. "याबाबत मी संशोधन केलंय, असं अभिमानानं सांगण्यासारखी परिस्थिती उरलेली नाही," असं कोडास म्हणतात.

अशा तऱ्हेची भूमिका घेणाऱ्या शास्त्रज्ञांना वेळोवेळी मान खाली घालावी लागल्याची अनेक उदाहरणं आहेत. वास्तवशास्त्राच्या इतिहासातलं अगदी अलीकडचं उदाहरण म्हणजे 'स्ट्रिंग थिअरी'. हा सिद्धान्त १९७०-१९७५ च्या दरम्यान मांडला गेला होता. त्या काळात एक खुळचट कल्पना म्हणून त्याची संभवनाही झाली. या सिद्धान्तानुसार ज्यांना आपण सृष्टीचे मूलभूत कण म्हणतो ते सर्व कण एका धाग्याचे छोटेछोटे तुकडे आहेत. या धाग्यात अवकाशाच्या वेगवेगळ्या २२ मिती एकमेकींभोवती गुंडाळल्या गेल्या आहेत. त्यामुळे हे धागे आणि त्यांचे कण आपल्या दृष्टीनं अदृश्य बनले आहेत. त्या वेळी फार थोड्या शास्त्रज्ञांनी ही कल्पना मान्य केली. आज या धाग्यांना सुपर स्ट्रिंग-बृहद्धागे म्हटलं जातं आणि निसर्गातली ४ मूलभूत बलं एकत्र करण्यात या सिद्धान्तास यश मिळेल, अशी वास्तवशास्त्रज्ञ आशा बाळगून आहेत. ई.जी. सुदर्शन आणि त्यांचे २० सहकारी या सिद्धान्तावर काम करत आहेत. (आता सुपरस्ट्रिंग सिद्धांताला मूठमाती मिळाली असून हा सिद्धांत चुकीच्या गृहीतांवर मांडण्यात आला होता, असं म्हटलं जातं.)

या 'बृहद्धागे' सिद्धान्तात जेव्हा गणिती समीकरणं मांडली जातात, तेव्हा त्या

समीकरणांतून जागोजाग टॅकिऑनची निर्मिती होते. या समीकरणांवर विश्वास ठेवायचा, तर टॅकिऑन आसमंतात सर्वत्र असायला हवेत. यामुळं जेव्हा एखाद्या समीकरणात टॅकिऑन्सची निर्मिती होते, तेव्हा मग हे सैद्धान्तिक शास्त्रज्ञ ती समीकरणं दुरुस्त करावयाच्या उद्योगास लागतात. याला विनोदानं 'टॅकिऑन किलिंग' असं म्हटलं जातं. बृहद्धागे आणि तत्संबधित संशोधन करणाऱ्या कुणीही बृहद्धागे हे आपल्या सिद्धान्ताचं एक महत्त्वाचं अंग असेल, आपल्या सिद्धान्तातून निघालेला महत्त्वाचा निष्कर्ष असेल, असं गृहीत धरताना आढळत नाही. या उलट या गणिती टॅकिऑन्सकडे एक अनावश्यक त्रास, कटकट याच दृष्टीनं बघितलं जातं. आइन्सटाईन यांच्या 'जनरल रिलेटिव्हिटी' च्या सिद्धान्तानुसार विश्व प्रसरण पावलंय, असं सांगता येत होतं. हे जेव्हा स्वत: आइन्स्टाईन यांच्या लक्षात आलं, तेव्हा त्यांना धक्काच बसला. त्यांनी आपली समीकरणं दुरुस्त केली. त्यातून निघणारा हा निष्कर्ष मारून टाकला. पुढं आपल्या आयुष्याच्या उत्तरार्धात त्यांनी प्रांजळपणे 'ही समीकरणं दुरुस्त केली, ही आपल्या आयुष्यातली सर्वांत मोठी चूक ठरली' असं मान्य केलं. इतकं ज्वलंत उदाहरण डोळ्यांसमोर असूनसुद्धा आज 'टॅकिऑन किलिंग' चालूच आहे.

टॅकिऑन संशोधनात एक विचित्र तिढा आज निर्माण झालाय. जोपर्यंत प्रायोगिकरीत्या टॅकिऑनचं अस्तित्व सिद्ध होत नाही, तोपर्यंत सैद्धान्तिक शास्त्रज्ञ त्यांच्यावर विश्वास ठेवायला तयार नाहीत आणि सैद्धान्तिक शास्त्रज्ञ जोपर्यंत टॅकिऑनवर विश्वास ठेवायला तयार नाहीत, तोपर्यंत प्रायोगिक शास्त्रज्ञ त्यासंबंधी प्रयोग करायला तयार नाहीत. यातूनही मार्ग निघेल आणि एक ना एक दिवस सुदर्शनांचा विश्वास सार्थ ठरेल, असा टॅकिऑनवादी शास्त्रज्ञांना विश्वास वाटतो.

■

जॉर्ज आर्चिबाल्ड

आपल्या देशातलं सर्वांत लोकप्रिय महाकाव्य ज्या घटनेतून निर्माण झालं, ती घटना म्हणजे क्रौंच वधाची. या क्रौंच किंवा सारस पक्ष्यांचा जॉर्ज आर्चिबाल्ड नावाच्या एका पक्षिशास्त्रज्ञानं इतका सखोल अभ्यास केलाय, की त्याला अख्खं शास्त्रीय जग 'क्रौंचमानव' (द क्रेन मॅन) म्हणून ओळखतं. या अभ्यासासाठी तो ईशान्य ऑस्ट्रेलियातल्या दलदलीच्या प्रदेशात तासन्‌तास निश्चल बसलाय. दोन्ही कोरियांना वेगळं करणाऱ्या निर्लष्करी पट्टीत पेरलेल्या सुरुंगातून त्यानं मार्ग काढलाय. इराणच्या उत्तर भागातल्या निर्मनुष्य टेकड्यांतून, तंबू ठोकून त्यानं महिनोन्‌महिने वास्तव्य केलंय. एवढंच नव्हे, तर एका सारस पक्ष्याबरोबर त्यानं प्रणयनृत्यही केलंय. याला तपश्चर्याच म्हणायला हवीय. म्हणूनच मी जॉर्ज आर्चिबाल्डला क्रौंचऋषी किंवा सारसमुनी म्हणायचं ठरवलं.

विस्कॉन्सिन या अमेरिकन राज्याच्या गवताळ प्रदेशात बाराबू या ठिकाणी सैबेरिया, चीन, ऑस्ट्रेलिया आणि आफ्रिकेतून गोळा करून आणलेले सारस पक्षी एकत्र करून त्यानं एक सारसबाग निर्माण केलीय. इथं या पक्ष्यांचं प्रजनन करून त्यांची कमी होत चाललेली संख्या वाढवायचा त्याचा प्रयत्न आहे.

जॉर्ज आर्चिबाल्डसाठी त्याच्या एका मैत्रिणीनं एक स्वेटर विणलाय. त्यावर निळ्या पार्श्वभूमीवर भरपूर सारस आहेत. एकदा एका वार्ताहरानं जॉर्जला विचारलं, "तू आपलं आयुष्य सारस पक्ष्यांसाठी का खर्च करतोस?"

"याचं कारण ते पक्षी स्वर्गीय आहेत." जॉर्ज आर्चिबाल्ड तत्काळ उद्‌गारले.

सारस पक्षी एव्हरेस्टवरून भ्रमण करताना दिसल्याची नोंद आहे. भारताच्या मैदानी प्रदेशातून ४००० कि.मी. (२५०० मैल) दूर प्रवास करून ते सैबेरियाच्या टूंड्रा प्रदेशात जातात, तेव्हा ते १०,००० मीटर (तीस ते बत्तीस हजार फूट) उंचीवरून मार्गक्रमण करतात. आजकालची प्रवासी वाहतुकीची विमानं या उंचीवरून उडताना आढळतात. उडताना जास्त शक्ती खर्च होऊ नये, म्हणून हे पक्षी आधी उंची गाठतात, मग उड्डाणपथाशी कमी कोनाचा सूर मारून तरंगत तरंगत ग्लायडरप्रमाणे

पुढे पुढे जातात. सारस पक्षी हे उडणाऱ्या पक्ष्यांमध्ये सर्वांत उंच उडणारे पक्षी ठरतात. त्यांचं ओरडणंही उच्चरवाचं असून, ते मैलोगणती दूरवर ऐकू येतं. आयुष्यभर ते एक पत्नीव्रत पाळतात. यातले काही पक्षी ऐंशी वर्षं जगल्याची नोंद आहे. या पक्ष्यांचे राजबिंडे पूर्वज पृथ्वीवर ५.८ कोटी वर्षांपूर्वी (ईओसीन काळात) अस्तित्वात होते, हेही आर्चिबाल्ड अभिमानानं सांगतात.

आर्चिबाल्ड जेव्हा सारस पक्ष्यांवर संशोधन करत होते, तेव्हा त्यांनी पाळलेल्या सारसांच्या घराला आर्चिबाल्डनी 'क्रेनियम' असं नाव दिलं होतं. (क्रेनियम म्हणजे कवटी आणि क्रेनचं घर.) कॉर्नेल विद्यापीठातून डॉक्टरेट मिळवल्यावर त्यांनी इंटर नॅशनल क्रेन फाऊंडेशन (आंतरराष्ट्रीय सारस प्रतिष्ठान) ची स्थापना केली. बाराबू इथे त्यांच्याकडे १४ जातींचे १२० सारस आहेत. सारस कुळात एकूण १५ जाती आहेत. त्यातल्या ७ नष्ट होत चाललेल्या दुर्मीळ जाती आहेत. सध्या अस्तित्वात असलेल्या कुठल्याही सजीव कुळाच्या एवढ्या जातींना एवढा धोका नाही. यामुळे सारस कूळ अतिशय धोकादायक परिस्थितीतून जातंय, असं म्हणावं लागतं. आर्चिबाल्डनी आपल्या सारस प्रतिष्ठानची सुरुवात १९७१ मध्ये केली. यात कॉर्नेल विद्यापीठातले त्यांचे सहकारी रॉन सॉयी यांनी त्यांना साथ दिली. आज हे प्रतिष्ठान सारस पक्ष्यांच्या संशोधनाबाबत अग्रस्थान मिळवून बसलंय.

मानवानं पाळलेल्या सारस पक्ष्यांच्या पुनरुत्पादनातही ते आघाडीवर आहे. शिवाय पूर्वी जिथं सारसांचं वास्तव्य असे, जिथून आज ते नाहीसे झाले आहेत, अशा ठिकाणी त्यांनी हे सारस पक्षी नेऊन सोडले आणि आता तिथेही त्यांची संख्या वाढली आहे. या सर्व प्रयत्नात आर्चिबाल्डना काही वेळा जीव धोक्यात घालावा लागला होता.

इ.स. १९७४ मध्ये द. कोरियन शासनानं आर्चिबाल्डना आपल्या एका लष्करी तुकडीबरोबर राहण्याची परवानगी दिली. निर्लष्करी टापूत माणसांचा वावर नसतो, याचा फायदा घेऊन जवळ जवळ १५०० पांढरमाने सारस पक्षी हिवाळ्यात ऋतू पालटासाठी तिथे येत. फक्त अडीच मैल (४ कि.मी) रुंदीच्या या टापूत हा वेडा माणूस काय करतोय, हे बघायला उत्तर कोरियन सैनिक तारेच्या जाळीजवळ गोळा होत असत, कारण या टापूत सर्वत्र सुरुंग पेरलेले असायचे. एक दिवस उत्तर कोरियन वार्ताहर आर्चिबाल्डचं निरीक्षण करायला हजर झाले होते. यानंतर आर्चिबाल्डनं मोठ्या खटपटीनं हान नदीच्या त्रिभुज प्रदेशात एका ३० चौरस मैल (७६.८चौ. कि.मी.) दलदलीचं अभयारण्यात रूपांतर करून घेतलं आणि मगच कोरिया सोडलं. आर्चिबाल्डच्या मते हे सारस पक्षी खरे आंतरराष्ट्रीय पाहुणे व राजदूत आहेत. १९८३ मध्ये याच विषयावर आर्चिबाल्डनी भारतात आंतरराष्ट्रीय सारस पक्षीविषयक कार्यशाळा आयोजित केली होती. यात चीन आणि रशियासह २४

देशांचे प्रतिनिधी उपस्थित होते. याच वर्षी आर्चिबाल्ड ऑस्ट्रेलियात गेले. तिथली सारस पक्ष्यांची अंडी गोळा करून ती त्यांनी बाराबूस नेली व त्यातून निर्माण झालेली प्रजा थायलंडमध्ये सोडली. यामुळे थायलंडमधून नाहीसा झालेला हा सारस पक्षी पुन्हा थायलंडमध्ये दिसू लागला. सारस हे नाव ज्याला प्रामुख्यानं दिलं जातं, तो क्रौंच कुळातला पक्षी राखाडी रंगाचा नि लाल मानेचा असतो. तो आग्नेय आशियातून जवळ जवळ नामशेष झाला होता; मात्र ऑस्ट्रेलियात त्याची भरभराट झाली होती. या पक्ष्यांनी दोन अंडी घातली आणि ती आपण उचलली, तर ते आणखी दोन अंडी घालतात. अशा तऱ्हेनं एकाच जोडीपासून डझनभर फलित अंडी मिळवता येतात आणि त्यामुळे सारसांची संख्या वाढायला मदत होते. बाराबू इथं ही अंडी आर्चिबाल्ड यांच्या देखरेखीखाली उबवली जात असल्यानं त्यातून हमखास पिल्लं बाहेर येतात व ती जगवता येतात. निसर्गात ही अंडी नष्ट होण्याची शक्यता जास्त असते. ऑस्ट्रेलियात ४० अंश से. तापमानात आर्चिबाल्ड पहाटे ५ ला उठून विमानतळावर जायचे. इथे उभं राहून ते अंदाज घ्यायचे. मग लांबून कुठूनतरी तुतारीसारखा आवाज यायचा. नंतर सबंध वातावरण १२-१५ जोड्यांच्या तुताऱ्यांनी भरून जायचं. समागमापूर्वीच्या काळात सारस असा आवाज काढतात. हे आवाज ऐकले, की आर्चिबाल्ड आणि त्याचा आदिवासी मित्र व वाटाड्या १६ ते २५ कि.मी.ची पायपीट करायला निघायचे. ही सर्व पायपीट दलदलीतून असायची. इथे रस्ते नव्हतेच. विमान हाच फक्त बाह्य जगाशी दुवा. दलदल आली, की जळवा आल्याच. शिवाय विषारी पाणसर्पांची साथ. यातून मग सारस पक्ष्यांची घरटी शोधायची. ती जाम सापडायची नाहीत. हे सगळं आपण कशाकरता करतोय? असे विचार मनात येईपर्यंत एखादा पक्षी कंटाळल्यानं उभा राहायचा नि त्याच्या निवासाची जागा कळायची. जवळजवळ पाच आठवड्यांच्या मेहनतीनं आर्चिबाल्डनी ३६ अंडी जमवली. मग खास उबदार पेट्यांतून ही अंडी अमेरिकेत जायला निघाली. विमान सिडनीवर घिरट्या घालत असताना एक अंड फुटलं. लॉस एंजल्स विमानतळावर दोन अंडी फुटली. त्यातूनही पिल्लं बाहेर आली. मिनिआपोलीस विमानतळावर आणखी दोन पिल्लं जन्माला आली. या सर्व पिल्लांना आर्चिबाल्डनी नावं दिली नि त्या ३६ पिल्लांना आपल्या पोटच्या पोरांप्रमाणं वाढवलं. प्रत्येक पिल्लाला स्वतंत्र पिंजरा, त्यात एक दिवा, उष्णता नियंत्रक गवताच्या रंगाचा गालिचा नि आरसा ठेवण्यात आला. याचं कारण बरेच पक्षी प्रथम जी वस्तू पाहतात, ती आपल्या जातीची समजून वागतात. यामुळं त्यांनी स्वत:ला माणूस किंवा इतर प्राणी समजू नये, तर सारस म्हणून वागावं, यासाठी ही व्यवस्था करण्यात आली होती.

या बाबतीत डॉ. आर्चिबाल्ड यांच्या बाबतीतच घडलेलं एक उदाहरण फार गमतीशीर आहे. टेक्स नावाची एक व्हुपिंग क्रेनची मादी होती. १९६७ मध्ये तिचा

जन्म झाला तो पारतंत्र्यात. त्यातच ती आजारी होती. यामुळं डॉ. आर्चिबाल्ड यांनी तिला स्वहस्ते अन्न भरवून वाढवली होती. तिच्या आजारपणामुळं इतर सारसांपासून तिला वेगळी, एकटी ठेवावी लागली होती. यामुळं इतर सारसांपेक्षा तिला माणसं जवळची वाटू लागली होती. जेव्हा सारसांचा मीलन ऋतू आला, तेव्हा ती सर्वांना टाळून डॉ. आर्चिबाल्डना शोधू लागली.

डॉ. आर्चिबाल्डनी टेक्सची मन:स्थिती ओळखून टेक्सचा प्रियकर बनायचं ठरवलं. मग पुढे कित्येक वर्षं सारसांच्या मीलन ऋतूत ते हात पंखांसारखे फैलावून टेक्सबरोबर प्रणयनृत्य करून आरोळ्या ठोकायचे. सारसांचा हा नाच सूर्योदयापासून सूर्यास्तापर्यंत चालतो, याच काळात डॉ. आर्चिबाल्डना टेक्सबरोबर घरटंही बांधावं लागत असे.

मेरिलँडमधले एक पक्षी- संशोधक डॉ. जॉर्ज जी (Gee) हे या वेळी सारस नराचं गोठवलेलं वीर्य डॉ. आर्चिबाल्डकडे पाठवीत आणि खास इंजेक्शनद्वारे हे वीर्य टेक्सच्या गर्भधारणेसाठी वापरण्यात येत असे. अशा तऱ्हेनं फलित झालेल्या अंड्यातून 'जी व्हिझ' हे पहिलं अपत्य जन्माला आलं.

आपल्या सारसांसाठी डॉ. आर्चिबाल्ड शक्य ते सर्व काही करतात, याचं हे एक उदाहरण झालं. ते मॉन्सूनचा पाऊस ऑस्ट्रेलियन सारसांसाठी निर्माण करतात, तर रशियातल्या सारसांसाठी दिवे लावून दिवसांची लांबी वाढवतात. जे सारस पक्षी निसर्गात सोडायचे असतात, त्यांची तर डॉ. आर्चिबाल्ड खूपच काळजी घेतात. त्यांना मनुष्य प्राण्यांचं दर्शनही घडू दिलं जात नाही. त्यांच्या पिंजऱ्याला बाहेरून आत दिसणारे आरसे असतात. यामुळे प्रेक्षक त्यांना पाहू शकतात; पण हे पक्षी माणसांना बघू शकत नाहीत. ही व्यवस्था मुद्दाम करण्याचं कारण, त्यांना रानावनात सोडल्यावर त्यांनी माणसाशी जवळीक साधण्याचा प्रयत्न करू नये. नाहीतर माणसं त्यांची हत्या करतील.

यांना अन्न भरविण्यासाठीसुद्धा कृत्रिम सारस पक्षी वापरण्यात येत असतो. हा पक्षी त्या पिल्लांना अन्न कसं खावं, ते शिकवतो. यामुळं डॉ. आर्चिबाल्ड यांच्या सारस बचाव मोहिमेस चांगलंच यश आलं आहे.

या अशा तपश्चर्येला फळ आलं, यात नवल नाही. अशा तऱ्हेनं सारसांच्या पुनरुत्पादनास वाहून घेतलेल्या डॉ. जॉर्ज आर्चिबाल्ड यांची 'सारसनिष्ठा' पाहून लोक त्यांना 'द क्रेन मॅन' म्हणतात. आपण त्यांना 'क्रौंचऋषी' म्हणू या.

■

चार्ल्स क्रिस्टेन्सन

अमेरिकेतल्या ॲरिझोना नावाच्या राज्यात ब्लॅक कॅन्यन सिटी नावाचं एक गाव आहे. इथे एक स्पायडर फार्म आहे. या कोळी शेतावर वेगवेगळ्या ३० जातींचे ४० हजार कोळी आहेत. हे कोळी प्लॅस्टिकच्या घरातून राहतात. ही त्यांची घरं तीन खोल्यांत जमिनीपासून छतापर्यंत रचून ठेवलेली आढळतात. काही कोळी मोठ्या बादल्यांतून राहतात. तिथे त्यांचं प्रजनन चालू असतं. याशिवाय जागोजाग जाळी बांधून राहणारे अनेक कोळी छपराखाली, वळचणीला, कोपऱ्यातून आणि कोनाड्यांतून वावरत असतात. दिव्यांच्या भोवतालची जाळी त्या उजेडात चमकत असतात. याशिवाय इथे पाऊल ठेवताच जाणीव होते, ती एका तीक्ष्ण तिखट वासाची. हातभट्टीसारखा हा वास वातावरणात भरून राहिलेला असतो. हा वास आहे फळमाश्यांच्या अन्नाचा. ब्रेडचे तुकडे, त्यात घातलेलं यीस्ट आणि कुत्र्यांचं बाजारू अन्न यांच्या आंबोणाचा. यावर माश्या वाढतात आणि त्या माश्यांची अंडी, अळ्या आणि माश्या यांचं भक्षण करून, हे ४० हजार कोळी वाढत असतात. त्या कोळ्यांना माश्यांचा कंटाळा आला, तर वेगळी मेजवानी देता यावी, म्हणून इथे रातकिडे वाढवले जातात आणि अधूनमधून तेही कोळ्यांची भूक भागवायचं काम करतात.

या शेतीचे किंवा कोळी अभ्यासकेंद्राचे संचालक चार्ल्स क्रिस्टेन्सन पलीकडच्या एका खोलीत बसून या कोळ्यांचा वेगवेगळ्या आधुनिक यंत्रणांच्या साहाय्यानं अभ्यास करत असतात. या अभ्यासासाठी काही वेळा यातल्या कोळ्यांना बेशुद्ध पाडावं लागतं. त्यासाठी कार्बन-डाय-ऑक्साईड वायूचा फवारा वापरण्यात येतो. कोळी आकारानं फारच छोटा असेल, तर त्याला सूक्ष्मदर्शीखाली ठेवण्यात येतं. प्लेक्ट्यूरिस नावाचा फक्त संयुक्त संस्थानांच्या नैर्ऋत्य भागातच आढळणारा एक कोळी आहे. त्याचं विष कसं काढलं जातं, ते आपण बघू या. हा प्लेक्ट्यूरिस कोळी कोळ्यांमधला आदिम कोळी मानण्यात येतो. कारण इतर कोळ्यांच्या मानानं तो फारसा उत्क्रांत नाही. या कोळ्याच्या तोंडात मग एक पोकळ सुई घातली जाते. या सुईच्या मागच्या बाजूस

एक फुगा असतो. शाई भरण्यासाठी ड्रॉपर वापरतात, त्याची ही सूक्ष्म आवृत्ती म्हणायला हरकत नाही. मग एका चिमट्याच्या साहाय्यानं त्या कोळ्याला स्थिर करता येतं. त्याच वेळी पायानं एक पायटं दाबलं जातं. त्याबरोबर कोळ्याला एक विजेचा झटका बसतो. कारण इथून निघालेल्या तारा त्या सुईस जोडलेल्या असतात. त्यामुळे कोळ्याच्या चेतासंस्थेस उत्तेजन मिळून कोळ्याच्या तोंडातून विषाचा थेंब उतरतो, त्याच वेळी कोळी ओकतो. कोळ्याच्या नांगीवर असलेला तो विषाचा थेंब या उलटीत मिसळू न देता काढून घ्यावा लागतो. (इथे फँग म्हणजे विष सोडणाऱ्या अवयवास उद्देशून नांगी हा शब्द वापरला आहे. खरी नांगी ही प्राण्याच्या पृष्ठभागाकडे असते.) हे थेंबभर विष मग शोषनलिकेच्या साहाय्यानं खेचून घेतलं जातं. मग कोळी त्याच्या प्लॅस्टिकच्या घरात ठेवला जातो.

हे असं कुठल्याही कोळ्याचं विष काढून झालं, की ते एका काचकुपीत ठेवलं जातं. त्या कुपीवर हे विष कुणाचं, केव्हा काढलं इत्यादी मजकुराची चिठ्ठी चिकटवून ते शीतपेटीत ठेवण्यात येतं. मग चेतासंस्थेवर संशोधन करणाऱ्या शास्त्रज्ञांना हे विष गरजेप्रमाणे पाठवण्यात येत.

गेल्या काही दशकात कोळ्याच्या विषाला खूप मागणी वाढली आहे. प्रत्येक जातीच्या कोळ्याचं विष हे रासायनिकदृष्ट्या अद्वितीय असतं. या एका विषाच्या थेंबात अनेक रसायनांचं मिश्रण असतं. काही वेळा यात शंभराहून अधिक वेगवेगळी टॉक्सिन्स किंवा विषरेणू असतात. या प्रत्येक विषरेणूची रेण्विक संरचना वेगळ्या प्रकारची असते. या विषरेणूंचं वैशिष्ट्य म्हणजे ते जेव्हा भक्ष्याच्या, शत्रूच्या किंवा कुठल्याही सजीवाच्या शरीरात प्रवेश करतात, तेव्हा अगदी न चुकता चेतापेशींकडे जातात आणि तिथले ठराविक संदेशवहन मार्ग अडवतात. ठरलेलं विष ठरलेल्या ठिकाणीच अडथळा आणत असतं. इतर कुठलंही रसायन इतकी अचूक मार्गक्रमणा करत नाही, यामुळे मेंदू आणि चेतासंस्था यांच्या अभ्यासात या विषांना अनन्यसाधारण महत्त्व प्राप्त झालेलं आहे. कुठली चेतापेशी काय काम करते, ते काम कसं केलं जातं, त्यासाठी शरीरांतर्गत कोणती रसायनं किती प्रमाणात निर्माण केली जातात, हे जाणून घ्यायचे प्रयत्न कोळी-विषाच्या उपयोगामुळे फार मोठ्या प्रमाणात यशस्वी ठरू लागलेले आहेत. चेतापेशी आणि इतर पेशी यांचे परस्परसंबंध, पेशी निर्माण कशा होतात, वाढतात कशा, मरतात कशा, त्यांना रोगाची बाधा कशी होते, त्या वेळी कोणते रासायनिक परिणाम घडतात, या गोष्टींची रहस्यं या कोळी-विषांमुळं हळूहळू उलगडू लागली असून, त्यामुळं पक्षाघात, अपस्मार आणि मेंदूवर परिणाम करणाऱ्या इतर रोगांवर औषधं मिळू शकतील व या आजारांवर मात करता येईल, याबद्दल या क्षेत्रातील शास्त्रज्ञांना विश्वास वाटू लागला आहे.

या सर्व संशोधनाची सुरुवात व्हायचं प्रमुख कारण, म्हणजे क्रिस्टेन्सनचे

परिश्रम. १९५१ मध्ये जन्मलेल्या क्रिस्टेन्सननी रसायनशास्त्रात पदवी घेतली. कोळ्यांचा अभ्यास त्यांनी कोणतीही पदवी न घेता केला. कोळी अभ्यासकांना अ‍ॅरॅक्नॉलॉजिस्ट म्हणतात. क्रिस्टेन्सन स्वशिक्षित कोळी शास्त्रज्ञ– सेल्फटॉट अ‍ॅरॅक्नॉलॉजिस्ट– आहेत. कोळ्याच विष काढण्याचं तंत्र त्यांनी निर्माण केलं. त्यांच्या या वाळवंटातील राहत्या प्रयोगशाळेत ते इतर शास्त्रज्ञानांही कोळ्यांचं प्रजनन कसं करावं, त्याचं विष कसं काढावं आणि कसं साठवावं, याचं प्रशिक्षण देत असतात. कोळ्यांना भूल देऊन बेशुद्ध पाडण्याचं तंत्रही त्यांनी घरी बनवलेल्या यंत्रणेच्या साहाय्यानं विकसित केलं आहे. यात त्यांना त्यांची पत्नी अनिता आणि सहायिका लोरी लीओनार्ड यांची मदत झाली.

सामान्य माणसाला क्रिस्टेन्सनचं घर हे चित्रपटातून आढळणाऱ्या वेड्या शास्त्रज्ञाच्या घरापेक्षा अधिक भयावह वाटेल. या घराचं वर्णन 'प्रचंड गोंधळ आणि पसारा' या विशेषणांशिवाय कुणी करूच शकत नाही. मधूनच येणारा विंचू, असंख्य कोळी, एक हाउंड जातीचा धिप्पाड कुत्रा, तीन पाळीव फेरेट किंवा अमेरिकन रानमांजर यांची या गोंधळात भर असते. याशिवाय विविध शोधपत्रिका, कोळ्यांच्या अभ्यासाच्या नोंदीचे कागदही टेबलवर पसरलेले असतात. यातच अनिता आणि लोरी कुठल्या कोळ्यांना खाणं द्यायचं, कुठल्या कोळ्यांनी अंडी घातली आहेत, खोलीचं तापमान किती ठेवायचं, कोळ्यांची घर साफ करायला झाली आहेत का? यांच्या नोंदींची कार्डं, पाहणीनंतर भरत असतात. ही माहिती नंतर संगणकात साठवली जाते.

क्रिस्टेन्सन स्वत:ला 'कोळी वेडा' म्हणवून घेतात. त्यांचा हा कोळ्यांच्या शेतीचा उद्योग म्हणजे त्यांचं स्वप्न सत्य-सृष्टीत उतरलंय, असं त्यांना वाटतं. क्रिस्टेन्सनना या कोळीवेडाची बाधा १९७३ मध्ये झाली. त्या वेळी क्रिस्टेन्सन मिनेसोटा विद्यापीठात प्राणिशास्त्रात पदवी अभ्यासक्रम पूर्ण करण्याच्या मागं होते. प्राणी वर्तणुकशास्त्रात नोकरीच्या संधी फार कमी आहेत, हे लक्षात आल्यावर शिक्षण पूर्ण व्हायच्या आधीच त्यांनी नोकरी स्वीकारली. एक वर्ष नोकरी करून मग शिक्षण पूर्ण करावं, असा त्यांचा बेत होता. त्यांनी एका कीटक-शास्त्रज्ञाकडे साहाय्यक म्हणून नोकरी पत्करली आणि प्रामुख्यानं कीटक गोळा करायचं काम ते करू लागले. डोक्यात तर प्राणी वर्तणुकशास्त्र भिनलेलं, म्हणून फावल्या वेळात ते कोळ्यांचं निरीक्षण करू लागले. हे कोळी त्यांना कुठेही ठेवलं, तरी आपला उद्योग चालूच ठेवायचे, प्रयोगशाळेत आणल्यावरही जाळी बांधणं चालूच असायचं. अंडी घालायचे, समागम करायचे, एकूण आपले जीवनव्यवहार ते थांबवत नसत, शिवाय त्यांना जास्त जागाही लागत नसे. त्यांचं निरीक्षण करणं सोपं वाटलं, तरी अभ्यास करणं अवघड आहे, हे लवकरच क्रिस्टेन्सनच्या लक्षात आलं. मग क्रिस्टेन्सननी फावल्या वेळात कोळीशास्त्राचा अभ्यास सुरू केला. ही एकलव्यासारखी

तपश्चर्या होती. अमेरिकेत तेव्हा कुठल्याही विद्यापीठात कोळीशास्त्र हा अभ्यास विषय नव्हता. प्राणिशास्त्र शिकताना जेवढी माहिती मिळेल तेवढीच. बहुतेक सर्व कोळीशास्त्रज्ञ स्वयंभू होते. त्यांनी आपापली निरीक्षणं तर्क आणि निरीक्षणानंतरचे निष्कर्ष कुठे कुठे प्रसिद्ध केले होते, ते शोधून काढत क्रिस्टेन्सननी स्वत:चा कोळीशास्त्रअभ्यास चालू ठेवला. या काळात त्यांना वेगवेगळ्या नोकऱ्या कराव्या लागत होत्या. कंपनी बंद पडल्यामुळे संगणक मंडलाची जोडणी करण्याचं काम संपल्यावर क्रिस्टेन्सन कॅलिफोर्नियात गेले. तिथे ते पेपर टाकणं, ऑफिस झाडणं अशी कामं करून दिवस काढत होते आणि सुट्टीच्या दिवशी कोळीमय होत होते. या काळात ते फटफटीवरून दूरवर हिंडून कोळी जमा करायचे आणि मग वैज्ञानिक नियतकालिकं चाळून पकडलेल्या कोळ्याची जात आणि लिंग निश्चित करायचे.

दरम्यान त्यांनी रसायनशास्त्राची पदवी मिळवली आणि संशोधन साहाय्यक म्हणून त्यांना लाँगबीच इथल्या कॅलिफोर्निया स्टेट युनिव्हर्सिटीत नोकरी मिळाली. ही नोकरी करत करत त्यांनी आपलं पदव्युत्तर शिक्षणही पूर्ण केलं. या काळात सुट्टीच्या दिवशी ते सागर किनाऱ्यावर कोळ्यांचं प्रदर्शन भरवून पैसेही मिळवायचे आणि कोळ्यांचा अभ्यासही चालू ठेवायचे. कोळी-विष हा त्यांनी आपला खास अभ्यास विषय बनवला होता.

त्या काळात कोळी-विषाचा अभ्यास झाला नव्हता असं नाही; पण माणसाला घातक ठरेल अशा विषांचाच फक्त तेव्हा वैद्यकशास्त्रीय दृष्टिकोनातून अभ्यास होत असे. माणसं हे काही कोळ्यांचं खाद्य नव्हे. कोळी-विषानं माणूस मरणं, हा एक दुर्दैवी आणि दुर्मीळ अपघात असतो. कोळी आपल्या भक्ष्याच्या बधिरीकरणासाठी जे विष वापरतो, त्याचा अभ्यास करण्यात क्रिस्टेन्सनना कोळी-विषाचा अभ्यास करण्यासाठी शिष्यवृत्ती मिळेना आणि कोळी-विष मिळणं तर त्या काळात शिष्यवृत्ती मिळवण्यापेक्षाही अवघड होतं. बरं जे विष मिळायचं, त्यात कोळ्यांची वांती मिसळलेली असायची. विष काढायला गेलं, की ओकणं ही कोळ्याच्या बाबतीतली प्रतिक्षिप्त क्रिया आहे. त्यामुळे विषाचे नक्की घटक कळणं त्या काळी शक्य होत नव्हतं. त्या काळात कोळ्यांचं निर्भेळ विष तर मिळत नव्हतंच; पण जे काही कोळी-विष म्हणून मिळायचं, तेही सातत्यानं मिळेल, याची खात्री देता येत नव्हती.

यामुळे १९८० मध्ये क्रिस्टेन्सननी पुन्हा धोपट मार्ग सोडून बिकट वाट धरली आणि संशोधन शिष्यवृत्तीस रामराम ठोकला. कोळ्यांचं विष शुद्ध स्वरूपात कसं मिळवायचं, याबद्दल त्यांनी स्वतंत्रपणे प्रयोग सुरू केले. सुरुवातीला हे प्रयोग घरात, मग गॅरेजमध्ये आणि नंतर लॉस एंजल्सच्या औद्योगिक वसाहतीतल्या एका खोपट्यात चालू होते. त्यांना या प्रयत्नांमध्ये यश आलं आणि १९८३ मध्ये त्यांनी आपल्या लडखडत्या उद्योगास 'स्पायडर फार्म' असं नाव दिलं. प्रयत्नांना दैवाची

साथ लाभते असं म्हटलं जातं. इतके दिवस कोळी संशोधन आणि कोळी-विष यांना कोणी विचारत नव्हतं. १९८२ मध्ये ही परिस्थिती पालटली. जपानमध्ये 'जोरो' नावाचा एक कोळी आढळतो. त्याच्या विषावर जपानमध्ये संशोधन चालू होतं. ग्लुटामेट या रसायनाच्या कार्यात कोळी-विष अडथळा आणतं, असं या संशोधकांना आढळलं. ते सागरी अष्टपादांवर प्रयोग करत होते. चेतापेशी संशोधनात ग्लुटामेट हे फार महत्त्वाचं रसायन असल्यानं हे संशोधन जाहीर होताच चेतापेशी शास्त्रज्ञांत खळबळ माजली. आता प्रत्येकाला कोळी-विष मिळवायची घाई झाली.

हे ग्लुटामेट एक प्रकारचं अमायनो आम्ल आहे. ते एक उत्तेजक चेता प्रक्षेपक (एक्सायटेटरी न्यूरो ट्रान्समिटर) आहे. मध्यवर्ती चेता-प्रणालीत एका पेशीकडून दुसऱ्या पेशीकडे ग्लुटामेट प्रक्षेपित केली जातात. प्रत्येक पेशीवर एक ग्लुटामेट ग्राहक असतो. तिथे पहिल्या पेशीनं प्रक्षेपित केलेलं ग्लुटामेट पोहोचलं, की विद्युतभारीत अयनांमध्ये खळबळ माजते. त्यांच्या या प्रवाहामुळं ही उत्तेजित झालेली पेशी तिसऱ्या पेशीकडे ग्लुटामेट प्रक्षेपित करते. आपल्या मेंदूत ग्लुटामेट भरपूर प्रमाणात सापडतं. यामुळे हे ग्लुटामेट नक्की कोणतं काम करतं, हे कळलं, तर मेंदूचं कार्य कसं चालतं, याबद्दल अंदाज बांधता येईल, असं शास्त्रज्ञांना वाटतं; पण ग्लुटामेटवर संशोधन कसं करायचं? कारण ग्लुटामेट उत्तेजक किंवा ग्लुटामेट रोधक असा कोणताही पदार्थ त्या काळात शास्त्रज्ञांना ठाऊक नव्हता. जपानी संशोधकांच्या मते कोळी-विषामुळे ते शक्य होणार होतं. त्यांचं हे संशोधन यामुळेच खळबळजनक ठरलं.

अमेरिकेत युता विद्यापीठात हंटर जॉन्सन हे कोंबडीच्या मेंदूवर संशोधन करत होते. कोंबडीच्या मेंदूत ग्लुटामेट ग्राहक किती? ते कुठं कुठं असतात आणि ते कसे वाढतात, हे त्यांना बघायचं होतं. जॅक्सननी स्पायडर फार्मकडं आपली मागणी नोंदवली. स्पायडर फार्मचं हे पहिलं गिऱ्हाईक होतं. त्यांनी आठ वेगवेगळ्या कोळ्यांची विषं मागवली होती. या विषांमुळं ग्लुटामेटचं कार्य पूर्णपणे थांबत. मेंदूतील पेशीमधल्या विद्युत प्रक्रिया पूर्णपणे बंद पडतात, असं जॅक्सनला आढळून आलं. हे बघितल्यावर जॅक्सननी आपल्या संशोधनाची दिशा बदलली आणि ही विषं नक्की काय करतात, याचाच अभ्यास त्यांनी सुरू केला. या विषांमुळे ग्लुटामेटचं कार्य बंद पडत असलं, तरी इतर चेता प्रक्षेपकांचं कार्य मात्र अबाधित राहतं, असंही जॅक्सनला आढळून आलं.

पुढे १९८७ मध्ये फायझर कंपनीतल्या शास्त्रज्ञांनी रेडिओसमस्थलीच्या साहाय्यानं शरीरात गेल्यावर या विषांचे रेणू कसं कार्य करतात, हे जाणून घ्यायचा यशस्वी प्रयत्न केला. या चेतापेशीच्या पेशीभित्तीमध्ये काही कालव्यांसारखे मार्ग असतात, यातून अयनांचा प्रवाह वाहतो. ग्लुटामेट या कालव्यांमध्ये शिरतात आणि अयनांचा प्रवाह थांबवतात.

अशा तऱ्हेनं प्रवाह थांबवून अनेक रोगांचं नियंत्रण करणं शक्य आहे, असं शास्त्रज्ञांना आढळून आलं आहे. उदाहरणार्थ, पक्षाघाताचा झटका आल्यानं तर अनेक पेशींचा नाश होण्यास ग्लुटामेट कारणीभूत ठरतं, असं शास्त्रज्ञांना आढळून आलं आहे. जेव्हा एखाद्या रक्ताच्या गुठळीमुळं रक्त पुरवठ्यात अडथळा निर्माण होतो, त्या वेळी ऑक्सिजन न मिळाल्यामुळं मेंदूतील बऱ्याच पेशी अशक्त होऊन आसन्नमरण अवस्थेस पोहोचतात. त्यानंतर मेंदूच्या त्या भागात बऱ्याच जीवरासायनिक प्रक्रिया घडतात. यात ग्लुटामेटचा महापूर लोटतो. या ग्लुटामेट्सच्या पुरामुळे त्या आसन्नमरण पेशींवरचा कार्यभार एकाएकी फार मोठ्या प्रमाणात वाढतो. आधीच मरायला टेकलेल्या त्या पेशी हे श्रम न झेपल्यानं थकून मरतात. जर ग्लुटामेटच्या आगमनाचे परिणाम थांबवता आले, तर या पेशींना परिश्रम करावे लागणार नाहीत आणि या पेशींना विश्रांती मिळाली, तर त्या हळूहळू पुन्हा पूर्ववत काम करू शकतील, असं शास्त्रज्ञांना वाटतं.

ग्लुटामेटचं असंच आधिक्य किंवा प्रमाणाबाहेर निर्मिती ही अपस्माराच्या झटक्यास कारणीभूत ठरते, असं शास्त्रज्ञांना वाटतं. हे अपस्माराचे झटकेही अतिकार्यरत पेशींमुळे होतात, असं दिसून आलं आहे. ग्लुटामेटरोधक औषधांमुळे अपस्माराच्या झटक्यांची तीव्रता आणि वारंवारता कमी करता येते, असं प्राण्यांवरील प्रयोगांमध्ये दिसून आलं आहे.

या संशोधनानं जॅक्सन इतके प्रभावित झाले, की त्यांनी १९८६ मध्ये नैसर्गिक रसायनांपासून औषधं तयार करण्याचा उद्योग सुरू केला. या आधीच १९८५ मध्ये क्रिस्टेन्सननी आपला मुक्काम आणि स्पायडर फार्म लॉस एंजल्सहून ॲरिझोनात हलवला होता. जे कोळी गोल जाळी विणतात, ते ग्लुटामेटविरोधक विषांची निर्मिती करतात. सर्वच कोळ्यांची विषं या प्रकारचं कार्य करत नाहीत, असे काही ठोकताळे तोपर्यंत क्रिस्टेन्सनच्या लक्षात आले होते. यामुळं क्रिस्टेन्सननी अशा कोळ्यांवर जास्त भर दिला. किंबहुना क्रिस्टेन्सन त्यांच्याकडं येणाऱ्या मागणीवरून कोण कुठलं संशोधन करतंय आणि कुठलं संशोधन जोर धरतंय, या गोष्टी सांगू शकतात. क्रिस्टेन्सन अजूनही आठवड्यातले दोन दिवस आपली कोळी संशोधन मोहीम चालूच ठेवतात. दर आठवड्यात ते वेगवेगळ्या ठिकाणी जाऊन कोळी गोळा करतात. या कामात त्यांची पत्नीही मदत करते.

अनिता क्रिस्टेन्सन या मूळ झेकोस्लोव्हाकियन. त्या तंत्रज्ञ. त्यांना कोळी मुळीच आवडत नसत. १९८६ मध्ये क्रिस्टेस्टनशी परिचय झाल्यावर क्रिस्टेन्सनबरोबर त्यांना कोळीही आवडू लागले.

क्रिस्टेन्सनकडे ज्या मागण्या येतात, त्या मायक्रोलिटर्स म्हणजे अक्षरश: काही थेंबांच्या असतात. होलोलेना नावाचा कोळी शेंगदाण्याच्या पुड्याच्या आकाराचं जाळं गवतात तयार करतो. त्याचं १०० मायक्रोलिटर म्हणजे दोन थेंब विष

मिळवायचं, तर ३०० कोळ्यांचं विष काढावं लागतं. ते विषही मेंदूसंशोधनात महत्त्वाचं ठरतं, कारण हे कॅल्शिअम अयनरोधक आहे. आपल्या चेता-संस्थेत कॅल्शिअम अयन फार महत्त्वाची कामगिरी बजावत असतात. हे अयन चेतापेशीत शिरले, की विविध चेता प्रक्षेपकांना उत्तेजन मिळतं. जरी हे अयन कमी असले, तरी चेतापेशी संदेशवहनास असमर्थ ठरतात आणि हे अयन जास्त झाले, तर अतिश्रमामुळे दुबळ्या पेशी मरण्याची शक्यता निर्माण होते. यामुळे जेव्हा कॅल्शिअम अयनांचं चेतापेशीतील कार्य या विषयावर संशोधन चालू असतं, त्या वेळी होलोलेनाच्या विषास मागणी येते.

आपल्या मेंदूत पुरकिंजे नावाच्या पेशी असतात. या पेशी प्रमस्तिष्कामध्ये खूप महत्त्वाची भूमिका बजवतात. रोडोल्फो लिनास हे न्यूयॉर्क विद्यापीठाच्या वैद्यकीय विभागात १९७० पासून या पेशींवर संशोधन करत आहेत. १९७५ च्या आसपास लिनास आणि त्यांचे एक सहकारी मुत्सुयुकी सुगिमोरी यांना पुरकिंजे पेशींच्या कार्यक्षमतेवर कॅल्शिअम आयनांचा परिणाम होतो, असं आढळून आलं. जर कॅल्शिअम अयन कमी झाले, तर या परकिंजे पेशींची कार्यक्षमता कमी होते. हे कॅल्शिअम अयन पुरकिंजे पेशींवरच्या केसाळ अवयवातून– यांना केशपुंज म्हणतात– पुरकिंजे पेशींमध्ये प्रवेश करतात हेही त्यांनी शोधून काढलं, पण ते या केशपुंजामध्ये कसे प्रवेश करतात, त्याचा मात्र या शास्त्रज्ञांना पत्ता लागत नव्हता. त्यांनी या संशोधनात अनेक कॅल्शिअम रोधकांचा वापर केला, तरीही पुरकिंजे पेशींचं रहस्य सुटलं नाही. पुढे जॅक्सनचं संशोधन लिनास यांच्या वाचनात आलं. मग त्यांनी आपल्या संशोधनात या विषांचा वापर करायचं ठरवलं आणि या विषाचा वापर केला, तर पुरकिंजे पेशीत कॅल्शिअम अयन प्रवेश करू शकत नाहीत, हे त्यांच्या लक्षात आलं. मग लिनास व त्यांच्या सहकाऱ्यांनी या विषाचे सर्व घटक वेगवेगळे केले आणि यातले नक्की कोणते घटक कॅल्शिअम अयन-रोधक आहेत, ते शोधून काढलं. आता हे घटक दोन वेगवेगळ्या संस्था संशोधनासाठी कृत्रिमरीत्या ही रसायनं तयार करून पुरवतात. या संशोधनामुळे येत्या काही वर्षांत अपस्मार आणि पक्षाघात या विकारांमध्ये होणारं मानवी मेंदूचं नुकसान टाळणारी औषधं आपल्या हाती येतील, याबद्दल लिनासना विश्वास वाटतो.

आता क्रिस्टेन्सनचा फार्म तर जोरात चालू आहेच; पण काही रशियन शास्त्रज्ञ क्रिस्टेन्सनकडून विष काढण्याचं तंत्र शिकून गेले आहेत. याशिवाय इस्राइल आणि फ्रान्समध्येही कोळी-विष उत्पादन केंद्रं सुरू झाली आहेत. यामुळे क्रिस्टेन्सन खुषीत आहेत. आता कोळी-विषपुरवठा मोठ्या प्रमाणावर होतोय, त्यामुळे अनेक मानवी व्याधींवर उपाय सापडतील, असा त्यांना विश्वास वाटतो.

■

मॉरिस क्राफ्ट

१० जून १९९१ ही तारीख आपल्या दृष्टीनं फारशी महत्त्वाची नाही. त्या दिवशी आपल्याला कसलीही सुट्टी नसते. कुणी राष्ट्रीय नेता जन्मालाही आलेला नाही किंवा गेलेलाही नाही; पण त्या दिवशी एका शास्त्रज्ञ जोडप्याचा निसर्गानं बळी घेतला आणि निसर्गाचं गुपित उघड करण्याच्या त्यांच्या प्रयत्नांवर पाणी ओतलं. डॉ. मॉरिस क्राफ्ट आणि त्यांची पत्नी कात्या या दोघांचं निधन झालं. हे कधी तरी घडणार होतंच, याची क्राफ्टच्या सहकाऱ्यांना कल्पना होती. हवाइयन व्होल्कॅनोलॉजिकल लॅबोरेटरीचे प्रमुख टॉम वुल्फ क्राफ्टच्या निधनाच्या आधीच काही दिवस एका मुलाखतीत म्हणाले होते–

''क्राफ्ट धाडसी आहे. तो इतर कुणीही पत्करणार नाही, असे धोके पत्करतो. ते कदाचित त्याला भोवण्याची शक्यता आहे. याची मॉरिसला स्वत:लाही कल्पना आहेच. मी असे धोके कधीही पत्करणार नाही.'' मॉरिस क्राफ्टला त्याचे सहकारी 'द मॅड सायंटिस्ट' असं म्हणायचे. हॉलिवूडच्या चित्रपटातून फक्त अशा धोकादायक मोहिमा आखणारे शास्त्रज्ञ दिसून येतात. हॉलिवूडबाहेर असा एकमेव शास्त्रज्ञ होता आणि तो म्हणजे मॉरिस असंही बोललं जायचं. फ्रान्सच्या कार्ने इथल्या ज्वालामुखी अभ्यासकेंद्रात क्राफ्ट भूशास्त्रज्ञ होता. पृथ्वीवरच्या प्रत्येक ज्ञात ज्वालामुखीची क्राफ्टनं पाहणी केली होती. किमान १५० उद्रेकांचा त्यानं अगदी जवळून अभ्यास केला होता. १९८८ मध्ये क्राफ्ट आणि त्याची पत्नी कात्या हे हवाई, टांझानिया, जपान, इंडोनेशिया, कोस्टारिका आणि रियुनियन बेटांवरचे ज्वालामुखी उद्रेक पाहून आले होते. यानंतर आपण एखाद्या लाव्हा प्रवाहावर तरंगत प्रवास करायला हवा, ही कल्पना मॉरिस क्राफ्टच्या डोक्यात शिरली. जेमिनी अवकाश कुपीसारखं एखादं यान बांधायचं आणि त्याच्यात बसून हा प्रवास करायचा. तसंच शक्य झाल्यास या प्रवासाचं छायाचित्रण करायचं, असे क्राफ्टचे मनसुबे होते.

याबद्दल बोलताना क्राफ्ट म्हणाला होता, ''मला काही तरी जगावेगळं करायची हौस आहे. इतकी माणसं केवळ गिनिज बुकमध्ये नाव यावं म्हणून अगदी मूर्खपणाच्या

आणि धोकादायक गोष्टी करत असताना मी निदान त्यातून काही निष्पन्न होईल असा विक्रम तरी करतोय. कुणी एखाद्या कड्यावरून उडी मारतो किंवा ऑक्सिजन न घेता सागरतळाशी जायचा प्रयत्न करतो. आपण कुणीतरी आहोत, हे सिद्ध करायचा त्यांचा प्रयत्न असतो. मग मी एखादा साहसी वैज्ञानिक प्रयोग केला, तर बिघडलं कुठं?''

क्राफ्टला आपण कुणीतरी आहोत, हे सिद्ध करायची खरं तर गरज नव्हती. बऱ्याचदा क्राफ्टची तुलना ज्युल्स व्हर्नच्या 'जर्नी टू द सेंटर ऑफ द अर्थ'मधल्या शास्त्रज्ञाशी होत असे. ही तुलना त्याला अजिबात आवडत नसे, 'ती एक अतिशय मूर्खपणाची गोष्ट आहे.' असं तो म्हणायचा. हे उद्गार त्या तुलनेला आणि 'जर्नी टू द सेंटर ऑफ द अर्थ'लाही सारख्याच प्रमाणात लागू होते.

रियुनियन या मादागास्करच्या पूर्वेस असलेल्या मास्करिन या द्वीप समूहातील ज्वालामुखीचं आंतरराष्ट्रीय संग्रहालय करण्यात क्राफ्टचा पुढाकार होता. ही सर्व योजना त्यानंच तयार केली आणि राबवली होती. मध्य फ्रान्समधल्या 'पाय द दोम' या ६०० मीटर उंच ज्वालामुखीचं राष्ट्रीय उद्यान क्राफ्टच्या प्रयत्नांमुळेच आकार घेऊ लागलं होतं. या मृत ज्वालामुखीत काचेच्या भिंती असलेल्या पाळण्यातून प्रेक्षक त्या ज्वालामुखीच्या विवरात उतरतात. शिवाय या ज्वालामुखी शिखराच्या पायथ्याशी एक विज्ञानकेंद्र उभारलं गेलंय. तिथे ज्वालामुखी, भूकंप, पृथ्वीचं अंतरंग व निसर्गाचे तत्संबंधित रौद्रभीषण आविष्कार प्रेक्षकांना पाहायला मिळतात.

क्राफ्ट ज्वालामुखीच्या अभ्यासात गढून गेलेले असत. त्यांना लाव्हा नदीवरून प्रवास करायची दुर्दम्य इच्छा होती. कारण लाव्हाचं तापमान आणि त्यातून बाहेर पडणाऱ्या वायूचं प्रमाण हे कसंकसं बदलत जातं, याचा त्यांना शोध घ्यायचा होता. आपली कुपी हेलिकॉप्टरच्या साहाय्यानं लाव्हावर सोडली जावी आणि प्रवास संपल्यावर हेलिकॉप्टरच्या साहाय्यानं उचलून घेण्यात यावी, अशी त्यांची योजना होती. जर हेलिकॉप्टरला ती कुपी उचलणं जमलं नाही, तर कुपीचं दार उघडून स्वत: दोराच्या टोकाला असलेली आकडी कुपीत अडकवायची, अशी त्यांची इच्छा होती. या कुपीवर टिटॅनियम ऑक्साईडचं आवरण घालण्यात येणार होतं, कारण लाव्हाचं तापमान १५०० अंश से. एवढं किंवा त्याहूनही जास्त असू शकतं. या कुपीची आतली बाजू स्पेस शटलप्रमाणे उष्णतारोधक फरशा बसवून सुरक्षित करायचा त्यांचा मनोदय होता. जी उष्णता यातूनही आत येईल तिचा ऊर्जास्रोताप्रमाणे उपयोग करून या कुपीची शितीकरण यंत्रणा चालवता येईल, असं क्राफ्ट म्हणत असत. पुढे ते म्हणायचे, की ही शितीकरण यंत्रणा इतकी कार्यक्षम असेल, की त्यामुळे 'ज्वालामुखी तज्ज्ञाचा गोठून मृत्यू' अशी बातमी वाचावी लागली, तरी आश्चर्य वाटायला नको. इतर शास्त्रज्ञांना ही कल्पना खुळचटपणाची वाटत होती.

हवाईमध्ये एक ज्वालामुखी अभ्यासशाळा आहे. इथले शास्त्रज्ञ कार्ल जॉन्सन व टॉम इंग्लिश यांच्या मते पहिल्या काही सेकंदांतच क्राफ्टचा जळून कोळसा झाला असता. एवढंच नव्हे, तर त्या लाव्हाच्या धगीमुळं त्याही आधी क्राफ्टची दृष्टी गेली असती. इतरही बऱ्याच शास्त्रज्ञांचं मत असंच होतं. क्राफ्टनी ही कल्पना अमलात आणण्यासाठी अजून तरी फारसे प्रयत्न केलेले नव्हते. क्राफ्ट वाजवीपेक्षा जास्त धोके पत्करतात आणि ते अंगाशी येण्याची शक्यता आहे, असं बऱ्याचदा बोललं जात असे आणि ते ऐकून क्राफ्ट पुढच्या वेळी आणखी काही तरी जीवघेणं साहस करत असत.

हवाईच्या अभ्यासशाळेत ज्वालामुखींचा अभ्यास करण्यासाठी असंख्य नवनवी यंत्रं व संगणक उपलब्ध असतात. ही यंत्रं क्राफ्टना उपलब्ध नव्हती, असंही नाही. संगणक सादृशीकरण, विमानातून चित्रीकरण, ऊपारूण छायाचित्रण, दूरस्थ संवेदन, नमुने आणणारे यंत्रमानव यांचा उपयोग करून आधुनिक ज्वालामुखी शास्त्रज्ञ आपलं काम करतात; पण क्राफ्टना यामुळं शास्त्रज्ञांना ज्वालामुखीचा आत्मा समजू शकत नाही, असं वाटायचं. बऱ्याचदा क्राफ्टचे कपडे यामुळं जळायचे. त्याच्या हाता-तोंडावर भाजल्याचे फोड असायचे; पण तरी दिव्याकडे झेप घेणाऱ्या पतंगाच्या ईर्ष्येनं क्राफ्ट दर वेळी नव्या ज्वालामुखीजवळ पोहोचायचे.

हवाईच्या अभ्यासशाळेतच एक ज्वालामुखीचं संग्रहालय आहे. याला 'थॉमस ए जॅगर म्युझियम' असं नाव आहे. यात एका भूशास्त्रज्ञाचे जळालेले कपडे व वितळलेले बूटही आपल्याला पाहायला मिळतात. ज्वालामुखी हा निसर्गाचा एक प्राणघातक आविष्कार आहे, याची आठवण करून देणारे हे पुरावे क्राफ्टनीही बघितले होतेच; पण तरीही त्यांची साहसी वृत्ती त्यांना गप्प बसू देत नसे.

आज पृथ्वीवर जवळजवळ ६०० जिवंत ज्वालामुखी आहेत. या ज्वालामुखींच्या परिसरात पृथ्वीवरील एकूण लोकसंख्येच्या जवळजवळ १०टक्के लोकसंख्या म्हणजे सुमारे ६० कोटी लोक राहतात. १९८० ते १९९० या दशकात (किंवा आपल्या कालमर्यादेच्या टप्प्यांचा उपयोग करायचा तर १९८०-१९९२ या तपात) गेल्या शतकातील मानवी दृष्टीनं बरेच धोकादायक उद्रेक झाले. १९०२ च्या माऊंट पेलीच्या उद्रेकानंतर एवढी जीवितहानी झाल्याचं विसाव्या शतकात तरी दुसरं उदाहरण नाही. १९८० मध्ये माऊंट सेंट हेलेन्स, १९८२ मध्ये एल चिचोन (मेक्सिको) आणि इंडोनेशियात गालंगगुंग आणि १९८५ मध्ये नेवाडो देल रूइझ हा कोलंबियातला ज्वालामुखी हे या काळातले ४ प्रमुख उद्रेक, याशिवाय १९९१ मध्ये झालेले उंझेनो (जपान) आणि पिनटोबे (फिलिपाइन्स) हे उद्रेकही मानवी जीवितास घातक ठरले. याशिवाय लाँगव्हॅली, कॅलिफोर्निया, कँपी फ्लेगी (जळती शेतं) इटली, राबौल (पापुआ, न्यूगिनी) इथे ज्वालामुखीपूर्व भूकंपाची वारंवारता

वाढलीच, पण काही ठिकाणी जमिनीस फुगवटा आला. यामुळे या ठिकाणच्या अभ्यासकांना इथेही ज्वालामुखीचे उद्रेक होतील की काय, अशी भीती वाटू लागली. इ.स. १९८७ मध्ये क्राफ्ट ज्वालामुखीच्या तावडीतून सुटले होते. हवाई बेटांवर बॉब पावलूचींच्या घरावर एका लाव्हा नदीचं आक्रमण झालं होतं. ही नदी दहा कि.मी. लांबीची होती. तिची रुंदी पाच मीटर होती. तिचा वेग बदलता होता. क्राफ्ट आणि काइलमान हा त्यांचा सहकारी या नदीच्या मानवी वस्तीवरील आक्रमणाचं चित्रण करत होते. पावलूचींनी आपलं घर ही नदी आज ना उद्या गिळंकृत करणार, हे लक्षात येताच घराला रामराम ठोकला; पण क्राफ्ट आणि मान हे त्या घरावर बसून होते. हळूहळू ते घर लाव्हा प्रवाहानं वेढलं जाऊ लागलं, तेव्हा माननी जवळ-जवळ खेचतच क्राफ्टला त्या घरातून बाहेर काढलं होतं. ते बाहेर पडले आणि त्या घरानं पेट घेतला आणि पुढच्या दहा मिनिटांत ते घर लाव्हा प्रवाहानं गिळंकृत केलं. ते म्हणत, 'ज्वालामुखी हा पृथ्वीवरचा खराखुरा आनंदाचा ठेवा आहे. लोक ज्वालामुखींना का घाबरतात ते मला उमगतच नाही. लाव्हा प्रवाह हे सभ्य माणसाप्रमाणं स्वत:हून तुम्हाला कधीच त्रास देत नाहीत. उलट ते अतिशय सुंदर दिसतात.' ॲस्बेस्टॉसचे कपडे व मोजे घालून घट्ट बनलेल्या लाव्हावरून चालायचं आणि थंड होत असलेल्या लाव्हाची भांडी करायची हा क्राफ्टचा आवडता छंद होता. काही फ्रेंच एरोस्पेस कंपन्यांनी क्राफ्टना हवी तशी कुपी बनवून देण्याची तयारीही दाखवली होती, पण दुर्दैवानं म्हणा किंवा अति साहसानं म्हणा, ही कुपी तयार व्हायच्या आधीच उनझेनो ज्वालामुखीनं क्राफ्ट यांचा त्यांच्या पत्नीसह बळी घेतला, हे खरं.

■

सिडने हॉरेन्स्टीन

पुराजीवशास्त्र म्हणजे पॅलिएंटॉलॉजी या विज्ञानशाखेचे अभ्यासक सहसा कधी शहरात सापडत नाहीत. त्यांना हे पुराजीव मिळण्यासाठी रानोमाळ वणवण करावी लागते. पुराजीव किंवा शिलांगभूत जीवावशेष म्हणजे कोट्यवधी, लक्षावधी किंवा हजारो वर्षांपूर्वीच्या सजीवांचे अवशेष. हे अवशेष खडकाचाच एक भाग बनलेले असतात. या अवशेषांचा अभ्यास करून त्या काळातली परिस्थिती, वातावरण, तो खडक कुठे, केव्हा तयार झाला, वगैरे माहिती मिळते आणि खडकाचं वय निश्चित करणं शक्य होतं.

अशा तऱ्हेचे जीवाश्म शहरात मिळणं अवघड असतं. यामुळं या संशोधकांना शहरापासून दूर वाळवंट, माळरानं, दगडांच्या खाणी, रेल्वेमार्गासाठी चालू असलेलं खोदकाम, विहिरी किंवा कडे कोसळून अशा तऱ्हेचा एखादा भूभाग उघडा झाला असेल, तर त्या ठिकाणी जाऊन हे नमुने गोळा करावे लागतात.

साधारणपणं प्रत्येक क्षेत्रात मळलेल्या वाटेनं न जाता चाकोरी सोडून जाणारं एखादं व्यक्तिमत्त्व आढळतंच. पुराजीवशास्त्रही या नियमास अपवाद नाही. सिडने हॉरेन्स्टीन हा असा एक पुराजीवशास्त्रज्ञ आहे. १९७० पासून तो न्यूयॉर्क शहरातील जीवाश्मांचा अभ्यास करतोय. हॉरेन्स्टीन हे हंटर कॉलेजमध्ये भूशास्त्राचे प्राध्यापक आहेत आणि 'अमेरिकन म्युझियम ऑफ नॅचरल हिस्टरी' या संस्थेत ते संशोधन करतात. आपल्या संस्थांच्या आसपासच ते पुराजीव शोधतात.

मॅनहॅटन या न्यूयॉर्कच्या गजबजलेल्या भागात ज्या इमारती आहेत, त्या इमारतींसाठी वापरलेल्या खडकात असलेले जीवाश्म हा हॉरेन्स्टीन यांच्या अभ्यासाचा विशेष. हॉरेन्स्टीन यांना आता अमेरिकेत अर्बन पॅलिएंटॉलॉजिस्ट म्हणजे शहरी पुराजीवशास्त्रज्ञ म्हणतात. आपल्या आसपास एवढे पुराजीव आहेत, हे लक्षात आणून दिलं, तर बऱ्याच शहरी लोकांना या विषयात रस उत्पन्न होतो, असं हॉरेन्स्टीन याचं म्हणणं आहे.

जेवणाच्या सुट्टीत हौशी मंडळींना घेऊन सिडने हॉरेन्स्टीन शहराचा पुराजीवशास्त्रीय

दौरा काढतात. मॅनहॅटनच्या फिफ्थ ॲवेन्यूवरची 'टिशमन' ही त्यांची आवडती इमारत. पहिल्यांदा जेव्हा हॉरेन्स्टीन या इमारतीजवळ गेले नि आपल्या भिंगातून त्या चकचकीत फरशीचा अभ्यास करू लागले, तेव्हा इमारतीचे रक्षक धावतच त्यांच्या जवळ आले होते.

"हे अमोनॉइड बघितलेस का? ३६ कोटी वर्षांपूर्वीचे आहेत ते." आपल्याला श्रोते मिळाले, या आनंदात हॉरेन्स्टीननी त्या रक्षकांना सांगितलं. ते रक्षक बिचारे काहीच न कळल्यानं आऽऽ वासून या विक्षिप्त माणसाकडं बघत राहिले.

"या इमारतीचे दगड ही पृथ्वीच्या इतिहासाची निखळलेली आणि इतस्तत: पसरलेली पानं आहेत. मग ती आपण वाचायला काय हरकत आहे?" असं या आपल्या आगळ्या छंदाबद्दल हॉरेन्स्टीन म्हणतात.

प्रत्येक शनिवार-रविवार हॉरेन्स्टीन हौशी पुराजीवशास्त्रज्ञ किंवा शाळा-कॉलेजातल्या विद्यार्थ्यांची पुराजीवशास्त्रीय सहल काढतात. ब्रॉडवे, युनियन स्क्वेअर अशा सुप्रसिद्ध ठिकाणी ते थांबतात. तेथील इमारतींचे दगड त्यांच्यासाठी सजीव होऊन पृथ्वीचा इतिहास घडाघडा सांगू लागतात.

"हे बघा, हा चुनखडक. ३० कोटी वर्षांपूर्वी इंडियाना राज्यात हा सागरतळ होता. हे ब्रॅकिओपॉडांचे अवशेष, आता फारच थोडे ब्रॅकिओपॉड अस्तित्वात आहेत."

एंपायर स्टेट बिल्डिंगकडे प्रवासी येतात, ते एके काळची जगातली सर्वांत उंच इमारत बघायला. बहुतेक सर्व जण या इमारतीच्या शेवटच्या मजल्यावर जाण्यासाठी धडपडत असताना हॉरेन्स्टीन मात्र एंपायर स्टेट इमारतीच्या तळमजल्यावरच्या आवारातल्या चकचकीत फरश्यांजवळ आपल्या विद्यार्थ्यांना थांबवतात. जर्मनीतून मुद्दाम मागवलेल्या या फरश्यांमध्ये सागरी सूक्ष्मजीवांच्या– स्पाँजेसच्या वसाहतींचे अवशेष आहेत.

कित्येक वेळा हे काय चाललं आहे, हे बघायला त्या इमारतीतले रहिवासी येतात. नंतर मग ते हॉरेन्स्टीनचे शिष्य बनतात आणि आपल्या शेजाऱ्यापाऱ्यांना हे नव्यानं मिळालेलं ज्ञान देतात. "आपल्या आसपास केवढा खजिना आहे, याची या लोकांना जाणीव नाही. एके काळी, म्हणजे साधारणपणे ३६ ते ३७ कोटी वर्षांपूर्वी अमेरिका व युरोप यांचा एकच खंड होता. तो हळूहळू फुटला. हे सगळं पुराव्यानिशी मी न्यूयॉर्कमध्ये सिद्ध करू शकतो, पण लोकांना काय त्यांचं? माझ्या मते न्यूयॉर्कमधल्या भिंती ही कालप्रवासाची यंत्रं आहेत. यात बसून तुम्ही पृथ्वीवर कशी कशी स्थित्यंतरं घडली, हे जाणून घेऊ शकता, असं म्हणणारे हॉरेन्स्टीन यांना प्रथम शालेय विद्यार्थ्यांना पुराजीवशास्त्र शिकवण्यासाठी या भिंतीची मदत झाली. वस्तुसंग्रहालयाच्या स्वच्छतागृहाच्या भिंतींमधल्या जीवाश्मांकडे पाहून खर्चिक दौरे काढण्याऐवजी इथलेच जीवाश्म का दाखवू नयेत, हा विचार १९७० च्या सुमारास

त्यांच्या मनात आला. मग त्यांनी प्रत्येक भिंतीचा दगड कुठून आला, याचा तपास घ्यायला सुरुवात केली. त्या दगडांच्या मूळ खाणी शोधल्या.

''माझ्या व्यवसायातले धोके शहरी आहेत. चोर समजून बँकेच्या सुरक्षा कर्मचाऱ्यांनी मला पोलिसांच्या हवाली केलंय. रस्त्यात गर्दी जमवून रहदारीस अडथळा निर्माण केल्याच्या आरोपावरून मी चौकीत गेलेलो आहे; पण आता माझ्याबद्दलचा निदान पोलिसांचा संशय तरी दूर झालाय.'' हॉरेन्स्टीनच्या या वर्गांना आता मान्यता मिळू लागलीय. हेच त्यांच्या यशाचं गमक नाही का?

■

सीमोर क्रे

सीमोर क्रे कोण? हा प्रश्न आज आपल्याला विचारला, तर आपल्याला त्याचं उत्तर कदाचित देता येणार नाही; पण उद्याची पिढी पुढच्या शतकात त्याला देव मानून त्याची पूजा करण्याची शक्यता आहे. याचं कारण सीमोर क्रे हा सुपर कॉम्प्युटरचा जनक आहे.

सीमोर क्रेच्या टेबलवर एक आलेखाच्या कागदांचा गठ्ठा असतो, बस! बाकी त्या टेबलवर काहीच आढळत नाही. याचं कारण सीमोर क्रेला त्याची गरज नाही. या आलेखाच्या कागदांवर आपल्या डोक्यातल्या कल्पना उतरवून तो एकापेक्षा एक जलदगती आणि त्याचबरोबर आकारानं छोटे असे बृहद्संगणक बनवत असतो. सीमोर क्रे हा अतिशय साधा सरळ माणूस आहे; मात्र त्याची एकतानता ही लेझर शलाकेसारखी आहे, असं त्याच्या बाबतीत म्हटलं जातं. अर्जुनाला जसा फक्त पोपटाचा डोळा दिसत होता तसा, सीमोर क्रेला फक्त 'अधिक जलद बृहद्संगणक' दिसत असतो. आज सीमोर क्रे ६४ वर्षांचे (१९९०मध्ये) आहेत. संगणकाचं जग त्यांना 'फादर ऑफ सुपर कॉम्प्युटर' म्हणून ओळखतं.

क्रे ३ बृहद्संगणक निर्मितीचं काम तसं कूर्मगतीनं चाललंय. ठरलेल्या वेळापत्रकापेक्षा ते खूपच मागं पडलंय. यामुळे या संगणकाच्या जनकाची फजिती उडेल, असंही बोललं जातं. या संगणकाचा आकार कमी करण्यासाठी या अतिशय हुशार शास्त्रज्ञानं अगदी नव्या प्रकारच्या तंत्रज्ञानानं निर्माण झालेल्या मायक्रोचिप्स वापरायचं ठरवलं आहे. इतके दिवस सीमोर क्रेनी वापरात रुळलेलं तंत्रज्ञान जास्तीत जास्त डोकेबाजपणे वापरून त्या तंत्रज्ञानाच्या साहाय्यानं अतिशय जलदगती संगणक तयार करण्याच्या स्पर्धेत आघाडी मिळवली होती. या उलट क्रे ३ बृहद्संगणकात गॅलियम आर्सेनाईडच्या बनवलेल्या मायक्रोचिप्स वापरण्यात येणार आहेत. यापूर्वीच्या सर्व संगणकांमध्ये सिलिकॉनच्या मायक्रोचिप्स वापरण्यात येत असत. गॅलियम आर्सेनाईडच्या (GaAs) मायक्रोचिप्स या सिलिकॉन मायक्रोचिप्सपेक्षा खूपच कार्यक्षम असून आजपर्यंत त्या कुठल्याही मोठ्या संगणकात मात्र वापरण्यात आलेल्या

नाहीत. याचं कारण त्या वापरून काम करणं फार अवघड असतं. या चिप्स अस्तित्वात आल्या; मात्र त्यांना वापरायचं तंत्रज्ञान अजून अस्तित्वात यायचंय, असं त्यांच्या बाबतीत म्हणण्यात येतं.

क्रे ३ निर्मिती कार्यक्रम हा फार धोकादायक आहे, असं या क्षेत्रातल्या बऱ्याच तज्ज्ञांना वाटतं. १९७६ मध्ये क्रेनं स्थापन केलेल्या क्रे रिसर्च कॉर्पोरेशन या धोक्याचा आर्थिक परिणाम आपल्यास जाणवू नये, म्हणून १९८९ मध्ये क्रे ३ साठी क्रे कॉम्प्युटर कॉर्पोरेशन ही भगिनी संस्था निर्माण केली आणि १९९१ मध्ये क्रे ३ बाजारात येईल, असंही जाहीर केलं; मात्र सीमोर क्रेनं जाहीर केलेल्या दिवशी क्रे ३ चं आद्य प्रतीरूप बाजारात येऊ शकलं नाहीच; पण पूर्वी जाहीर केल्याप्रमाणे १९९१ च्या मध्यापर्यंत क्रे ३ बाजारात येईल का नाही, हाच प्रश्न आता या संस्थेच्या पदाधिकाऱ्यांना सतावत आहे.

या पदाधिकाऱ्यांच्या चिंतेचं महत्त्वाचं कारण म्हणजे सध्या बृहद्संगणक निर्मितीत असलेली तीव्र स्पर्धा. आय.बी.एम., एनईसी आणि फुजित्सु या तीनही संगणक कंपन्यांनी क्रे ३ शी तुलना होऊ शकेल, असे बृहद्संगणक बाजारात येऊ घातले आहेत. बृहद्संगणक विषयातले एक तज्ज्ञ सल्लागार आणि लॉस अलामोस नॅशनल लॅबोरेटरीतले शास्त्रज्ञ जॅक वोर्लटन यांच्या मते जर क्रे ३ लवकरात लवकर बाजारात आला नाही, तर तो कालबाह्य ठरेल. सीमोर क्रे कालबाह्य ठरेल, असं कुणी म्हणू लागलं, तर इतके दिवस संगणक क्षेत्रातल्या लोकांनी त्या व्यक्तीला वेडा किंवा पाखंडी म्हटलं असतं.

संगणक क्षेत्रात १९६० पासून वर्षं सीमोर क्रे अबाधित सत्ता गाजवत होते, असं म्हटलं तर वावगं ठरू नये. अतिशय कार्यक्षम संगणक निर्माण करण्यात त्यांचा हात दुसरा कुणी धरू शकत नव्हता. त्यांनी आता काहीही केलं नाही, तरी पुढची २०० वर्षं संगणक क्षेत्रावरची त्यांची छाप अबाधित राहील, असं त्यांच्या बाबतीत म्हणण्यात येत होतं. अशा सीमोर क्रेवर कालबाह्य ठरण्याची वेळ आली, हे म्हणणं नक्कीच धाडसी ठरेल.

अतिशय लाजाळू, काहीसा विक्षिप्त आणि मृदुभाषी असं सीमोर क्रे यांचं वर्णन त्यांना ओळखणारे व त्यांचे सहकारी करतात. या माणसाच्या डोक्यात संगणकाची कार्यक्षमता वाढवण्यासाठी काय करता येईल, एवढा एकच विषय सतत घोळत असतो व आपले संगणक आणखी जलदगती बनलेत आणि ते खूप नवनवी आव्हानं लीलया झेलताहेत, अशी स्वप्नंही त्यांना पडत असावीत. विसाव्या शतकाच्या वैज्ञानिक आणि तांत्रिक प्रगतीवर सीमोर क्रे यांच्या प्रज्ञेचा प्रचंड प्रभाव पडलेला आहे, असं त्यांच्या हयातीतच लोक त्यांच्याबद्दल म्हणतात. सीमोर क्रे ही एक जिवंत आख्यायिका आहे, असंही म्हटलं जातं. क्रेनं निर्माण केलेले बृहद्संगणक

सुरुवातीला कूटलिपी आणि आण्विक वास्तवशास्त्रात वापरण्यात आले. आता जगातल्या सर्वच आधुनिक विज्ञान आणि तंत्रज्ञान शाखेत बृहद्संगणकास पर्याय नाही, अशी परिस्थिती आहे. बृहद्संगणक कुठल्याही कायिक प्रणालीचं सादृशीकरण करू शकतात. याचा अभियांत्रिकीपासून जनन अभियांत्रिकीपर्यंत आणि खगोलशास्त्रापासून सूक्ष्मजीवनशास्त्रापर्यंत सर्वत्र उपयोग असतो.

इलिनॉय विद्यापीठाच्या राष्ट्रीय बृहद्संगणक उपयोग केंद्राचे संचालक लॅरी स्मार यांच्या मते क्रे यांच्या योग्यतेचा दुसरा अमेरिकन म्हणजे थॉमस अल्वा एडिसन.

'विझार्ड ऑफ मेन्लो पार्क' असं एडिसनला म्हणण्यात येत असे. एडिसनशी तुलना म्हणजे अमेरिकन तंत्रज्ञानातला सर्वोच्च बहुमान, अशी परिस्थिती आहे. विसाव्या शतकातला जादूगार असंही क्रेंचं वर्णन केलं जातं.

सीमोर रॉजर क्रे यांचा जन्म २५ सप्टेंबर, १९२५ रोजी चिपेवा फॉल्स विस्कॉन्सिन येथे झाला. चिपेवा फॉल्स हे विस्कॉन्सिनच्या गोपालनासाठी प्रसिद्ध असलेल्या उत्तर भागातलं एक झोपाळू निसर्गरम्य खेडं. सीमोरचे वडील चिपेवा फॉल्सचे नगर अभियंते होते. आई घरकाम करायची. सीमोर मोठा. त्याला एक धाकटी बहीण होती. रानावनात हिंडावं, डोंगर उतारावर सायकल फिरवावी आणि शेजारपाजारच्या पोरांबरोबर व्रात्य खोड्या कराव्यात, हे त्याचं खास मध्यपश्चिम भागातील इतरासारखं असलेलं बालपण. असं असलं तरी या उद्योगात सीमोरचं मन फार काळ रमलं नव्हतं. घराच्या गॅरेजमध्ये, तळघरात आणि जागा मिळेल तिथे सिमोरची विद्युतयांत्रिकी खेळणी पसरलेली असायची. ही त्याची त्यानंच बनवलेली होती. ''हा नक्की काय करतो, हे आम्हाला कधीच कळलं नाही.'' हे उद्गार आहेत जोसेफ मँडलर्टचे. तो सीमोर क्रे चा बालमित्र होता. दहाव्या वर्षी शेतावर सापडणारी विजेची मोटार आणि इतर सुटे भाग यांच्या साहाय्यानं सीमोर क्रेनं लिखित कागदी पट्टीचं मॉर्स कोडमध्ये रूपांतर करणारी यंत्रणा तयार केली होती.

क्रेच्या माता-पित्यांनी या विचित्र पोराचे सर्व विक्षिप्त हट्ट पुरवले. गॅरेज आणि तळघरात सीमोरच्या प्रयोगशाळेत आवश्यक ते सर्व साहित्य पुरवण्यात येत होतं. रसायनशास्त्रीय उपकरणं, रेडिओ प्रक्षेपक ग्राहक यंत्रणा, विद्युतजनित्रं अशा नानाविध गोष्टी इथे होत्या. या खेळात रात्रभर रमलेला सीमोर पहाटे येऊन आपल्या खोलीत झोपला, तर त्याबद्दल त्याला आई-वडिलांच्या शिव्या खाव्या लागत नव्हत्या. सीमोरची खोली दुसऱ्या मजल्यावर होती. तिथून तळघरापर्यंत वेगवेगळ्या तारा गेलेल्या होत्या. या तारांच्या गुंत्यात नक्की तार कुठली, याची माहिती फक्त सीमोरलाच असे. त्याची खोली साफ करणं त्याच्या आईनं आधीच बंद केलं होतं. त्याच्या खोलीच्या कडीला नुसता स्पर्श जरी झाला, तरी प्रचंड घंटानाद होऊ

लागायचा आणि "कोण माझ्या खोलीत शिरतंय?" असा आरडोओरडा करत सीमोर तळघरातून धावत बाहेर यायचा, असं त्याची बहीण कॅरोल सांगते. क्रे नवीन घरी गेले, तेव्हा मात्र सीमोरच्या सर्व वायरी भिंतीआड दडल्या.

चिपेवा फॉल्स हायस्कूलमध्ये असताना क्रे कुठलाही खेळ खेळला नसे. 'विज्ञान एके विज्ञान' हाच त्याचा जीवनक्रम होता. एकदा वास्तवशास्त्राचे अध्यापक आजारी पडले, तेव्हा सीमोरनं वर्ग घेतला. त्याला आपल्या शिक्षकांपेक्षा त्या विषयातली अधिक आणि अद्ययावत माहिती होती, असं त्याचे समकालीन विद्यार्थी म्हणतात. उच्च माध्यमिक परीक्षेत सर्व विज्ञान विषयांत सीमोर पहिला आला आणि त्याला बॉश अँड लॉंब पारितोषिक मिळालं.

दुसऱ्या महायुद्धात सीमोर प्रथम युरोपमध्ये रेडिओ ऑपरेटर म्हणून काम करत होता आणि नंतर फिलिपिन्समध्ये जपानी कूटसंदेश उघड करण्याच्या कामावर त्याची नेमणूक झाली होती. युद्ध समाप्तीनंतर क्रेनं मिनिआपोलिस इथल्या मिनेसोटा विद्यापीठात प्रवेश घेतला. इतरांना गूढ नि गहन वाटणारे अनेक प्रश्न सीमोर क्रे चुटकीसरशी सोडवून दाखवत असत. कॉलेजमध्ये स्कॉलर; पण अप्रिय व्यक्ती अशी सीमोर क्रे यांची प्रतिमा होती.

१९५१ मध्ये वयाच्या २६ व्या वर्षी क्रेना उपयोजित गणितातली मास्टर्सची पदवी मिळाली. त्याआधी त्यांनी विद्युत अभियांत्रिकीची पदवी मिळवली होती. याच वर्षी त्यांनी संगणक क्षेत्रात काम करण्याचा निर्णय घेतला. विल्यम सी. नॉरिस यांनी सुरू केलेल्या इंजिनिअरिंग रिसर्च असोसिएट्समध्ये 'इलेक्ट्रॉनिक ब्रेन' बाजारात आणण्याची प्रक्रिया सुरू होती. एका ग्लायडरनिर्मिती कारखान्याचं रूपांतर संगणकनिर्मिती कारखान्यात करण्यात येऊन नॉरिस व त्यांचे सहकारी अमेरिकन नौदलासाठी संगणक तयार करत होते. याच नॉरिसनी पुढे कंट्रोल डाटा कॉर्पोरेशन (सी.डी.सी.) ही संस्था स्थापन केली. याचं कारण पुढे इंजिनिअरिंग रिसर्च असोसिएट्सची मालकी स्पेरी रँड या एका बहुउद्देशीय कंपनीकडे गेली आणि तिथल्या नोकरशाहींचा नॉरिसना त्रास होऊ लागला. १९५७ मध्ये त्यांनी क्रेसह नवी कंपनी चालू केली. क्रेच्या प्रज्ञेवर नॉरिस यांचा दांडगा विश्वास होता. आपल्या कंपनीनं पुढील पाच वर्षांत काय करावं, याची योजना टप्प्यांसह द्यायला नॉरिसनं क्रेंना सांगितलं. लगेच क्रेंनी ही योजना लिहून दिली.

लक्ष्य : पृथ्वीवरचा सर्वांत मोठा संगणक तयार करणं.

पहिला टप्पा : वर्षअखेर यातलं १/५ काम उरकणं.

सी.डी.सी. मध्ये सीमोर क्रेंनी १६०४ हा ट्रांझिस्टर वापरून केलेला पहिला संगणक बनवला. या काळात सी.डी.सी. कडे पैसे जवळजवळ नव्हते. तेव्हा स्थानिक रेडिओ आणि इलेक्ट्रॉनिक दुकानात हिंडून ३७ सेंटला एक असे ट्रान्झिस्टर

विकत आणून यांनी हा पथदर्शक (ट्रेंडसेंटर) संगणक बनवला होता.

१६०४ हा १९६० मध्ये बाजारात विक्रीसाठी उपलब्ध झाला आणि लष्कर व इतर संशोधन संस्थांनी तो झपाट्यानं खरेदी केला. या संगणकामुळं सी.डी.सी.चा संगणक विश्वात खूपच बोलबाला झाला. सी.डी.सी.चा झपाट्यानं विस्तार होऊ लागला. आता या नोकरशाहीचा सीमोर क्रे यास त्रास होऊ लागला. व्यवस्थापकांची संख्या वाढू लागली. एखादी कल्पना डोक्यात शिरली, की सीमोर झपाट्यानं प्रयोगशाळेतून संदर्भ शोधायला म्हणून निघायचा नि एखादा कारकून किंवा व्यवस्थापक त्याच्या आड यायचा आणि हा त्या माणसाच्या अंगावर चक्क धडकायचा.

१९६२ मध्ये सीमोर भरात होता. त्यानं या कचेरी आणि कारकूनशाहीपासून दूर १६० कि.मी. वर स्वत:साठी वेगळी प्रयोगशाळा बांधायची मागणी केली. ही जागा म्हणजे त्याचं बालपण जिथे गेलं, ते चिपेवा फॉल्स. या 'विझार्ड ऑफ चिपेवा फॉल्स'ची ही मागणी नॉरिसनी ताबडतोब मान्य केली.

"ही मागणी मी का केली हे सांगतो. त्या काळात क्युबाशी क्षेपणास्त्रांवरून वाद चालू होता. या मोठ्या शहरात राहिलो, तर अण्वस्त्र स्फोटात मरायची वेळ येईल आणि माझ्या संगणकविषयीच्या कल्पना कायमच्या लयास जातील, अशी भीती मला वाटत होती," असं नंतर एकदा त्यांनी सांगितलं.

चिपेवा फॉल्समध्ये त्यानं जे घर बांधलं, त्यात एका भक्कम, अण्वस्त्र हल्ल्यात सुरक्षित राहील, अशा तळघराचा समावेश होता. यात एक इंधन टाकी, एक गायगर किरणोत्सर्जन मापी आणि एक पोहण्याचा तलाव होता. या तलावात पिण्यायोग्य पाणी भरलेलं असे.

क्रेला पूर्ण स्वातंत्र्य द्यायचं, हा नॉरिसचा निर्णय अगदी योग्य ठरला. क्रे या नव्या जागी गेल्यावर जोमानं कामास लागला आणि त्यानं सी.डी.सी. ६६०० हा संगणक निर्माण केला. सी.डी.सी. ६६०० हा विक्रीसाठी उपलब्ध झाला, तेव्हा सेकंदास ३० लक्ष कार्यक्रम सूचना कार्यान्वित करणारा तो एकमेव संगणक होता. आय.बी.एम.चा त्या वेळी बाजारात असलेला ७०९४ हा संगणक सी.डी.सी. ६६०० च्या पुढे गोगलगाय ठरत होता. ६६०० ची अंतर्गत संरचनाही रिड्यूस्ड इन्स्ट्रक्शन सेट कॉम्प्युटिंग (RISC) या प्रकारची आद्य संरचना मानण्यात येते. आज या घटनेस ४० वर्षं झाली, तरी मर्यादित कार्यक्रम संच संगणकी हा प्रकार (RISC) अजूनही संगणक क्षेत्रात क्रांतिकारक मानण्यात येतो.

सीमोर क्रे यांचं वैशिष्ट्य म्हणजे संगणकातील मंडल (विद्युतप्रवाह मंडल किंवा सर्किट) कमीत कमी जागेत बसवण्यात त्यांचा हात दुसरा कुणीही धरू शकत नाही. यामुळे विद्युतप्रवाहास मंडलातून फिरायला लागणारा वेळ कमी होऊन संगणकाची कार्यक्षमता वाढते. हे अगदी सोपं आहे, असं आपल्याला वाटेल; पण ते वाटतं

तितकं सोपं नाही. विद्युतप्रवाह कुठल्याही मंडलातून फिरू लागला, की उष्णता निर्माण होते. मंडल जितकं संकुचित करावं त्या प्रमाणात उष्णता वाढून कार्यक्षमतेवर परिणाम होतोच; पण काही वेळा त्या संपूर्ण प्रणालीचाच नाश होतो, खंडित मंडल (शॉर्ट सर्किट) हा या प्रकारात उद्‌भवणारा सर्वप्रथम धोका. शिवाय मंडलाचं तापमान कमी ठेवणं, यात बराच खर्चही वाढतो, तो वेगळाच.

क्रेच्या प्रज्ञेचं वैशिष्ट्य, म्हणजे कमीत कमी जागेत ही समाकलित मंडलं बसवून त्याचबरोबर निर्माण होणाऱ्या उष्णतेचा जलद व कमी खर्चात निचरा व्हावा, अशी बांधणी. असं मत रॉबर्ट बॉर्चर्स या लॉरेन्स लिव्हर मोअर प्रयोगशाळेच्या संगणक विभागाच्या प्रमुखांनी सीमोर क्रेंचं वैशिष्ट्य सांगताना व्यक्त केलं होतं.

लॉरेन्स लीव्हरमोअर प्रयोगशाळा क्रेनिर्मित संगणक फार पूर्वीपासून वापरत आली आहे. ६६०० संगणकाचं वैशिष्ट्य म्हणजे, गृहोपयोगी रेफ्रिजरेटरमध्ये जो फ्रीऑन वायू वापरला जातो, तोच या संगणकातही वापरण्यात आला होता.

यानंतरचा संगणक म्हणजे सी.डी.सी. ७६००. क्रे स्वत: स्टारट्रेक या टीव्ही सिरियलचे भोक्ते होते. यामुळं त्यांचे संगणक स्टारशिप एंटरप्राईजमध्ये शोभतील, अशा बाह्य स्वरूपाचे असत. अर्थात, संगणकांच्या बाह्य स्वरूपावर फारसं काही अवलंबून नसतं. संगणकाची कार्यक्षमता महत्त्वाची ठरते. ६६०० मध्ये संगणकाला प्रथमच कीलाफलक (की बोर्ड) वापरण्यात आला होता, शिवाय डोळे वाटावेत अशा तऱ्हेनं कॅथोड किरणनलिकाही या संगणकास होत्या; पण त्याच्या कार्यक्षमतेनं लोकांना विस्मयचकित केलं होतं.

आय.बी.एम.चे त्या वेळचे अध्यक्ष थॉमस वॉटसन यांनी पहिल्यांदा तो छोटेखानी, पण अतिकार्यक्षम संगणक बघितला, तेव्हा ते चक्रावले. आय.बी.एम.च्या पदरी भरभक्कम पगार घेणाऱ्या अभियंत्यांची व शास्त्रज्ञांची फौज तैनात करण्यात आली होती. ६६०० ऑगस्ट १९६३ मध्ये बाजारात आला, तेव्हा आय.बी.एम.नं 'स्ट्रेच' नावाचा संगणक निर्माण करण्याच्या योजनेत लक्षावधी डॉलर ओतले होते. या संगणकावर एवढा खर्च होऊनसुद्धा त्याची कार्यक्षमता फार नव्हती. यामुळे आय.बी.एम.ची इज्जत धोक्यात आली होती. याप्रसंगी थॉमस वॉटसन यांनी एक अंतर्गत परिपत्रक काढून आय.बी.एम.च्या मंडळींना झाडलं होतं. या परिपत्रकातला मजकूर थोडक्यात असा–

'६६०० संगणक तयार करण्यासाठी सी.डी.सी.त झाडूवाला व लिफ्टमन धरून ३४ माणसं राबत होती. या पार्श्वभूमीवर आपण एवढं प्रचंड मनुष्यबळ कामाला लावूनसुद्धा, दुसऱ्यानंच पृथ्वीवरचा सर्वांत जलदगती संगणक बनवावा, हे कसं घडलं, याचं कुणी स्पष्टीकरण देईल काय?'

आय.बी.एम.नं सी.डी.सी.च्या संगणक विक्रीत अनेक प्रकारचे अडथळे

आणायचा प्रयत्न केला; पण शेवटी सी.डी.सी.नं कोर्टात जाऊन केस जिंकली आणि आय.बी.एम.चे हे प्रयत्न बंद पडले.

या खटल्याच्या काळात आधी किंवा नंतरसुद्धा क्रेला या प्रकारात फारसा रस नव्हता. अर्जुनाला जसा पोपटाचा फक्त डोळाच दिसत होता, तसा क्रेंना फक्त जलदगती संगणकच दिसत होता. मोटारीतून कुटुंबीयांना घेऊन जातानासुद्धा तोंडातून चकार शब्द काढायचा नाही, अशी त्यांनी मुलांना ताकीद दिलेली असे. दोन्ही मुली आणि चिरंजीव मागे बसून असत. ॲशस्ट्रेच्या झाकणाशी खेळलं, तरी वडील रागवायचे, कारण त्यांची तंद्री भंग पावत असे.

क्रे सतत काम करत असायचे. क्रेंची तत्कालीन पत्नी व्हेरेन हिनं यामुळं घराला घरपण यावं, म्हणून काही नियम केलेले होते. व्हेरेन ही चिपेवा फॉल्स इथल्या धर्मगुरूची मुलगी. क्रे लष्करातून बाहेर पडल्याबरोबर त्यांचा नि व्हेरेनचा विवाह झाला होता. क्रे कितीही गडबडीत असले, तरी रात्रीचं जेवण सर्वांनी एकत्रितच घ्यायचं, हा या नियमांतला प्रमुख नियम होता. शिवाय साप्ताहिक सुट्टीच्या दिवशीची सहल ही या नियमाचाच एक भाग होती. जेवण झाल्यावर क्रे लगेच आपल्या प्रयोगशाळेत दाखल होत. तोच प्रकार साप्ताहिक सहलीचा असे. सुसान या त्यांच्या मुलीला बीजगणितातल्या शंका आल्या, तर ती त्या वडिलांच्या टेबलवर लिहून ठेवीत असे. दुसऱ्या दिवशी या शंकांची उत्तरं व सुटलेली गणितं सोडवून तिच्या टेबलवर ते कागद परत येत असत.

सी.डी.सी. ७६०० संगणक १९६८ मध्ये बाजारात आला. क्रेंच्या या संगणकाचा आवाका त्या काळात लोकांना फार मोठा वाटला आणि तसा तो होताही. कंट्रोल डाटा कॉर्पोरेशनचं या क्षेत्रातलं वर्चस्व या संगणकामुळं पुन्हा एकदा सिद्ध झालं होतं. हा संगणक सेकंदास दीड कोटी क्रिया पार पाडत होता. १९७२ मध्ये क्रेंना यापेक्षा अधिक कार्यक्षम संगणक करायचा ध्यास लागला; पण नॉरिसनी दुसऱ्या एका तंत्रज्ञाचा आराखडा स्वीकारला आणि क्रेंचा नियोजित ८६०० संगणक मागे पडला. तेव्हा क्रेंनी 'क्रे रिसर्च' ही नवी संस्था उभी केली आणि क्रे-१ बृहद्‌संगणकाची निर्मिती केली. यामुळे संगणकक्षेत्रातील अग्रगण्य कंपनीचं सी.डी.सी.चं बिरूद गळून ती मागं पडली, तर क्रे-१ हा बृहद्‌संगणक क्षेत्रातला एक महत्त्वाचा टप्पा किंवा 'मैलाचा दगड' बनला.

'अद्वितीय', 'युग प्रवर्तक' ही विशेषणं कशीही वापरली जातात, पण क्रे-१ बृहद्‌संगणकाच्या बाबतीत ती अत्यंत समर्पक होती. दिसण्यात आणि कार्यक्षमतेतही तो इतर संगणकांपेक्षा अगदी वेगळा होता. वरून बघितलं, तर तो इंग्रजी 'सी' अक्षरासारखा दिसायचा. त्याच्या पायावर व्हिनिलचं काळं आवरण होतं, तेच लोक बसायला वापरू शकत होते. या आवरणांखाली जगातला पहिला सदीश प्रक्रियक

होता. हा प्रक्रियक एकाच वेळी ३२ गणितं करू शकत होता. हा आकारानं सी.डी.सी. ७६०० च्या एक चतुर्थांश होता; पण त्याच्या दहापट अधिक कार्यक्षम होता. हा संगणक निर्माण करण्यासाठी ८६ लक्ष डॉलर एवढा खर्च आला होता. तर पहिला बृहद्संगणक अमेरिकेच्या नॅशनल सेंटर फॉर अॅट्मॉस्फेरिक रिसर्चनं १९७६ मध्ये ८८ लक्ष डॉलरला विकत घेतला, यामुळे लगेचच क्रे रिसर्च ही संस्था फायदा मिळवणारी संस्था गणण्यात येऊ लागली. क्रे बाजारात आल्यावर सीमोर क्रेंच्या वागण्यात बराच बदल घडला. ते चक्क आराम करू लागले.

आयुष्य म्हणजे संगणक एके संगणक नव्हे, तर आयुष्यात संगणकापलीकडेही इतर गोष्टी असतात, हे त्यांच्या लक्षात आलं. त्यांनी या क्षेत्रातलं एक अत्युच्च शिखर गाठलं होतं आणि त्यामुळं त्यांना थोडं मन:स्वास्थ्य लाभलं होतं.

कॅरॉल क्रे कर्स्टेन ही सीमोर क्रेंची बहीण. तिनं हे मत व्यक्त केलं आहे. आता सीमोर क्रे पार्ट्यांना जाऊ लागले. स्वत: लोकांना पार्ट्या देऊ लागले. याबाबत एकदा एका वार्ताहराशी बोलताना सीमोर क्रे म्हणाले, ''मला नुकताच माणसांचा शोध लागला आहे.'' असं असलं, तरी १९७५-७६ नंतर त्यांनी सर्व प्रकारच्या वार्ताहरांशी असलेला संबंध सोडून जवळजवळ सर्व माध्यमांशी हळूहळू फारकत घेतली.

'बृहद्संगणक आण्विक शस्त्रास्त्र स्पर्धा वाढवण्यासाठी मदत करतोय, म्हणून आम्ही तुमचा निषेध करतो.' असं अनेक शांतताप्रिय संघटनांचे सदस्य क्रेंना फोन करू लागले होते किंवा पत्र पाठवू लागले होते.

१९७५ मध्ये क्रेंनी व्हेरेनबरोबर घटस्फोट घेतला. वर्षभरानंतर त्यांची जेरी हॅरांडशी ओळख झाली. १९८० मध्ये त्यांनी जेरीशी लग्न केलं! ''अजूनही तो तसा घाबरटच आहे, पण आजकाल तो थोडा तरी माणसात मिसळू लागलाय.'' असं जेरी क्रेंबद्दल बोलताना म्हणते. आपण जगातले सर्वश्रेष्ठ संगणकनिर्माते असलो, तरी संगणकनिर्माती संस्था चालवणं, हे आपलं काम नव्हे, हेही याच काळात कधीतरी सीमोर क्रेंच्या लक्षात आलं. यामुळं १९८० मध्ये क्रेंनी कंपनी चालवण्यासाठी जॉन रोल वॅगन यांची नेमणूक केली. जॉन रोल वॅगन अभियांत्रिकी व धंदेशास्त्राचे पदवीधर असून, सी.डी.सी.त काम करत होते. त्यांची क्रे रिसर्चमध्ये प्रमुख कार्यकारी अधिकारी म्हणून नेमणूक करण्यात आली.

सीमोर क्रेंनी सर्व प्रकारच्या प्रसिद्धी माध्यमांशी संबंध तोडल्यामुळे त्यांच्याभोवती एक गूढ वलय निर्माण झालं होतं. विक्षिप्त कोट्यधीश अशी त्यांची प्रतिमा निर्माण होऊ लागली होती. त्यांच्याबद्दल खऱ्या-खोट्या कहाण्याही प्रसृत होऊ लागल्या होत्या. सीमोर क्रेंना अण्वस्त्रांची भीती वाटते, म्हणून ते घराखाली एक गुहा खोदताहेत. या गुहेला अनेक बोगदे जोडलेले आहेत, अशा अफवाही पसरल्या.

प्रत्यक्षात आपली नौका हिवाळ्यात सुरक्षित राहावी, म्हणून क्रेंनी आपल्या मालमत्तेतल्या काही भागात ही गुहा खोदली होती. सुट्टीच्या दिवशी व्यायाम व विरंगुळा म्हणून त्यांनी हा उद्योग केला होता.

क्रेंना साधे व्यवहार कळत नाहीत. मोटार घ्यायची असेल, तर दुकानात शिरतात व उजव्या बाजूची पहिली गाडी खरेदी करतात, असंही म्हटलं जायचं. प्रत्यक्षात क्रे गाडीची कसून पाहणी करतात. कमी पेट्रोलमध्ये जास्त पळणारी गाडी खरेदी करतातच; पण त्या गाडीत स्वत: अनेक नव्या यंत्रणा फावल्या वेळात बसवतात. क्रे दर उन्हाळ्याच्या अखेरीस एक लाकडी बोट जाळतात, अशी एक आख्यायिका आहे. ही आख्यायिका रोल वॅगन यांच्यामुळे पसरली. क्रे यांची एक होडी होती. तिला भोक पडलं. त्याच वेळी त्यांच्याकडं एक शेकोटी भोवतालची मेजवानी होती. त्यासाठी झाड तोडण्याऐवजी क्रेंनी या निकामी बोटीची होळी केली. अमेरिकेतले कायदे असे आहेत, की होळी करणं, हा या बोटीचा निकाल लावायचा सर्वांत निर्धोक आणि स्वस्त मार्ग होता.

या आख्यायिका पसरत असतानाच क्रेंचं काम चालूच होतं. गॅलियम आर्सेनाईडच्या चिप्स वापरून ते क्रे-२ बनवणार होते; पण त्यांना हव्या त्या चिप्स हव्या तितक्या प्रमाणात मिळू शकल्या नाहीत आणि त्यांनी सिलिकॉन चिप्स वापरूनच क्रे-२ ची बांधणी केली. १९८५ मध्ये क्रे-१ पेक्षा दसपट जलदगती व कार्यक्षम क्रे-२ बाजारात आला.

रोल वॅगन यांनी कंपनीच्या हितासाठी याच काळात क्रे-एक्स-एम.पी. हा संगणक तयार करायचं ठरवलं. याचं कारण कंपनी सर्वस्वी क्रेंच्या कौशल्यावर अवलंबून राहिली आणि क्रेंना काही झालं, तर 'कंपनी का दिवाला' अशी परिस्थिती निर्माण झाली असती. यामुळं जन्मानं तैवानी असलेल्या स्टीव्ह चेनला रोल वॅगननी क्रे-१ मध्येच सुधारणा करून क्रे-एक्स-एमपी बनवण्यास सांगितलं. क्रे-२ मध्ये काही गडबड झाली, तर राखीव क्रे-एक्स-एमपीची निर्मिती करण्यात आली होती. चेन आणि त्याच्या सहकाऱ्यांनी एक द्वैती-प्रक्रियक प्रणाली (ड्यूअल प्रोसेसर सिस्टिम) वापरून क्रे-१ पेक्षा तिप्पट जलदगती व कार्यक्षम असा एक्स-एमपी तयार केला.

या वेळी अजून क्रे-२ तयार व्हायचा होता. म्हणजे प्रथमच कुणी तरी क्रेंनी तयार केलेल्या बृहद्संगणकांपेक्षा अधिक कार्यक्षम असा बृहद्संगणक तयार केला होता. सुरुवातीला क्रेंनी या लोकांची हेटाळणी केली खरी; पण एक्स-एमपी खरोखरच कार्यक्षम आहे, असं जेव्हा क्रेंच्या लक्षात आलं, तेव्हा मात्र त्यांनी एक्स-एमपीची मनापासून स्तुती केली. ''माझ्याप्रमाणं तुम्हालाही संगणकातलं कळतं तर?'' असं ते म्हणालेच; पण त्यांनी या शास्त्रज्ञांची शाब्दिक पाठही थोपटली. चेन

आणि क्रे यांच्यातली ही स्पर्धा चालूच राहिली. क्रे वायएमपी हा आज अस्तित्वात असलेला सर्वांत कार्यक्षम संगणक तयार करत असतानाच क्रे-३ पेक्षा अधिक कार्यक्षम बृहद्संगणक तयार करण्याची तयारी चेननं सुरू केली.

मात्र यासाठी ५ वेगवेगळ्या तंत्रज्ञान शाखांमध्ये क्रांतिकारक शोध लागणं आवश्यक होतं. हे शोध लागतील, असं गृहीत धरून चेननं आपली महत्त्वाकांक्षी योजना आखली होती. या योजनेवर ५ कोटी डॉलर खर्च करूनही हाती काही येत नाही, हे बघितल्यावर रोल वॅगननं चेनची ही योजना बरखास्त केली. चेननं मग क्रे रिसर्च सोडून सुपर कॉम्प्युटर सिस्टिम इनकॉर्पोरेटेड ही संस्था चालू केली. या संस्थेशी आय.बी.एम.नं हातमिळवणी केली.

इकडे सीमोर क्रेंनी आपलं क्रे-३ निर्मितीचं काम पुढं चालूच ठेवलं. त्यातच १९८५ च्या सुमारास गिगॅबिटलॉजिक या संस्थेनं गॅलियम आर्सेनाइडच्या चिप्स करायचं तंत्रज्ञान आत्मसात केलं. या चिप्स बृहद्संगणकात वापरण्यायोग्य होत्या. यात एकच अडचण आहे, ती म्हणजे गॅलियम आर्सेनाईड अतिशय ठिसूळ असतं. यामुळे बृहद्संगणकाची बांधणी होईपर्यंत फारच थोड्या चिप्स टिकून राहतात. त्यात सीमोर क्रेंच्या आराखड्याप्रमाणे बांधणी करायची झाल्यास २० सें.मी. × २० सें.मी. या क्षेत्रफळाच्या आणि ६ मि.मी. जाडीच्या जागेत १०२४ चिप्स मावणं आवश्यक ठरतं. इतकं नाजूक काम करायचं, तर त्यासाठी यंत्रमानवाची मदत घेणं आवश्यक ठरेल. १६ प्रक्रियक वापरणारा क्रे-३ अशा २०८ पट्ट्या, म्हणजे १०२४ × २०८ चिप्स वापरेल. यातला विद्युतमंडळातील प्रवाह इतक्या वेगानं वाहतो, की आज अस्तित्वात असलेली कुठलीही यंत्रणा या मंडलांचं मापन करण्यास असमर्थ ठरते.

१९८९ पर्यंत क्रे-३ च्या निर्मितीवर १२ कोटी डॉलर खर्च झाले. यामुळे क्रे रिसर्चनं वाय.एम.पी. १६ च्या निर्मितीवर लक्ष केंद्रित करायचं ठरवलं. क्रेंनी आपलं चिपेवा फॉल्समधलं घर विकलं आणि कोलोराडो स्प्रिंग्ज येथे क्रे कॉम्प्युटर्स ही संस्था स्थापन केली आणि इथेच कायमस्वरूपी मुक्काम ठोकला असून, क्रे-३ च्या निर्मितीच्या कामात पूर्ण लक्ष केंद्रित केलं आहे.

क्रे-३ ला बऱ्याच स्पर्धेस तोंड द्यावं लागणार आहे. एन.ई.सी.नं एसएक्स ३ हा क्रे-३ पेक्षा अधिक कार्यक्षम बृहद्संगणक बाजारात आणायचं ठरवलंय. फुजित्सुसुद्धा गॅलियम आर्सेनाईडचा बृहद्संगणक बाजारात आणू पाहत आहे. याशिवाय बरेच समांतर-प्रक्रियक वापरून कमी खर्चात बृहद्संगणकनिर्मितीचे प्रयोग यशस्वी होत आहेत.

जर क्रे-३ ला फार वेळ लागला, तर ६४ गॅलियम आर्सेनाईड प्रक्रियक वापरून क्रे-४ तयार करायची स्वप्नं हवेत विरली असतील. क्रे-४, क्रे-३ किंवा वाय-एमपी-१६ पेक्षा दहापट अधिक कार्यक्षम ठरणार होता. याशिवाय गॅलियम

आर्सेनाईड तंत्रज्ञान वापरणं शक्य आहे, हेसुद्धा क्रे-४ मुळे सहज सिद्ध होणार होतं.

(सीमोर क्रे यांच्यावरील हा लेख त्यांच्या मृत्यूपूर्वी सहा वर्षे लिहिला होता. क्रे यांचे निधन ५ ऑक्टोबर १९९६ या दिवशी झाले. संगणकाच्या इतिहासातील क्रे यांची कर्तबगारी लक्षात यावी, म्हणून हा लेख न बदलता तसाच ठेवला आहे. क्रे यांच्या निधनानंतर संगणक क्षेत्रात बरीच प्रगती झाली असून, संगणकांचे आकार झपाट्याने कमी होत आहेत.)

■

गिल्बर्ट हायाट

गिल्बर्ट हायाट हा माणूस तसा एकलकोंडाच. आपण बरं की आपलं काम बरं, ही त्याची वृत्ती. कॅलिफोर्नियात त्याच्या घराच्या खिडक्यांवर नेहमी पडदे असायचे. सकाळी लवकर कमाला जायचं नि रात्री उशिरा परतायचं, हा त्याचा दिनक्रम. तो विद्युत अभियंता. त्याला सुट्टी घेणं ठाऊकच नाही. घरी असेल तेव्हाही त्याचं काम चालूच. स्वयंपाकघरातल्या कपाटातून खाण्याच्या पदार्थांबरोबर त्याचे संशोधनाचे कागदही ठेवलेले आढळतात.

हा माणूस अमेरिकेतला एक महान संशोधक आहे. त्याच्या क्षेत्रातले लोक गिल्बर्ट हायाटची वाहवा करून त्याला प्रती एडिसन म्हणतात, हे हायाटच्या शेजाऱ्यांना १९९० मध्ये वृत्तपत्रात वाचून कळलं. हा ५२ वर्षांचा माणूस प्रसिद्धीस आला तो त्यानं संगणकक्षेत्रास हादरा दिला म्हणून. १९९० मध्ये हायाटला 'एकचकती सूक्ष्म संगणक' (सिंगलचिप मायक्रो कॉम्प्युटर) बनविण्याचे एकाधिकार (पेटंट) मिळाले. त्याच्या नावावर तसे ६० एकाधिकार जमा आहेत; पण हा एकाधिकार महत्त्वाचा. एकचकती सूक्ष्म संगणकाचे एकाधिकार गिल्बर्ट हायाटला मिळाल्याचं जाहीर होताच अमेरिकेतच नव्हे, तर जे-जे देश संगणकनिर्मितीत गुंतले आहेत आणि आंतरराष्ट्रीय एकाधिकार परिषदेचे सदस्य आहेत, त्या सर्व देशांमध्येच खळबळ माजली.

मायक्रो कॉम्प्युटर्स म्हणजे एका सूक्ष्म चकतीवर सूक्ष्म समाकलित मंडले असलेले संग्राहक आणि प्रक्रियक. हे आजकाल घड्याळं, मोटारींपासून विमानांपर्यंत सर्वत्र आढळतात. या सर्वांचा उगम हायाटच्या शोधात आहे. हे मान्य झाल्यामुळे संगणक क्षेत्रात खळबळ माजणं साहजिकच आहे. याचं कारण ज्याचा शोध अशा तऱ्हेनं मान्य केला जातो, त्या व्यक्तीस त्याचा शोध ज्या ज्या यंत्रणेत वापरला जाईल, त्या यंत्रणेच्या निर्मात्यानं आपल्या फायद्यातून ठरावीक रक्कम मानधन म्हणून द्यावी लागते. आजचा संगणकाचा प्रसार लक्षात घेता हायाटला मिळणाऱ्या रकमेचा आकडा अब्जांच्या घरात जाईल.

संगणकांचा अधिकृत इतिहास बघितला, तर त्यात सूक्ष्म प्रक्रियकांची कल्पना आणि प्रथम निर्मिती ही मार्सियन ई हॉफ ऊर्फ टेड हॉफ यांनी १९६९ ते ७१ च्या दरम्यान केली, अशी नोंद आढळून येते. त्या वेळी टेड हॉफ हे सँटाक्लारा इथल्या इंटेल कॉर्पोरेशनमध्ये अभियंता म्हणून नोकरीला होते; पण अमेरिकन पेटंटच्या ऑफिसच्या मते हायाटनं सर्वप्रथम आपल्याला एकाधिकार मिळावेत, म्हणून अर्ज केला होता.

मायक्रोचिप्स म्हणजे सूक्ष्म संग्राहक क्षेत्रातले तज्ज्ञ या सर्व गोष्टींचा आता अभ्यास करत आहेत. हायाटला जो एकाधिकार मिळाला, त्याचा नीट अभ्यास करायला हवा, असं त्यांचं मत आहे. याचं कारण दर वर्षी कोट्यवधी मायक्रो चिप्सची निर्मिती होत असते. त्यामुळे हायाटनं रॉयल्टी मागितल्यास त्याविरुद्ध बहुतेक सर्व चकतीनिर्माते कोर्टात जाणार, हे उघडच आहे. याचं कारण जर हायाटनं ३ टक्क्यांप्रमाणे मानधन मागितलं, एका वर्षासाठी ते २१ कोटी डॉलर एवढं होईल.

संगणकक्षेत्रात खळबळ माजवणाऱ्या गिल्बर्ट हायाटचा जन्म २६ मार्च १९३८ चा. न्यूयॉर्कमध्ये मध्यमवर्गीय वसाहतीत फॉरेस्ट हिल्स विभागात तो वाढला. हायाटचे वडील रशियातून या शतकाच्या सुरुवातीस अमेरिकेत आले. न्यूयॉर्कच्या भूमिगत रेल्वे प्रकल्पात ते अभियंता म्हणून काम करत असत. हायाटबद्दल त्यांचे बालमित्र विल्यम थॉम्सन एक आठवण सांगतात–

डॉ. विल्यम थॉम्सन हे मानसशास्त्रज्ञ असून ते लहानपणी कायम हायाटच्या मागंमागं असत. १९५२-१९५३ सालची गोष्ट असेल ही. हायाट १४-१५ वर्षांचे असतील. ते दोघं बेसबॉलची मॅच बघायला चालले होते. दोघंही निर्जन पुलावर होते. एकाएकी हायाट म्हणाला, ''तू अतिशय थंड डोक्यानं वाग, वेडेपणा करू नकोस.'' ''आणि त्या गुंडांनी आम्हाला अडवलं आणि आमच्याकडचे ५ डॉलर लुटले. विल अजिबात घाबरला नव्हता, चिडला नव्हता की त्याच्या आवाजात बदल झाला नव्हता. ती घटना घडणार, हे त्यानं फार झटकन ताडलं होतं.''

वैयक्तिक अडचणीतही डोकं शांत ठेवण्याचा गुण हायाटना पुढच्या आयुष्यातही खूप उपयोगी पडला. जवळजवळ दोन तपं या क्षेत्रात अनेकांनी पैसा आणि कीर्ती मिळवली. या सर्वांच्या कीर्तीमागं आणि पैशामागं हायाटचा शोध होता. या काळात हायाट त्याबाबत कटकट न करता शांत डोकं ठेवून आपलं संशोधन करत होता. त्यानं कधीही याबाबत त्रागा केला नव्हता.

हायाट १६ वर्षांचा असताना त्याचं कुटुंब कॅलिफोर्नियात राहायला आलं. याचं कारण त्याचे वडील निवृत्त होणार होते आणि भावाला लाँगबीच कॅलिफोर्निया इथे नोकरी लागत होती. १९५९ मध्ये बर्कली इथे कॅलिफोर्निया विद्यापीठातून हायाटनं

अभियांत्रिकी शाखेची पदवी मिळवली. लगेचच त्याने लग्न केलं. त्याला तीन मुलं झाली. पुढं १९७५ मध्ये हायाटनी पत्नीस घटस्फोट दिला. अभियांत्रिकी शाखेची पदवी मिळाल्यावर हायाटनी ह्यूजेस एअरक्राफ्ट कंपनीमध्ये नोकरी धरली. ही नोकरी करताकरता १९६५ मध्ये त्याने पदव्युत्तर अभ्यासक्रम पूर्ण केला. त्या काळात 'स्लाईडरूल'चं राज्य होतं. पॉकेट कॅल्क्युलेटर्स अजून अस्तित्वात यायचे होते. क्षेपणास्त्रांच्या उड्डाणपूर्व चाचण्या आणि उड्डाणाची तयारी यासाठी ह्यूजेसमध्ये हायाटनी एक खास संगणक बनवला. ह्यूजेस सोडल्यावर हायाटनी टेलेडाईनमध्ये शास्त्रज्ञ म्हणून नोकरी पत्करली. या संस्थेकडे विमानविषयक आणि लष्करी कंत्राटं होती. यात संगणकाचा सतत उपयोग करावा लागत होता. इथं काम करताना शेकडो सूक्ष्ममंडलं एकमेकांना तारेनं जोडण्याऐवजी संगणक तयार करण्याचा एखादा सुलभ मार्ग शोधावा, असं हायाटच्या मनात आलं. यामुळं त्यानं 'मोठ्या प्रमाणात समाकलित मंडल' तयार करण्याच्या अभ्यासाला सुरुवात केली. या प्रकारच्या मंडलात अनेक ट्रान्झिस्टर एकाच समाकलित मंडलात (आयसी) बसवलेले असतात. त्या काळात एका मंडलात अनेक ट्रान्झिस्टर बसवल्यानंतर त्या ट्रान्झिस्टरांचा मंडलाशी सांधा जोडायला अनेक तारांची टोकं बाहेर ठेवावी लागत. हायाटच्या मते याला काहीच अर्थ नव्हता. कारण प्रत्येक ट्रान्झिस्टर दुसऱ्याला जोडण्यासाठी अनेक तारांची टोकं लागत होती. यामुळे चकतीचा आकार वाढत होता. याशिवाय या चकत्या एकमेकींना जोडण्यासाठी आणि त्यातून मंडल पूर्ण करण्यासाठी बरंच नाजूक काम करावं लागत असे आणि त्यात खूप अडचणी येत असत.

त्या काळात मिनी कॉम्प्युटर होते; पण त्यातसुद्धा असंख्य तारांची भेंडोळी असत. यात सूक्ष्म चुंबक आणि त्यांना गुंडाळलेल्या तारांचा समावेश असे. यावर संगणकाचं स्मरण अवलंबून असे. स्मरणक्षमता वाढवायची, तर ही सूक्ष्म चुंबकांची संख्या वाढवावी लागत असे. हे केंद्रीभूत स्मरण त्या काळात महत्त्वाचं मानलं जाई, कारण ऊर्जापुरवठा बंद झाल्यावर हे स्मरण शिल्लक ठेवण्याचा त्या काळात एवढा एकच मार्ग होता; पण ही केंद्रीभूत स्मरण-यंत्रणा खूप जागा अडवत असे. हायाटनी या केंद्रीभूत स्मरणास फाटा देऊन समाकलित मंडलं वापरून संगणक बनवण्याचं ठरवलं. यात कार्यक्रम साठविण्यासाठी रॉम (रीड ओन्ली मेमरी), यातले सतत बदलावे लागणारे कार्यक्रम साठवण्यासाठी रँडम ॲक्सेस मेमरी (रॅम) आणि गणिती कार्यक्रमासाठी समाकलित मंडल पायरीबद्ध ज्ञान (ICLogic) अशी या नव्या संगणकांची अंतर्रचना होती. शिवाय बाहेर डोकावणाऱ्या तारा टाळण्याकरता या चकत्यांची माळ तयार करण्यात आली होती. यामुळे १६ बिट एका तारेतून बाहेर यायचे. पूर्वी १६ बिट माहितीसाठी १६ द्वारांची आवश्यकता भासत असे.

१९६८ मध्ये हायाटनी टेलेडाईनला रामराम ठोकला आणि आपल्या स्वत:च्या

संगणकनिर्मितीला सुरुवात केली. याचं कारण मोठ्या कंपनीत एकट्याला मन लावून संशोधन करणं शक्य होत नाही. इथे तुम्ही काय करताय, हे पाहण्यासाठी तुमच्या खांद्यावरून डोकावणारी इतकी माणसं असतात, की एकाग्रतेनं संशोधन करणं अशक्य होतं, असं हायाट म्हणतात. सुपर कॉम्प्युटरचे जनक सीमोर क्रे यांचाही अनुभव असाच होता.

खरं पाहता, संशोधनक्षेत्रातले एकांडे शिलेदार किंवा कंपनीतून घरी आल्यावर गॅरेजमध्ये खुडबुड करून शोध लावणारे तंत्रज्ञ हीच खरी राष्ट्रीय संपत्ती आहे.

या काळात लॉस एंजल्सच्या नॉर्थरिज या उपनगरात हायाट कुटुंबीय राहत होते. आपल्या घरातील एक खोली हायाटनं प्रयोगशाळा म्हणून वापरायला सुरुवात केली आणि एका बेडरूमचं ऑफिस केलं आणि 'मायक्रो कॉम्प्युटर इनकॉर्पोरेटेड' ही संस्था स्थापन केली. पुढे 'मायक्रो कॉम्प्युटर' हा शब्द अमेरिकन भाषेत संगणकाची एक जात म्हणून सामावून घेतला गेला.

त्या काळात बाजारात असलेले सुटे भाग घेऊन हायाटनी एक 'ब्रेडबोर्ड' तयार केला. या ब्रेडबोर्डवरूनच पुढे 'मायक्रो सर्किट्स' किंवा सूक्ष्म मंडले तयार करण्यात आली. १९६९ पर्यंत आपल्या सर्व मंडलांच्या रेखाकृती हायाटनं तयार केल्या होत्या. सर्व मंडलांच्या यशस्वी चाचण्या पार पाडल्या होत्या आणि एक आदि प्रतिरूप (प्रोटोटाईप मॉडेल) तयार केलं होतं. या जोरावर हायाटनी १९७० मध्ये एकाधिकार हक्कांसाठी अर्ज केला. हायाटच्या MCI नं आपला संगणक १००० डॉलरपेक्षा कमी किमतीस विकायची योजना आखली होती. त्या काळात मिनी संगणकांची किंमत दहा हजार डॉलरच्या आसपास असे. हायाटच्या योजनेमुळं आता संगणकाची किंमत त्याच्या सुट्या भागाएवढी होणार होती.

त्या काळात हायाटच्या कंपनीत फार जणांनी पैसे गुंतवले नव्हते. ज्यांनी गुंतवले होते त्यात आयर्विंग हर्श यांचा मोठा सहभाग होता. हायाट त्यांच्याकडे आपली योजना घेऊन गेले. आकारानं छोटा, पण कार्यानं मोठा असा कमी किमतीचा संगणक बनवायची योजना पहिला पी. सी. अस्तित्वात यायच्या दहा वर्षं आधीच हायाटनी हर्शना सांगितली होती. या तंत्रज्ञानाचा उपयोग यंत्र चालवायला करावा, असं मग त्या दोघांनी ठरवलं. संगणकांच्या साहाय्यानं चालणारी यंत्रं – इंडस्ट्रियल रोबॉट्स तयार करण्याची कल्पना जुनी असली, तरी त्या काळात या कामासाठी लागणारे संगणक आकारानं त्या यंत्राएवढे किंवा काही प्रसंगी त्या यंत्रापेक्षा जास्त मोठे असत.

हर्शनी लॉस एंजल्स इथले पेटंट ॲटर्नी स्टुअर्ट लुबित्झ यांची मदत घेऊन हायाटचं संशोधन पंजीकृत केलं. स्टुअर्ट लुबित्झमुळे या कंपनीला आणखी आर्थिक गुंतवणूकही मिळाली. मग MCI नं कॉंटुरामा नावाचं संगणक नियंत्रिक यंत्र तयार

केलं. हे यंत्र संगणक आरेखनाच्या साहाय्यानं छापील मंडल तक्ते (प्रिंटेड सर्किट बोर्ड्स) तयार करत असे.

यानंतर ही कंपनी वाढली. त्यात इतर धंदेवाईक मंडळींनी गुंतवणूक केली आणि एम.सी.आय. व्हॅन न्यूईस या कॅलिफोर्नियातल्या ठिकाणी हलली. यानंतर या गुंतवणूकदारांच्या प्रतिनिधीशी हायाट यांचे मतभेद झाले आणि एम.सी.आय सप्टेंबर ७१ मध्ये बंद करण्यात आली. हायाटला आपली संशोधनं इतरांच्या हाती जातील, अशी भीती वाटत होती.

एम.सी.आय बंद झाल्यावर हायाट एअरोस्पेस उद्योगात सल्लागार म्हणून पैसे मिळवू लागला. याशिवाय त्याचं संशोधन आणि एकाधिकारासंबंधी अर्ज करणं चालूच होतं.

'द मायक्रो प्रोसेसर लेटर' या नावाचं एक नियतकालिक आहे. त्या नियतकालिकाच्या मते हायाटनी याबाबतचे एकाधिकार सर्वांत आधी मिळवलेले आहेत. इंटेल कॉर्पोरेशनच्या वकिलांनी १९७३ मध्ये हायाटचं पेटंट सर्वांच्या दृष्टीनंच अडचणीचं ठरणार, असे उद्गार काढले होते.

(पुढे गिल्बर्टचं पेटंट रद्द झालं आणि त्यानं संशोधनही बंद केलं.)

■

स्टीफन हॉकिंग

केवळ जिद्दीच्या जोरावर माणूस काय करू शकतो, याचं उत्तम उदाहरण म्हणजे स्टीफन हॉकिंग. शास्त्रीय जगात या शतकातला दुसरा आइन्स्टाईन म्हणून गाजत असलेला हा शास्त्रज्ञ मुका, १०० टक्के अपंग असा आहे. तो बोलू शकत नाही. हाता-पायाची हालचाल करू शकत नाही. अशाही परिस्थितीत त्यानं 'ब्रीफ हिस्टरी ऑफ टाईम' नावाचं महत्त्वाचं पुस्तक तर लिहिलंच आहे; पण त्याशिवाय खगोल आणि ख-वास्तवशास्त्रातल्या मूलभूत संशोधनाबद्दल त्याचं नाव गाजतंय. त्याला एका असाध्य व्याधीनं ग्रासलं आहे. तो आपल्या बोटांच्या हालचालींच्या साहाय्यानं दर सहा सेकंदास एक शब्द या वेगानं समोरच्या व्यक्तीशी संपर्क साधतो. १० मिनिटांच्या व्याख्यानाच्या जुळणीत त्याचा एक पूर्ण दिवस खर्च होतो.

'ब्रीफ हिस्टरी ऑफ टाईम' या त्याच्या पुस्तकाच्या मलपृष्ठावर या शास्त्रज्ञाचं अल्पचरित्र आहे. गॅलिलिओच्या पुण्यतिथीच्या दिवशी जन्मलेला हा शास्त्रज्ञ, केंब्रिज विद्यापीठात महान शास्त्रज्ञ आयझॅक न्यूटन यांच्या नावे असलेली प्राध्यापकीय गादी चालवतो. अल्बर्ट आइन्स्टाईन यांच्या नंतरचा अतिशय बुद्धिमान सैद्धान्तिक वास्तवशास्त्रज्ञ, अशी त्याची प्रतिमा आहे. हे वर्णन वाचून नंतर जेव्हा आपण 'ब्रीफ हिस्टरी ऑफ टाईम' वाचतो, तेव्हा त्या पुस्तकातल्या सहजसुलभ भाषेनं आणि त्यातल्या विचारांनी आपण भारावून जातो. हॉकिंगनी या पुस्तकास परिशिष्ट जोडलेले आहेत. या परिशिष्टात न्यूटन, गॅलिलिओ आणि आइन्स्टाईन यांची थोडक्यात चरित्रं दिलेली आहेत. या तिघांच्या विविध धडपडीपेक्षा गेली कित्येक वर्षं आमायोट्रॉफिक लॅटरल स्क्लेरॉसिस अथवा गेहरिग व्याधींशी लढा देत देत संशोधनकार्य करणाऱ्या हॉकिंगचं आयुष्य अधिक नाट्यमय वाटतं. हॉकिंगचं वैशिष्ट्य म्हणजे ते स्वत:विषयी विनोद करू शकतात.

हॉकिंगच्या संशोधनाबद्दल बोलताना असं म्हटलं जातं, की ते जगन्नियंत्यांच्या मनाचा शोध घेत आहेत. म्हणजे ते नक्की काय करत आहेत? हा आपल्यासारख्या सामान्यजनांना पडणारा प्रश्न. या विश्वाच्या उत्पत्तीचं गूढ हॉकिंग शोधत आहेतच;

पण ग्रँड युनिफिकेशन थिअरी म्हणजे विश्वातील सर्व घटनांना एका सूत्रात ओवणारा सिद्धान्त ते शोधताहेत. सापेक्षतावाद आणि पुंज यांत्रिकी यांचा मेळ घालायचा ते प्रयत्न करताहेत. सापेक्षता आणि पुंज यांत्रिकी (क्वांटम मेकॅनिक्स) हे दोन सिद्धान्त विसाव्या शतकातील मानवी बुद्धीच्या झेपेची शिखरं मानली जातात. सापेक्षतावाद गुरुत्वाकर्षणाच्या सिद्धान्ताचा उपयोग करून विश्वरचनेचं रहस्य उकलायचा प्रयत्न करतो. विश्वरचनेबद्दल स्पष्टीकरण देण्याची उमेद बाळगतो. या उलट पुंजवाद आण्विक संरचना आणि अणूहून सूक्ष्म कणांची कोडी उलगडायची धडपड करतो. हे दोन्ही सिद्धान्त एका सूत्रात बांधण्याचा प्रयत्न आइन्स्टाईन यांनीही केला; पण त्यांनाही या प्रयत्नात यश आलं नाही. हे दोन्ही सिद्धान्त एकत्र गुंफले गेले, तर विश्वरचनेचं आणि विश्वनिर्मितीचं कोडं झटकन सुटेल, असं शास्त्रज्ञांना वाटतं. जो शास्त्रज्ञ एकसूत्रीकरणाच्या सिद्धान्ताची सिद्धता मांडेल, त्याला नोबेल पारितोषिक मिळेल, यात शंका नाही. हॉकिंग यांच्या मते ते 'अखेरचं नोबेल' असेल. यानंतर वास्तवशास्त्रात शोध लागतील, संशोधन होईल; पण ते एव्हरेस्ट सर केल्यावर बारीकसारीक शिखरांवर चढण्यासारखं असेल. हॉकिंगचं संशोधन हे फक्त बौद्धिक पातळीवर चालतं. याचं कारण त्यांचं अपंगत्व हे मात्र नाही, तर ते अपंग होण्यापूर्वीच त्यांनी वास्तवशास्त्रातील ही वेगळी वाट चोखाळली होती. सैद्धान्तिक वास्तवशास्त्र हे या वाटेचं नाव. गेल्या काही दशकांत सैद्धान्तिक वास्तवशास्त्रानं (थिऑरेटिकल फिजिक्स) प्रायोगिक वास्तवशास्त्राच्या मानानं खूप मोठी झेप घेतली आहे. आपल्या पुस्तकात हॉकिंग म्हणतात...

'जगन्नियंता रेडिआ दूरदर्शीतही दिसणार नाही किंवा कणप्रवेगकातही सापडणार नाही, तर त्याचा शोध मानवानं बुद्धिमत्तेनं गणिताच्या भाषेतच घ्यायला हवा.'

हॉकिंगचं सर्वांत गाजलेलं संशोधन कृष्णविवरांबद्दल आहे. अवकाशात तारे जळून गेल्यावर त्याच्या गुरुत्वाकर्षणानं चुरमडून गेल्यावर ते अतिशय घनरूप होतात. ते इतके घन बनतात, की त्यातून प्रकाशही निसटू शकत नाही. या कृष्णविवरांभोवती एक सीमावलय असतं (इवेन्ट होरायझन). या सीमावलयातून अणूरेणू आत जातात; पण आतून अगदी प्रकाशसुद्धा बाहेर पडू शकत नाही. यामुळे या कृष्णविवरात नक्की काय घडतं, हे बाहेरच्या जगात कळूच शकत नाही. केंब्रिजमधल्याच एका शास्त्रज्ञानं १८ व्या शतकात प्रथम कृष्णविवरांचा सिद्धान्त मांडला, असं सांगून हॉकिंग आपल्याला धक्का बसेल, असं एक विधान करतात. ते म्हणजे कृष्णविवरांच्या अस्तित्वात कोणताही ठोस पुरावा अजूनही मिळालेला नाही. कॅलटेकचे वास्तवशास्त्रज्ञ किप थॉर्न यांच्याशी हॉकिंगनी एक पैज लावली आहे. ही पैज कृष्णविवरांच्या अस्तित्वाबद्दल आहे. जर ही पैज हॉकिंग जिंकले, तर थॉर्ननी आजमितीस केलेलं सर्व काम वाया जाईल. त्यांचं संशोधन मातीमोल ठरेल

आणि किप थॉर्न हे 'प्रायव्हेट आय' या ब्रिटिश व्यंगमासिकाची (सँटायरिकल) वर्गणी हॉकिंगच्या नावे भरतील. जर कृष्णविवरं आहेत, असं सिद्ध झालं, तर हॉकिंग पैज हरतील आणि थॉर्नच्या नावे त्यांना 'पेंट हाऊस' या अमेरिकन नियतकालिकाची वर्गणी भरावी लागेल. त्याचबरोबर बहुधा हॉकिंगना वास्तवशास्त्रातलं नोबेल पारितोषिक मिळेल.

इ.स. १९७४ मध्ये एका वैज्ञानिक परिसंवादात हॉकिंगनी एक क्रांतिकारक विचार मांडला. पुंज-यांत्रिकीच्या तत्त्वाचा वापर करून यासंबंधीची समीकरणं स्टीफन हॉकिंगनी मांडली होती. हे तत्त्व कुठलं? उपअणूकण त्या स्वरूपात नेहमीचे वास्तवशास्त्रीय नियम किंवा आपल्या चराचर सृष्टीचे निसर्गनियम पाळत नाहीत. त्यांचं अस्तित्व अगदीच वेगळं असं असतं. त्यांची स्थिती आणि गती ही बदलती असते. हे बदल सेकंदाच्या एक अब्जांश इतक्या सूक्ष्म वेळात घडतात. रिकाम्या अवकाशातसुद्धा या उपकरणांची निर्मिती होऊ शकते; पण यासाठी एक अट आहे. हे कण अगदी एकमेकांस जोडीनं निर्माण होतात नि एकमेकांवर आपटून एकमेकांचा नाश करतात. या प्रकारचे कण जर सीमावलयावर निर्माण झाले, तर काय घडेल? हॉकिंगनी असं सिद्ध केलं, की यातला एक कण कृष्णविवरात खेचला गेला आणि दुसरा कृष्णविवराबाहेर फेकला गेला, असं घडणं शक्य आहे. हा सिद्धान्त इतका क्रांतिकारक होता, की त्या परिसंवादाचे अध्यक्ष तत्काळ उठून उभे राहिले आणि त्यांनी या सिद्धान्ताचा जाहीर धिक्कार केला; पण हळूहळू शास्त्रीय जगात हा सिद्धान्त आता मान्यता पावू लागला आहे. या प्रकारच्या घटनेत जे किरणोत्सर्जन होईल, त्यास आता 'हॉकिंग उत्सर्जन' असं नाव देण्यात आलं आहे. अशा प्रकारचं उत्सर्जन निसर्गात अजून कुणी शोधून काढलेलं नाही हे खरं; पण या हॉकिंगच्या संशोधनपत्रिकेचं खरं महत्त्व म्हणजे पुंज-यांत्रिकीच्या सिद्धान्तानं सापेक्षतावादाला मदत करायचा केलेला हा पहिला आशेचा किरण ठरला. कृष्णविवरांचं अस्तित्व सापेक्षतावादानं सैद्धान्तिकरीत्या मांडलं असलं, तरी आता त्याचे पुरावे मिळवायला पुंज-यांत्रिकीचा वापर केला जाण्याच्या दृष्टीनं हा पहिलाच आशेचा किरण ठरला. ग्रँड युनिफिकेशन किंवा महान एकात्मता सिद्धान्ताच्या दृष्टीनं टाकलेलं हे पहिलं पाऊल ठरलं.

हे पहिलं पाऊल टाकणारे स्टीफन हॉकिंग त्यांच्या आयुष्यात स्वत: उभंही राहू शकत नाहीत, हा खरा नशिबाचा विरोधाभास आहे. आपल्या दुर्बलतेशी झगडताना त्यांनी दाखवलेलं मनोधैर्य वाखाणण्यासारखं आहे. सामान्य माणूस असं जिणं जगू शकला असता का? हाच प्रश्न आहे. इथे तर या माणसानं महान संशोधन केलंय.

हॉकिंगचे ब्लॅकहोल सिद्धान्तातले सहाध्यायी रॉजर पेनरोज हॉकिंगसंबंधी एक आठवण सांगतात. पूर्वी जेव्हा हॉकिंग कुबड्या घेऊन का होईना चालू शकत होते,

त्या वेळी पेनरोज एकदा हॉकिंगच्या घरी गेले होते. त्या वेळी कुठलीही मदत न घेता कुबड्यांच्या आधारे हॉकिंग जिना चढून वर गेले होते. आजसुद्धा हॉकिंग अनेक आंतरराष्ट्रीय सभा-संमेलनांना उपस्थित असतात; मात्र आता त्यांच्यासोबत तीन नर्स आणि निक फिलिप्स हा त्यांचा संशोधक विद्यार्थी असतो. हॉकिंग आता जगाशी संपर्क संगणकी संपर्क व्यवस्थेमार्फत साधतात. या संपर्क व्यवस्थेची काळजी घेण्याचं काम निक फिलिप्स करतो. १९८७ मध्ये हॉकिंग अमेरिकेत गेले होते. त्या वेळची आठवण सांगताना जोसेफ सिल्क म्हणतात, ''ते कॅलिफोर्नियात सर्वत्र हिंडले. त्यांनी पंधराएक व्याख्यानं दिली. त्यांच्याइतकी धावपळ करणं एखाद्या धडधाकट माणसालादेखील त्रासदायक ठरलं असतं.''

पेनरोज हे केंब्रिज विद्यापीठातले ख्यातनाम वास्तवशास्त्रज्ञ आहेत, तर सिल्क हे विख्यात विश्वशास्त्रज्ञ आहेत. निक फिलिप्सही शास्त्रज्ञच आहेत.

विद्यार्थीदशेत हॉकिंगना अभ्यासाचं फारसं आकर्षण नव्हतं. ऑक्सफर्डमध्ये असताना आपली हुशारी सिद्ध करण्यापुरते गुण मिळवणं, हे हॉकिंगना कधीच अवघड गेलं नाही. त्या वेळचे त्यांचे वास्तवशास्त्राचे शिक्षक पॅट सँडर्स यांनी सांगितलं, की हॉकिंग पाठ्यपुस्तकातल्या चुका काढायचे नि त्यामुळे अशा पाठ्यपुस्तकातले प्रकरणांखालचे प्रश्न सोडवणं त्यांना कधीच मानवत नव्हतं. पुढं केंब्रिजला गेल्यावर त्यांनी हा उद्योगही केला नाही. ऑक्सफर्डमध्ये असतानाच त्यांच्या आजाराची चिन्हे दिसू लागली होती. शब्द स्पष्ट न उमटणं, बुटाची नाडी बांधताना बोटंच न वळणं असा त्रास त्यांना होत असे. केंब्रिजमध्ये हा विकार आणखी वाढला. चेतासंस्थेचा हा विकार बरा होणं शक्य नाही, हे डॉक्टरांचं निदान ऐकल्यावर वॅग्नरचं संगीत ऐकावं, विज्ञानकथा वाचाव्यात आणि आराम करावा, अशा तऱ्हेनं ते दिवस काढत होते. मुख्य म्हणजे हॉकिंगच्या बुद्धिमत्तेच्या तोडीचा संशोधन विषय त्यांना मिळत नव्हता. याच वेळी पेनरोज यांची कृष्णविवरासंबंधीची एक संशोधनपत्रिका हॉकिंगच्या पाहण्यात आली. यानंतर हॉकिंगच्या आयुष्यानं एक वेगळंच वळण घेतलं.

हॉकिंग आता खरोखरीच संशोधनास लागले होते. मन लावून काम करू लागले होते. या संशोधन कार्यात रममाण झाल्यानंतर हॉकिंगचा विकार एकाएकी मंदावला. याच काळात हॉकिंग जेन वाईल या भाषाशास्त्रज्ञ बनू पाहणाऱ्या तरुणीच्या प्रेमात पडले. १९६५ मध्ये त्यांचं लग्न झालं. हॉकिंगना २ मुले व १ मुलगी आहे.

न्यूटन आणि आइन्स्टाईन यांच्या मालेत गणना होणाऱ्या या शास्त्रज्ञाचं आयुष्य अगदी साधं आहे. केंब्रिज विद्यापीठाच्या प्रायोजित गणित आणि सैद्धान्तिक वास्तवशास्त्र विभागात एका अगदी छोट्या खोलीत त्यांचा अभ्यास चालतो. इथंच ते लिहितात, आपल्याच विद्यार्थ्यांच्या शंका सोडवतात किंवा चहा घेतात. सकाळीच ते आपल्या

यांत्रिक ढकलगाडीतून निघतात. विमानात असते त्यासारखी नियंत्रक दांडी या ढकलखुर्चीस बसवलेली आहे. त्यांचं घर त्यांच्या कचेरीपासून अर्ध्या मैलावर आहे. कचेरीत आले, की ते सायंकाळी ७ वाजेपर्यंत काम करतात.

हॉकिंगच्या खुर्चीवर एक संगणक पडदा आहे. हॉकिंगच्या हातात एक इलेक्ट्रॉनिक पेटी असते. या पेटीवरचं योग्य ते बटण दाबताच या पडद्यावर शब्द झळकतात. यात गणिती शब्द आणि व्यावहारिक शब्द आहेत. प्रथम हॉकिंग त्या शब्दाचं अद्याक्षर दाबतात. पाणी हवं असेल, तर ते W ची कळ दाबतात, मग पडद्यावर W नं सुरू होणारे शब्द झळकतात. त्यातल्या योग्य त्या शब्दाचा आकडा दाबला, की मग तो शब्द यंत्राद्वारे उच्चारला जातो. दरम्यान, जेवणाच्या वेळी त्यांची दाई त्यांना चमच्यानं अन्न भरवत असते.

आपलं आयुष्य संपत आलंय, याची जाणीव असलेले स्टीफन हॉकिंग प्रचंड वेगानं काम करतात. त्यांची कल्पनाशक्ती त्यांना मदत करते. त्यांच्या सिद्धान्तासाठी जी समीकरणं मांडावी लागतात, ती त्यांना स्वत:च्या डोक्यातच मांडावी लागतात. तीच समीकरणं सोडवायला इतरांना काही दिवस लागतात. "माझं आयुष्य संपायच्या आत हे विश्व कसं निर्माण झालं, ते असंच का आहे आणि ते अस्तित्वात राहतं कसं? या प्रश्नांची उत्तरं मला मिळवायची आहेत." असं हॉकिंग म्हणतात. पेनरोजबरोबर हॉकिंग कृष्णविवरांच्या 'सिंग्युलॅरिटी' या गुणधर्माचा अभ्यास करत होते. (सिंग्युलॅरिटीला अजून मराठीत अधिकृत प्रतिशब्द नाही.) या गुणधर्माचं अस्तित्व प्रतिपादन करणाऱ्या आघाडीच्या शास्त्रज्ञांत ही दुफळी होती. सापेक्षतावादानुसार ज्या ठिकाणी वस्तुमान अतिशय घन बनतं. नुसतंच अतिशय नव्हे, तर अनंतघन (इन्फिनिटली डेन्स) बनतं, तो बिंदू म्हणजे सिंग्युलॅरिटी. उदाहरणार्थ, एखाद्या कोलमडलेल्या ताऱ्याचा आकार शून्य बनतो. असा बिंदू सिंग्युलॅरिटी. याला आपण शून्य घनबिंदू असं सध्या म्हणू. वास्तवशास्त्राच्या गणिती प्रकटीकरणात अनंत संख्यात्मक वस्तूंना वाव नसतो, याचा अर्थ असाही होऊ शकतो, की शून्य घनबिंदूच्या ठिकाणी काहीही घडू शकतं. अर्थात हे 'काही' आपल्याला दिसणार नाही, कारण हे सर्व सीमावर्ती वलयाच्या आत घडतं.

काही शास्त्रज्ञांच्या मते आपल्या विश्वाची उत्पत्ती या शून्य घनबिंदूतून झाली असावी. यातूनच वैश्विक बृहस्फोट घडून आला. अनेक वास्तवशास्त्रज्ञ ही कल्पना मान्य करतात; पण हॉकिंगना ही कल्पना तितकीशी पटत नाही. कारण ज्या बिंदूच्या ठिकाणी काहीही घडू शकतं, अशा बिंदूतून निर्माण झालेलं विश्व समजावून घेणं पूर्णपणे कधीच शक्य नाही, असं हॉकिंगना वाटतं. विज्ञानाचे नियम हे सर्वकालीन वैश्विक सत्य आहे. विश्वनिर्मितीच्या वेळी ते वेगळे असले, तर आताही ते एकाएकी बदलण्यास प्रत्यवाय नाही, असं हॉकिंगना वाटतं. म्हणून आता शून्य घनबिंदूतून

विश्वनिर्मिती, ही कल्पना हॉकिंगनी सोडून दिली असून, ते पुंज-यांत्रिकी आणि सापेक्षतावाद यांची सांगड घालून विश्वाचं कोडं सोडवण्यात मग्न आहेत. प्रकाशाच्या वेगानं प्रवास करताना काळ मंदावतो, असं म्हणतात. हॉकिंगसाठीही तो मंद व्हावा आणि हॉकिंग पृथ्वीवरची अनेक वर्षं जगावेत, म्हणजे या विश्वाचं कोडं सुटण्याच्या दृष्टीनं मानवजात पुढे जाईल, असं वाटतं.

(अ ब्रीफ हिस्टरी ऑफ टाईम हे पुस्तक आता सर्वांत जास्त खपाचं पुस्तक म्हणून गिनेस बुक ऑफ वर्ल्ड रेकॉर्ड्समध्ये समाविष्ट झालं आहे. स्टीफन हॉकिंग यांनी यानंतर इतरही काही पुस्तके लिहिली. मध्यंतरी ते भारतातही येऊन गेले. त्यांचं संशोधन कार्य आजही सुरू आहे. इ.स. २००८ मध्ये ते त्यांच्या प्राध्यापक पदावरुन निवृत्त झाले. पण त्यांचे संशोधन चालू आहेच. दरम्यानच्या काळात त्यांनी प्रथम पत्नीपासून घटस्फोट घेतला. नंतर त्यांनी दुसरा विवाह केला.)

■

जॅक हॉर्नर

डायनोसॉर या प्राण्यांचं अस्तित्व पृथ्वीवर १७ ते १८ कोटी वर्षं होतं. अगदी पहिला डायनोसॉर पृथ्वीवर अमूक दिवशी आढळला, असं ज्याप्रमाणे निश्चितपणे सांगता येत नाही, त्याप्रमाणंच अखेरच्या डायनोसॉरची पुण्यतिथीही निश्चित करता येत नाही; पण साधारणपणं २३ कोटी वर्षांपूर्वी ही प्राणीजात पृथ्वीवर अस्तित्वात आली. अधिक शास्त्रीय भाषेत बोलायचं, तर हे 'कुल' अस्तित्वात आलं आणि साधारणपणं सहा ते साडेसहा कोटी वर्षांपूर्वी हे कुल लयास गेलं, असं म्हटलं जातं. सुसर आणि तिचे भाईबंद यांना डायनोसॉरचे वंशज किंवा अखेरचे डायनोसॉर म्हणतात; पण आपल्याला ज्या सुसरी बघायला मिळतात, त्या 'किस झाडकी पत्ती' ठराव्यात, असे त्यांचे हे साडेसहा कोटी वर्षांपूर्वीचे वंशज होते.

या डायनोसॉरची हाडं आदिमानव काळापासून माणसाला सापडत आली असावीत व ज्या ज्या जमातीत ती सापडली, त्या त्या जमातीत काही शहाणीसुरती माणसं होती, असं म्हणायला वाव आहे. कारण त्या शहाण्या माणसांनी ही पूर्वीच्या काळच्या महाकाय प्राण्यांची हाडं आहेत, हे ओळखलं. या ओळखण्यातूनच अजस्त्र, राक्षसी, प्राण्यांबद्दलच्या दंतकथा निर्माण झाल्या. आधुनिक काळाचा विचार करता डॉ. कास्पर वायस्टार यांना अमेरिकेत न्यूजर्सीमधल्या ग्लुसेस्टर कौंटीत वुडबरीक्रीक इथे एक प्रचंड मोठं हाड मिळालं. हे हाड मांडीचं आहे, हे डॉ. वायस्टरनी ओळखलं आणि त्याबद्दल अमेरिकन फिलॉसॉफिक सोसायटीकडं त्यांनी पत्रही पाठवलं. तेव्हापासून आजमितीस अनेक शास्त्रज्ञांनी डायनोसॉर संशोधनास स्वत:ला वाहून घेतलं. या सर्व शास्त्रज्ञांच्या रांगेत मानाचं स्थान मिळेल, अशी कामगिरी गेल्या काही दशकांत जॅक हॉर्नर यांनी केली आहे.

जॅक हॉर्नर यांचा जन्म १९४६ मध्ये अमेरिकेच्या मॉटाना राज्यात शेल्बी या गावी झाला. मॉटाना हे अमेरिकेतलं राज्य 'पुराजीवशास्त्रज्ञांचं नंदनवन' मानण्यात येतं. हॉर्नर यांना लहानपणापासूनच जीवाश्म गोळा करायचा छंद होता. त्यांच्या घराभोवतालच्या माळरानावर आजूबाजूच्या शेतांमधून अपृष्ठवंशी सजीवांचे बरेच

जीवाश्म मिळत असत. वयाच्या आठव्या वर्षी जॅक हार्नरला त्याच्या संग्रहातला पहिला डायनोसॉरचा जीवाश्म मिळाला आणि त्याच क्षणी हॉर्नरच्या आयुष्याची दिशा निश्चित झाली. जॅक हॉर्नरला त्या क्षणी डायनोसॉरनी पछाडलं ते कायमचंच.

१९७८ मध्ये विलो क्रीक या ठिकाणी भूशास्त्रीयदृष्ट्या अपनतवलीमध्ये जे उत्खनन करण्यात आलं, त्यामुळं जॅक हॉर्नरचं नाव सर्वतोमुखी झालं. खरं तर ते उत्खनन हा एक योगायोग म्हणा किंवा सुदैवी अपघात म्हणा, असाच प्रकार होता. माँटानात बायनम नावाचं खेडं आहे. आपल्याकडे जसे खेड्यातून चहाचे ठेले असतात, तसाच प्रकार अमेरिकन खेड्यांतूनही आढळतो. फक्त तिथे याला चहाचा ठेला न म्हणता 'कॉफी शॉप' म्हणतात. या कॉफी शॉपमध्ये अनेक चित्रविचित्र वस्तू असतात. या कॉफी शॉपचाच एक भाग 'रॉक शॉप' होता. इथं हौशी प्रवाशांसाठी त्या भागातल्या खडकांचे नमुने व पुराजीवावशेष विक्रीस ठेवलेले होते. यातल्या एका कॉफीच्या रिकाम्या डब्यात डकबिल डायनोसॉरच्या पिल्लांचे जीवाश्म होते. जॅकनं लगेच ते विकत घेतले आणि त्या दुकानदाराशी गप्पा मारता मारता हे कुठं सापडले, ती माहिती काढून घेतली. पुढच्या वर्षी जॅक हॉर्नरनं विलो क्रीक येथे उत्खनन सुरू केलं. ते पुढं सहा वर्षं चाललं. या उत्खननात त्यांना डायनोसॉरची घरटी बांधण्याची जागा सापडली. अंड्यासह घरटी मिळाली. पुढं इथंच जवळपास त्यांना आणखी घरट्यांच्या जागा (नेस्टिंग ग्राऊंड) मिळाल्या. गर्भाची वाढ होऊन फुटायच्या बेतात आलेली अंडी आणि दोन नव्या जातीचे डायनोसॉरही मिळाले. मैय्यासोरा पीबलसोरम ही चोच असलेली जात आणि ओरोड्रोमिअस माकेलाय ही शाकाहारी चपळ अशी डायनोसॉर जात, हे ते दोन नव्या प्रकारचे डायनोसॉर. इथं त्यांना १०,००० मैय्यासोरांचे अवशेष सापडले. मैय्यासोर म्हणजे पिल्लांची अत्युत्कृष्टरीत्या संगोपन करणारे सरडे. या मैय्यासोरांची ही अंडी घालण्याची वस्ती होती. ते विणीच्या हंगामात एकत्रित वसाहत करायचेच, पण पक्ष्यांप्रमाणेच आपली घरटी बांधून पिल्लांची खूप काळजी घ्यायचे. अंड्यात असलेल्या गर्भाच्या दुप्पट आकाराची पिल्लं इथं होती. ती ज्या अंड्यामधून बाहेर पडली होती, त्या अंड्याची फुटकी कवचंही तिथं मिळाली. ती या पिल्लांनी तुडवली होती. त्यांचे दात खाणं खाऊन झिजले होते; पण या पिल्लांनी अजून घरट्याबाहेर पाऊल टाकलेलं नव्हतं. मैय्यासॉरची पूर्ण वाढ झाल्यावर नाक ते शेपूट ८-९ मीटर लांबीची किंवा त्याहूनही जास्त होती. (२५ फुटांहून अधिक)

ओरोड्रोमिअस ही त्या मानानं छोटी जात होती. या जातीचे डायनोसॉर नाक ते शेपूट साधारणपणे ३ मीटरपर्यंत (८ ते ९ फूट) लांब वाढत. यांची अंडी त्यामानानं घरट्यात सुरक्षित होती. अंड्यांचा वरचा भाग उघडून पिल्लं बाहेर पडली होती आणि ज्या अर्थी कवचं सुरक्षित होती, त्या अर्थी अंड्यातून पिल्लू बाहेर पडताच त्यांच्यासह

त्यांच्या माता-पित्यांनी या घरट्यांचा त्याग केला होता.

जॅक हॉर्नरचं संशोधन जगभर गाजलं. अत्यंत फाटक्या तोंडाचा जॅक यामुळं जेवढा मोठा शास्त्रज्ञ मानला जाऊ लागला, त्याच प्रमाणात त्याला शत्रूही निर्माण झाले. 'माणसांपेक्षा मला डायनोसॉर जवळचे वाटतात.' असं तो म्हणतो. त्याच्या पुराजीवशास्त्रातील संशोधनामुळे जॅकला मानद डॉक्टरेट देण्यात आली आहे; पण त्यांचं शिक्षण जेमतेम बारावीपर्यंत झालेलं आहे. असं असूनही जॅकला मॅकऑर्थर शिष्यवृत्ती देण्यात आली. अमेरिकेतल्या अतिशय महत्त्वाच्या आणि संशोधनक्षेत्रात नाव कमावलेल्या मंडळींनाच ही शिष्यवृत्ती मिळते. डायनोसॉर का नष्ट झाले असावेत? या प्रश्नाचा जॅकला खूप राग येतो. ते का नष्ट झाले, याचा विचार करण्याऐवजी ते का यशस्वी ठरले, याचं संशोधन व्हायला हवं, हे जॅक हॉर्नरचं आवडतं मत. पृथ्वीवर दुसरी कुठलीही प्राणी-जमात इतका प्रदीर्घ काळ वावरलेली नव्हती. अशा परिस्थितीत डायनोसॉरना अपयशी म्हणणं जॅक हॉर्नरला मान्य नाही. जॅक हॉर्नरचं आयुष्य हा एक चमत्कारच आहे. खेडेगावातल्या जत्रेत बीअर पिऊन त्यानं मारामाऱ्या केल्या आहेत. व्हिएतनाममध्ये लढताना बुद्धाच्या देवळात जाऊन त्यानं प्रार्थना केली आहे आणि नंतर त्या परिसरात जीवाश्म मिळण्याचा संभव किती, याची चौकशी करत उत्तर व्हिएतनामी सैनिकांबरोबर त्यानं गप्पाही मारल्या आहेत; पण त्याचबरोबर दृढनिश्चय, बुद्धिमत्ता आणि कार्यसातत्य यामुळेच विज्ञानाच्या क्षेत्रात तो नावारूपास आलाय, हे विसरून चालणार नाही.

जॅक हॉर्नरच्या मते डकबिल्ड (बदकचोचे) डायनोसॉर हे बरेचसे पक्ष्यांसारखे होते. ते अतिशय सावध होते. त्यांच्या वीणवसतिस्थानी त्यांचं आजूबाजूच्या परिस्थितीवर सतत लक्ष असे. हॅड्रोसॉर हे डायनोसॉरच्या अनेक कुळामधलं सर्वांत बुद्धिमान कुळ मानायला हवं. त्यांच्या जबड्यात विविध प्रकारचे दात होते आणि त्यांच्या साहाय्यानं ते चर्वण करू शकत होते. इतर कुठल्याही सरपटणाऱ्या प्राण्यास हे शक्य झालेलं नाही. (हॅड्रोसॉर हे बदकचोच्या डायनोसॉरच्या समूहाचं शास्त्रीय नाव) हॅड्रोसॉरवर्गी डायनोसॉर हे संख्येनं भरपूर होतेच; पण त्यांच्याइतकं जातीवैचित्र्य इतर कुठल्याही डायनोसॉर कुळामध्ये आढळत नाही.

हॅड्रोसॉरच्या जबड्यात दातांच्या रांगा असत. त्यांना बदकासारखी चोच होती. यामुळं ते नानाविध अन्नप्रकार खाऊ शकत होते. अमेरिकेत जरी ८ मीटरचे मैय्यासोर सापडले असले, तरी आफ्रिकेत सापडलेल्या अवशेषांपैकी हॅड्रॉसॉरचे काही अवशेष १२ ते १५ मीटर लांबीच्या प्राण्यांचे आहेत. मैय्यासॉरांचे मागचे पाय बळकट नि जाड होते. त्या मानानं त्याचे पुढचे पाय मात्र आखूड आणि कमकुवत होते.

विलो क्रीक इथं जे जीवाश्म मिळाले, त्यात वीण वसाहत, घरटी, अंडी, अंड्यातून बाहेर पडणारी आणि बाहेर पडलेली पिल्लं, अंड्यातले गर्भ असे जे अनेक

अवशेष मिळाले, त्यामुळे डायनोसॉरकडे पाहण्याचा परंपरागत दृष्टिकोन बदलणं शास्त्रज्ञांना भाग पडलं, असं म्हटलं जातं; पण जॅक हॉर्नर यांच्या मते परंपरागत असा काही दृष्टिकोन डायनोसॉरच्या बाबतीत तरी अस्तित्वात नव्हता. पूर्वीच्या शास्त्रज्ञांनी डायनोसॉरच्या जीवनक्रमाबद्दल कधीच फारसा विचार केलेला नव्हता. त्या काळात डायनोसॉरचा जीवनक्रम लक्षात यावा, असे फारसे पुरावेही कुणाला मिळालेले नव्हते. त्या काळातल्या म्हणजे १९व्या शतकाच्या अखेरीपासून दुसऱ्या महायुद्धापर्यंतच्या काळात स्वत:स डायनोसॉर तज्ज्ञ म्हणवून घेणारी मंडळी बाहेर हिंडत. डायनोसॉरचे अश्मीभूत अवशेष गोळा करीत. त्यांना काहीतरी नाव देत आणि हे अवशेष कुठल्या तरी संग्रहालयात ठेवून देत. मग त्यावर कुठेतरी एखादं छोटेखानी टिपण छापून आणत. १९६५ पर्यंत डायनोसॉरशास्त्रात मढी उकरण्याशिवाय विशेष असं काही घडलंच नव्हतं.

मग येल विद्यापीठातले जॉन ऑस्ट्रॉम आणि इतर काही शास्त्रज्ञ पूर्वी जिथे डायनोसॉर सापडले होते, अशा ठिकाणी गेले. त्यांनी नवे पुरावे उकरून काढले. त्यावर नव्यानं विचार केला. या पुराव्यांकडे वेगळ्या दृष्टिकोनातून बघितलं आणि मग खऱ्या अर्थानं डायनोसॉरचा अभ्यास सुरू झाला, असं जॅक हॉर्नर यांचं मत आहे. या नव्या संशोधनानंतरच खऱ्या अर्थानं जीवशास्त्रीय दृष्टिकोनातून डायनोसॉरबद्दल विचार सुरू झाला. डायनोसॉर हे प्रचंड आकाराचे सरडे होते, या दृष्टिकोनातून सतत त्यांच्याकडं बघितलं गेलं होतं. यामुळं हे सरपटणारे प्राणी (सरीसृप) या वर्गात मोडतात, म्हणजे ते शीतरक्ती असणार, हे गृहीत धरलं गेलं होतं. त्यांच्या मेंदूबद्दल तर पूर्वी फारसा विचारही झालेला नव्हता. तर वर्तणूकशास्त्र (वैयक्तिक आणि सामूहिक वागणूक) याविषयी डायनोसॉरचा काही संबंध जोडता येईल, यावर कुणीही विश्वास ठेवायला तयार नव्हतं. यादृष्टीनं जेव्हा डायनोसॉरचा विचार केला गेला, तेव्हा असं लक्षात आलं, की ज्या अवशेषांना पूर्वी वेगवेगळ्या जातींचे अवशेष ठरवण्यात आलं होतं, ते अवशेष खरं तर एकाच जातीच्या पूर्ण वाढ झालेल्या प्राण्यांचे आणि त्याच्या पिल्लांचे किंवा नर-मादीचे होते.

जेव्हा हॉर्नरना 'विलो क्रीक' परिसराचा शोध लागला, तेव्हा त्यांनी या जागेचं पुरातत्त्वशास्त्रज्ञ करतात, त्या पद्धतीनं म्हणजे ती या प्राण्यांची एक वसाहत होती आणि त्यामुळं प्रत्येक अवशेष हा दुसऱ्या अवशेषाशी संबंधित असण्याची शक्यता होती, हे गृहीत धरून उत्खनन केलं. त्या प्रत्येक अवशेषांची जागा निश्चित करून त्या जागेचे त्रिमित नकाशे तयार करण्यात आले. त्या प्राण्यांचा परिस्थितीच्या दृष्टिकोनातून अभ्यास करावा लागला. यामुळं तिथल्या अवशेषांचेही नमुने घेण्यात आले. याशिवाय आपलं शिक्षण कमी आहे, यामुळं या संशोधनात अनेक दोष काढले जातील, ही जाणीव मनात ठेवून हॉर्नरनी अतिशय सावधगिरीनं इथं नमुने

गोळा केलेच; पण त्यांनी अतिशय व्यवस्थित टिपणंही ठेवली होती. प्रयोगशाळेत आल्यावर मात्र हॉर्नरनी आपल्या संशोधन कार्यात अत्याधुनिक तंत्रज्ञानाची मदत घेतली. पुराजीवशास्त्रात त्यांनी कॅटस्कॅन आणला. यामुळं डायनोसॉरबद्दल अधिकाधिक माहिती जलदपणे मिळू लागलीच, पण यामुळं डायनोसॉरचे अवशेष संशोधनासाठी फोडण्याची गरज नाहीशी झाली. शिवाय कॅटस्कॅनचे निष्कर्ष संगणक आठवणीत असल्यानं दर वेळी मूळ जीवाश्म बघण्याचीही गरज उरली नाही.

हॉर्नर यांनी डायनोसॉरांच्या वर्तणुकीबद्दलचे निष्कर्ष काढले. याबद्दल बरेच आक्षेप घेतले गेले आहेत. केवळ जीवावशेष आणि अवसाद यांचा अभ्यास करून डायनोसॉरची जीवनगाथा लिहायचे प्रयत्न अयोग्य आहेत, हा यातला मुख्य आक्षेप. याला उत्तर देताना हॉर्नर म्हणतात, की मी डायनोसॉरची जी जीवनपद्धती गृहीत धरतो, ती तर्काधिष्ठित आहे हे बरोबर आहे. खुनाचे गुन्हे अशाच पद्धतीनं सोडवले जातात. कुणीही साक्षीदार ठेवून खून करत नाही. असं असूनसुद्धा परिस्थितीजन्य पुराव्याचा आधार घेऊन आणि विज्ञानाची मदत घेऊन खुनी निश्चित करणं त्या विषयातील तज्ज्ञ माणसांना सहज शक्य होत असतं. हा पुरावाही टप्प्याटप्प्यानं गोळा केला जात असतो. जसजसा पुरावा मिळत जातो, तसतसं संशयितांचं वर्तुळ कमी कमी होत जातं आणि अखेरीस खून नक्की कुणी केला असावा, हे निश्चित करता येतं. डायनोसॉरच्या वर्तणुकीबद्दल आपण हेच करू शकतो आणि त्यांची वागणूक कशी असावी, हे ठरवायला भरपूर परिस्थितीजन्य पुरावा उपलब्ध आहे.

मैय्यासॉरचं पिल्लांसकट घरटं प्रथम उकरून काढण्यात आलं, त्याचं उदाहरण याबाबतीत पुरेसं बोलकं आहे. या घरट्यात ४-५ पिल्लांचे अवशेष एकत्र सापडले. एवढी पिल्लावळ एकत्र होती, त्या अर्थी त्यांची व्यवस्थित काळजी घेतली जात असली पाहिजे, असा तर्क करता येतो. ज्या पिल्लांची आई-वडील काळजी घेत नाहीत, ती पिल्लं आपापला मार्ग जन्मतःच वेगवेगळा शोधतात. ती पिल्लं अंड्यातून बाहेर पडून बरेच दिवस झाले असावेत, एवढी त्यांची वाढ होती. ती अंड्यातून नुकत्याच बाहेर पडलेल्या पिल्लांपेक्षा खूप मोठी होती. या घरट्यासारख्या ठिकाणी अंड्यांची कवचंसुद्धा दिसत होती. म्हणजे ती पिल्लं अंड्यातून बाहेर आली. त्यांचे आई-बाप त्यांना भरवत होते. त्यांची वाढ होत होती आणि एक दिवस ती मेली.

याबाबतीत जॅक हॉर्नरनी वापरलेला दुसरा पुरावा, म्हणजे या पिल्लांच्या पायांची हाडं. या हाडांचं वैशिष्ट्य म्हणजे त्यांची पूर्ण वाढ झालेली नव्हती. म्हणजेच ही पिल्लं घरट्याबाहेर पडून धडपणे चालू शकली नसती. याचाच अर्थ असा, की उदरभरणासाठी ती सर्वस्वी आई-बापावर अवलंबून होती. इतर डायनोसॉरमध्ये विशेषतः हिप्सिलोफोडॉटिड डायनोसॉरमध्ये बालकांची व अर्भकांची हाडं जन्मतःच

पूर्ण वाढ झालेली आढळतात. याचा अर्थ त्या पिल्लांना हालचालीचं स्वातंत्र्य होतं. त्यामुळं ती आपल्या माता-पित्यांपासून लगेच वेगळी होत असावीत, असा घेता येतो.

या मैय्यासॉरची पिल्लं आई-बापांवर अवलंबून असावीत, असा तर्क करायला लावणारा तिसरा पुरावा, म्हणजे त्यांचे चेहरे बराच काळ प्रौढ होत नव्हते, तर अंड्यातून बाहेर पडल्यावर ती पिल्लं जशी दिसत, तशीच पुढं बराच काळ दिसत होती. साधारणपणे ज्या प्राण्यांत आई-बाप पिल्लांचं संवर्धन करतात, त्या प्राण्यांत पिल्लांचे चेहरे 'हवेहवेसे' वाटणारे दिसतात. याला 'निओटेबी' असं म्हणतात. गोजिरवाणं, हवंहवंसं वाटणारं म्हणजे कसं, तर मोठे डोळे, सपाट चेहरा, गोल डोकं असलेलं पिल्लू. मैय्यासॉरची पिल्लं अशी होती. याउलट इतर ठिकाणी सापडलेल्या इतर डायनोसॉरच्या पिल्लांचे चेहरे असे नव्हतेच; पण त्या पिल्लांना आई-बाप वाढवत असतील, असे इतर पुरावेही उपलब्ध झाले नाहीत. यामुळेच मैय्यासॉरना जॅक हॉर्नरनी कुटुंबवत्सल ठरवलं.

ओरोड्रोमिअस माकेलाय या हिप्सिलोफोडॉटिड डायनोसॉरबद्दल जॅक हॉर्नरनी संशोधन केलं, त्यावरून हे प्राणी २.२ मीटर लांबीचे असावेत, असा अंदाज बांधता येतो. त्यांचे दात फारसे उत्क्रांत नव्हते, यामुळं हे डायनोसॉर सर्वभक्षी असले, तरी ते जास्त करून कीटक खाणारे प्राणी असावेत, असा तर्क बांधता येतो. ते काही काळपर्यंत थोड्या प्रमाणात आपल्या पिल्लांची काळजी घेत होते, असाही तर्क करायला वाव आहे. याचं कारणं यांच्या वीण क्षेत्रात (नेस्टिंग ग्राऊंड) अनेक पिल्लांचे अवशेष मिळतात. हे अवशेष अंड्यातून बाहेर पडताना पिल्लू असेल त्यापेक्षा बऱ्याच मोठ्या आकाराच्या पिल्लांचे आहेत. कदाचित या प्राण्यांची बरीच पिल्लं आई-बाप भक्ष्य शोधायला दूर गेल्यावर एकत्र होत असावीत. आजकाल पेंग्विनांमध्ये असा प्रकार आढळतो, शिवाय हे जे पिल्लांचे आणि अंड्यांचे अवशेष सापडले आहेत, तो भाग क्रिटेशियस काळात (सुमारे साडेसहा कोटी वर्षांपूर्वी) पाण्यानं वेढलेला होता. ते एक बेट होतं. या बेटांवर जर ही पिल्लं राहत होती, तर ती काय खात असावीत? त्यांना नक्कीच कुणीतरी भरवत असणार, त्याशिवाय ती जगू शकली नसती, असं जॅक हॉर्नर यांचं मत आहे.

त्या काळात म्हणजे क्रिटेशियस कालखंडाच्या उत्तर भागात, सागरपातळी आजच्यापेक्षा जास्त होती. आज जिथे भूमी आहे, अशा ठिकाणी त्या काळात सागराच्या शाखा-उपशाखा (इंग्रजीत ज्याला 'बे' म्हणतात) घुसलेल्या होत्या. उत्तर अमेरिका खंडही अशाच एका उपसागरामुळे दोन भागांत विभागलं गेलं होतं. हा दुभाजक सागर उत्तर-दक्षिण होता. यामुळं उत्तर ध्रुवीय सागर आणि मेक्सिकोचं आखात एकमेकांस जोडलेलं होतं. पूर्व अमेरिकेत ॲपलेशियन्स, तर पश्चिम

अमेरिकेत रॉकी पर्वतरांजी हे उंच भूभाग होते. रॉकी पर्वतराजी तेव्हा वर वर येत असल्यानं तिच्या जमिनीकडच्या बाजूस बरेच खोलगट भाग होते. अशा परिस्थितीत टू मेडिसिन फॉर्मेशन, म्हणजे जिथं हे डायनोसॉर सापडतात, तो अवसादी खडकांचा भाग अस्तित्वात येत होता. वर येणाऱ्या रॉकी पर्वतांचा उतार फार उभा नसून अगदी संथ असावा. अशा परिस्थितीत येणारा गाळ या उतारावर साठत गेला. यामुळं टू मेडिसिन अवसाद रॉकी पर्वतांच्या पायथ्याशी खूप जाड आहेत. या काळातली भूशास्त्रीय परिस्थितीही अशी आजपेक्षा खूपच वेगळी होती. इथंच काय, पण जगात इतरत्रही नवनव्या पर्वतरांजी उदयास येत होत्या. भूखंड भरकटू लागले होते. इथे जे नवीन पर्वत डोकं वर काढत होते, त्यावर झाडी वगैरे नसल्यानं त्यांचं घर्षण होऊन वाहणाऱ्या नद्या- नाल्यांमधून भरपूर गाळ वाहून नेला जात होता. जागोजाग ज्वालामुखींचे उद्रेक घडून येत होते.

सात-साडेसात कोटी वर्षांपूर्वीच्या या गाळाखाली त्या काळाबद्दलचे अनेक महत्त्वाचे पुरावे दडले आहेत. या गाळात प्रामुख्यानं हायपॅक्रोसॉर आणि प्रोसॉरोफिडांची घरटी, अंडी, न जन्मलेली पिल्लं, अंड्यातून बाहेर पडणारी पिल्लं आणि वाढलेल्या प्राण्यांची हाडं मिळतात. जॅक हॉर्नरनी इथला साडेसहाशे चौरस मीटरचा भाग अभ्यासाला घेतला असून, यातल्या वरच्या १०० मीटर जाडीच्या थराचं उत्खनन सध्या चालू आहे.

याशिवाय याच भागात दुसरीकडं फार मोठ्या प्रमाणावर उत्खननास सुरुवात झाली असून, शिंगवाल्या सेराटॉप्सचे अवशेष व वीण वसाहती सापडल्या आहेत; पण त्याबद्दलचे निष्कर्ष हाती यायला अजून अवकाश आहे. (सेराटॉप्स म्हणजे डोक्यावर शिंग असलेले शाकाहारी प्राणी) यातल्या हायपॅक्रोसॉरचे अवशेष सापडतात तो भाग ५ किलोमीटर लांब व अर्धा किलोमीटर रुंदीचा पट्टा आहे. हे अवशेष तीन वेगवेगळ्या पातळ्यांवर सापडतात, म्हणजेच इथं हे प्राणी वीण वसाहत करण्यासाठी वारंवार येत असावेत. इथंच जवळ सुमारे ४ किलोमीटर परिसरात सेराटॉप्सची प्रचंड मोठी हाडं विखुरलेली आढळतात.

यावरून सध्या तरी हे शास्त्रज्ञ एक तर्क करू शकतात. तो म्हणजे सेराटॉप्स आणि हॅड्रोसॉर्स हे कळप करून राहणारे प्राणी होते. या कळपातून बरेच प्राणी असायचे. आयग्वॅनोडॉन सोडल्यास अशा तऱ्हेचा पुरावा इतर डायनोसॉरबद्दल मिळत नाही. बेल्जियममध्ये तिथं काम करणाऱ्या शास्त्रज्ञांना आयग्वॅनोडॉनांची वसाहत सापडली होती. इतर डायनोसॉर हे एकांडे शिलेदार असावेत. हे झालं जॅक हार्नर यांच्या डायनोसॉर संशोधनाबद्दल. जॅक हॉर्नरना डायनोसॉरचं आकर्षण का वाटलं, या प्रश्नाला ते स्वत: उत्तर देऊ शकत नाहीत. डायनोसॉरचा भव्य आकार, त्यांचं हिंस्त्र स्वरूप आणि कदाचित लहानपणापासून त्यांचे सापडत गेलेले जीवाश्म

यांनी हॉर्नरना कदाचित डायनोसॉरकडे वळवलं असावं.

हॉर्नरना लहानपणी शब्द आणि त्यांचे अर्थ यांची सांगड घालता येत नसे. अक्षरं लक्षात राहत नसत. यामुळं ते अर्धवट असावेत, अशी त्यांच्यासह त्यांच्या पालकांची खात्री पटलेली होती. कुणी भरभर बोललेलं किंवा एखादी गोष्ट समजून घ्यायला वेळ लागत असे. धडा वाचताना तेच व्हायचं. मग त्यांना असं वाटायचं, की नाहीतरी ही गोष्ट आपल्याला कळलेली नाही, मग तिच्यामागं कशाला लागायचं?

पुढे हॉर्नर प्रिन्सटन विद्यापीठात नोकरीला लागले. प्रयोगशाळेत प्रयोगांची तयारी मांडून ठेवणं वगैरे कामं त्यांना करावी लागायची. या काळात 'तुम्हाला वाचायला कष्ट पडतात का?' अशा तऱ्हेची एक पृच्छा त्यांना सूचना फलकावर वाचायला मिळाली. मग त्यांच्या चाचण्या घेतल्या गेल्या आणि त्यात त्यांना 'डिस्लेक्सिया' नावाची चेतासंस्थेची व्याधी असल्याचं उघडकीस आलं.

१९६७ मध्ये हॉर्नरनी उच्च माध्यमिक शिक्षणास रामराम ठोकला आणि ते व्हिएतनाममध्ये गेले. परतल्यावर त्यांनी परत बारावी करायचीच या निश्चयानं कॉलेजमध्ये जायला सुरुवात केली; पण अनेकवार प्रयत्न करून त्यांना यश मिळालं नाही ते नाहीच; मात्र या काळात त्यांनी आपल्या शाळेच्या वाचनालयाचा भरपूर उपयोग करून घेतला.

सागरानं जमिनीवर आक्रमण केलं आणि निसर्गत:च ते आक्रमण हटलं, तेव्हा त्याचे प्राणी-जीवनावर (म्हणजे डायनोसॉरवर) काय परिणाम झाले, याचा आता जॅक हॉर्नर अभ्यास करत आहेत.

उद्या पुराजीवशास्त्रावर पोट भरू शकलं नाही, तर मी ट्रकड्रायव्हर बनेन, असं सांगणारा हा शास्त्रज्ञ आज अमेरिकेतलं सर्वश्रेष्ठ किंबहुना अमेरिकन नोबेल पारितोषिक म्हणजे मॅक आर्थर जिनियस ग्रँट मिळवून आपलं संशोधन पुढे चालू ठेवीत आहे. त्यातून डायनोसॉरची चरित्रगाथा ज्ञात होईल, असा त्याला विश्वास वाटतो.

■

डॅग्मार वेर्नर

डॅग्मार वेर्नर या जन्मानं जर्मन असलेल्या स्त्री-शास्त्रज्ञ, सरीसृपतज्ज्ञ म्हणजे हर्पेटॉलॉजिस्ट आहेत. त्यांनी प्रथमच आयग्वानाची अंडी प्रयोगशाळेत कृत्रिम तंत्रानं यशस्वीरीत्या उबवून आपल्या आयग्वाना फार्मची सुरुवात केली. या प्रयोगामुळे आयग्वानाचंच रक्षण होणार आहे असं नाही, तर या भागातल्या जंगलांची हानीही कमी होईल, असा त्यांना विश्वास वाटतो. याचं कारण या भागातच नव्हे, तर दक्षिण आणि मध्य अमेरिकेतल्या अनेक देशांमध्ये आयग्वाना आवडीनं खाल्ला जातो. आता आयग्वानाचा व्यापारही मोठ्या प्रमाणात होतोय. डॅग्मार वेर्नर या भागातल्या रहिवाशांना आयग्वानाची शेती कशी करावी, हे शिकवू पाहत आहेत.

डॅग्मार वेर्नर यांना या क्षेत्रात मिळालेलं यश पाहून अनेक शास्त्रज्ञांना खूप आश्चर्य वाटतंय. हा प्रयोग सुरू झाल्यास १९८० पासून ५-६ वर्षांत त्यांनी हे राक्षसी सरडे माणसाळवले, हे या आश्चर्यामागचं प्रमुख कारण. या प्राण्याची शेती करायची, तर निदान अजून १०० वर्षं तरी प्रयोग करावे लागतील, असं इतर शास्त्रज्ञांना वाटत होतं.

आयग्वाना दक्षिण अमेरिकेत अजून तरी भरपूर प्रमाणात सापडतात. मेक्सिकोपासून ब्राझिलपर्यंतच्या भागात, दाट जंगलात, हिरवे आयग्वाना सापडतात. हे आयग्वाना दिसण्यात ड्रॅगॉनसारखे दिसले, तरी ते शाकाहारी असतात. झाडांची कोवळी पानं खाणं आणि ऊन खात पडून राहणं हे त्यांचे आवडते उद्योग. हे खरं तर एक प्रकारचे सरडे; पण पूर्ण वाढ झालेल्या आयग्वानाची लांबी ६ फूट म्हणजे जवळजवळ दोन मीटर भरते. यातली निम्मी लांबी अर्थातच शेपटाची असते. काही वेळा दोन मीटरहून अधिक लांबीचे आयग्वानाही आढळतात. मोठ्या आयग्वानाचं वजन ५ ते ६ किलो असतं. साधारणपणे एक पूर्ण वाढ झालेला आयग्वाना ५ ते ६ माणसांच्या भोजनाला पुरून उरतो. दक्षिण अमेरिकेत आयग्वाना कोंबडीपेक्षाही जास्त आवडीनं खाल्ला जातो. श्रीमंत माणसं मेजवानीच्या वेळी मुद्दाम आयग्वानाचे पदार्थ बनवतात.

पूर्वी जेव्हा आयग्वाना सहज सापडायचे, तेव्हा ते गरिबांचं आवडतं आणि पूरक अन्न होतं. गलोल, गोफण, काठ्या आणि फास लावून त्यांची शिकार केली जात असे, याशिवाय आयग्वाना पकडणारे प्रशिक्षित कुत्रे त्यांना शोधून काढून अडवून ठेवत आणि त्या भुंकण्याच्या अनुरोधानं मग कुत्र्यांचे मालक जाऊन ते आयग्वाना पोत्यात भरत असत.

वेर्नरनी जेव्हा प्रथम आयग्वाना पकडले, तेव्हा त्यांच्या स्थानिक सहकाऱ्यांनी एक अशीच जुनी पद्धत वापरली. एकानं आयग्वाना असलेल्या झाडावर चढायचं आणि फांदी हलवायची. आयग्वाना जिथे असेल, त्या फांदीखाली दोघं जण चादर धरून उभे राहायचे. त्या चादरीत आयग्वाना पडला, की त्याची रवानगी पोत्यात करायची.

या सरड्यांची हत्या मोठ्या प्रमाणावर नक्की केव्हा सुरू झाली, हे सांगणं जसं अवघड आहे, त्याचप्रमाणे त्यांची वंशविच्छेदाकडे वाटचाल चालू आहे, असंही ठामपणं सांगणं अवघड आहे; पण मध्य अमेरिकेतल्या देशांमध्ये तरी या आयग्वानांची फार मोठ्या प्रमाणात हत्या झालेली आहे, हे उघडच आहे. दक्षिण अमेरिकन जंगलातून मात्र हे सरडे तग धरून असावेत, असं म्हणायला वाव आहे. ''मी जिथे जिथं जाते, तिथं तिथं 'आयग्वाना नाहीसे झाले' हे एकच एक वाक्य मला ऐकायला मिळतं,'' असं वेर्नर म्हणतात.

डॅग्मार वेर्नर यांनी गॅलापागोस बेटांवरच्या आयग्वानांवर डॉक्टरेट केली. जवळजवळ सात वर्षं त्यांनी गॅलापागोसच्या सरड्यांचा अभ्यास केला. नंतर त्या पनामातल्या संस्थेत आल्या. इथे येताच त्यांनी प्रथम आयग्वानांच्या गर्भार माद्या पकडल्या. या माद्यांना पनामा शहरापासून १६ मैलांवर (२६ कि.मी.) असलेल्या एका नैसर्गिक जंगलात त्यांनी सोडलं. इथे आयग्वानांना अंडी घातला येतील, अशी रेताड जमीनही होती. या माद्यांना तिथं सोडल्यावर त्यांच्या भोवती १० मीटर × १० मीटर मापाचे जाळीदार पिंजरे उभारण्यात आले. या ठिकाणी डॅग्मार वेर्नरच्या या सरड्यांनी पहिला धडा शिकवला. या माद्यांनी अंडी घालण्यासाठी त्या झुडपाच्या मुळाशी इतके लांब आणि खोल बोगदे खणले, की त्या बोगद्यांच्या जाळ्यातून अंडी शोधणं केवळ अशक्य बनलं होतं.

हा सगळा भाग आणि अखेरीस पिंजऱ्याबाहेरचा बराच मोठा भूभाग तीन-चार वेळा खणल्यानंतर वेर्नरना या सरड्यांची ७०० चिवट अंडी गोळा करण्यात यश आलं. ही अंडी खोक्यांमध्ये भरून त्यावर पालापाचोळा आणि माती पसरण्यात आली. मग ही अंडी पनामा शहरात नेण्यात आली. तिथं विजेच्या दिव्यांच्या उष्णतेनं ती उबवली गेली. यातली ८० ते ८५ टक्के अंडी व्यवस्थित उबवली गेली आणि या खोलीत एकाएकी चार-पाचशे सरडे हिंडू लागले. या सर्व पिल्लांना वेर्नरनी

पनामा सिटीबाहेरच्या अर्ध्या एकर मोकळ्या जागेत हलवलं. 'समीर गार्डन' नावाच्या बागेतच त्यांना त्यांच्या 'सरडोद्याना'ला जागा मिळाली होती. साप, ओपोसम, चिचुंद्र्या आणि शिख्रे यांच्यापासून या सरड्यांचं संरक्षण करणं आवश्यक होतं. याशिवाय कुत्री, मांजर हे शहरी शत्रू, काहीही पळवणारे कावळे हेही या सरडेपिल्लांवर नजर ठेवून होतेच. यासाठी पत्रे आणि भक्कम जाळीचे पिंजरे बनवण्यात आले. या पिंजऱ्यात झाडं लावण्यात आली. शिवाय बांबूंची छोटी छोटी, पण लांब घरटी बांधण्यात आली. या घरांना लोखंडी कांबीवर बसवण्यात आलं. या कांबीचे तळ पाण्यात होते. नाही तर मुंग्याही या सरडे बालकांच्यावर तुटून पडण्याची शक्यता होतीच. या सरड्यांना रोज कोवळी पानं, फुलं, केळी, संत्री आणि आंबे खायला देण्यात येत होते.

हा प्रकल्प यशस्वी व्हायला आणखी एक महत्त्वाचं कारण होतं. वेर्नरनी या सरड्यांसाठी कृत्रिम घरटी तयार केली. हे प्राणी जेव्हा रानावनात वावरतात, तेव्हा अंड्यावरच्या माद्या बोगदे खणतात आणि या बोगद्याच्या बंद टोकाला एक बळद करून त्यात अंडी घालतात. वेर्नरी चिनीमातीचे ड्रेनेजचे पाईप आणि त्यांच्या बंद टोकाशी अंडी घालण्यासाठी सिमेंटची जागा तयार केली. या अंडी घालायच्या जागेत वाळू, विटांचे तुकडे व रेती ठेवून नैसर्गिक जागेसारखी भुसभुशीत जागा तयार केली. या बाळंत खोलीतून सहजगत्या अंडी काढून ती उबवता येतील, अशी व्यवस्थाही त्यांनी केली.

"हे सरडे तसे आळशी असतात. त्यांना आयती बिळं मिळाली, तर हवीच असतात." असं वेर्नर म्हणतात.

ही जमा केलेली अंडी छोट्या छोट्या जाळीदार नळकांड्यातून ठेवण्यात येतात. यावर ताडपत्रीचं आच्छादन घातलं जातं. अंड्यातून बाहेर पडलेलं पिल्लू जाळीच्या टोकास येतं. याचं कारण नळकांड्याच्या उघड्या तोंडातूनच त्या जाळीत उजेड जातो. या नळकांड्याच्या उघड्या तोंडाला एक पोतं लावलेलं असतं. त्यात हे पिल्लू पडतं. मग वजन, लांबी अशा मोजमापांनंतर या पिल्लावर क्रमांक घालण्यात येतो. जन्मत:च हे पिल्लू बोटभर असतं. सहा महिन्यांत ते दुप्पट वाढतं. बंदिवासात हे सरडे दोन वर्षं पूर्ण होताच प्रजननक्षम बनतात. निसर्गात त्यांना तीन वर्षं लागतात. या सरडे मळ्यात सर्वच्या सर्व पिल्लं जगतात. निसर्गात ९५ टक्के मरतात.

१९८८ मध्ये या सर्व मेहनतीवर पाणी पडायची वेळ आली होती. पनामातल्या राजकीय परिस्थितीमुळे आयग्वाना संशोधनास मिळणारा पैसा बंद व्हायची वेळ आली होती. त्या वेळी कोस्टारिकाचे सरकार डॅग्मार वेर्नरच्या मदतीस धावलं. यामुळं आपला सर्व कुटुंबकबिला म्हणजे हजार-बाराशे सरडे घेऊन डॅग्मार वेर्नर कोस्टारिकास निघाल्या. त्यांच्या ट्रकला कोस्टारिकाच्या कस्टम अधिकाऱ्यांनी

अडविलं. त्यांचा डॅग्मार वेर्नरच्या बोलण्यावर विश्वासच बसेना. उन्हामुळं सरडे मरणार, अशी भीती डॅग्मार वेर्नरना वाटू लागली होती; पण अखेरीस त्यांची कस्टममधून सुटका झाली नि ते सरडे वाचले. तेवढ्यात 'गिल्बर्ट' नावाच्या तुफानामुळं कडे कोसळले. त्यात वेर्नरचा ट्रक फसला. जन्मापासून ज्यांची व्यवस्थित नोंद ठेवण्यात आली होती, असे बाराशे सरडे या ट्रकमध्ये होते. ते उन्हानं भाजून मरणार, अशी वेर्नरची खात्री पटली; पण तेवढ्यात दुसरा एक ट्रक तिथं आला. त्या ट्रक ड्रायव्हरनं त्यांची सर्व हकिगत ऐकली आणि वेर्नरचा रुतलेला ट्रक त्या घट्ट होत चाललेल्या चिखलातून खेचून बाहेर काढला आणि वेर्नरचे सरडे बचावले. त्या सुखरूप कोस्टारिकामध्ये पोहोचल्या आणि त्यांची सरडेशेती आता कोस्टारिकात चालू आहे.

■

बॅरी व्हॉईट

ज्वालामुखी हे निसर्गाचं एक रौद्र, भीषण रूप मानलं जातं आणि ज्वालामुखीमुळे प्रचंड मोठ्या प्रमाणात वित्तहानी तर होतेच; पण प्राणहानीही होत असते. याचं कारण ज्वालामुखीच्या उद्रेकाबाबतची अनिश्चितता. ज्याला मृत ज्वालामुखी मानला, तो ज्वालामुखी अचानक लाव्हाचं गरळ ओकू लागतो, तर सुप्त ज्वालामुखी केव्हा जागृत होऊन आपलं भयावह स्वरूप प्रकट करील, याची खात्री देता येत नाही आणि काही वेळा जागृत ज्वालामुखीतून धूर येऊ लागतो. आसपासच्या भूप्रदेशात भूकंपाचे धक्के बसू लागतात आणि यामुळे घाबरून लोक गाव सोडून जातात; पण नंतर काहीच घडत नाही. ज्लालामुखीच्या बाबतीतली ही अनिश्चितता कमी करावी आणि त्याच्या उद्रेकाचं निश्चित कालमान सांगता यावं म्हणून अनेक शास्त्रज्ञ झटत आहेत. १९९१ मध्ये जपानमध्ये झालेल्या माऊंट उंझेनोच्या उद्रेकात मॉरिस क्राफ्ट हा फ्रेंच शास्त्रज्ञ सपत्नीक मृत्युमुखी पडला; पण तरीही इतर शास्त्रज्ञांनी आपलं काम थांबवलेलं नाही.

बॅरी व्हॉईट हा शास्त्रज्ञ तर सतत ज्वालामुखींचा पाठलाग करत असतो, असं म्हटलं तरी चालू शकेल. १९९० च्या ऑगस्ट महिन्यात तो ३२०० मीटर उंचीच्या मेरापीच्या शिखराजवळच मुक्काम ठोकून बसला होता. जावा बेटावर हा मेरापी ज्वालामुखी आहे. या काळात त्यांना विषारी वायूपासून संरक्षण मिळावं म्हणून सतत मुखवटे घालून वावरावं लागत होतं. त्यांच्या अंगावर अग्निशामक दलातले लोक घालतात तसे ॲस्बेस्टॉसचे तापरोधक कपडे होते. याचं कारण मेरापी कधी तप्त गंधकाचे आणि गंधकाच्या ऑक्साईडचे फवारे उधळेल, हे सांगणं अशक्य होतं. त्यांच्या हातात जाड मोजे होते. कारण ज्वालामुखीतून बाहेर पडलेला लाव्हा थिजला, तरी गरम होता आणि त्याचे कंगोरे सहज हात कापतील एवढे धारदार होते. शिवाय इथले कडे चढण्यासाठी त्यांना नेहमीपेक्षा अधिक भक्कम खिळे वापरावे लागत होते. याचं कारण ज्वालामुखीत खदखदणाऱ्या तप्त लाव्हामुळे आणि त्यातून बाहेर पडणाऱ्या आम्लामुळे हे खडक काही ठिकाणी फारच भुसभुशीत

बनले होते. ज्वालामुखीतून पाण्याची वाफ आणि सल्फर-डाय-ऑक्साईड बाहेर पडतात आणि त्यांचं सल्फ्युरिक आम्ल बनलेलं असतं; पण त्यांच्या दृष्टीनं सर्वांत मोठा धोका होता तो ज्वालामुखीच्या उद्रेकाचा. डोक्यात राख घालणारा हा ज्वालामुखी केव्हा उफाळेल, हे सांगणं शक्य नसल्यानं ती भीती बाजूस सारायचा प्रयत्न करतच प्रत्येक जण तिथं काम करत होता.

मेरापीचा अभ्यास करण्याचं कारणही तसं महत्त्वाचं होतं. या जागृत ज्वालामुखीच्या पायथ्याशी योगयाकार्ता हे ५ लाख लोकवस्तीचं शहर आहे. तर या ज्वालामुखीच्या आजुबाजूस आणखी दहा लाख लोक राहतात. सध्याच्या काळातला सर्वांत धोकादायक आणि जागृत ज्वालामुखी असं ज्वालामुखीशास्त्रज्ञ मेरापीचं वर्णन करतात. यामुळेच अमेरिकेच्या भूशास्त्रीय सर्वेक्षण विभागातले शास्त्रज्ञ व्हॉईटच्या नेतृत्वाखाली या ज्वालामुखीचा अभ्यास करायला आले होते. (व्हॉईट पेन स्टेट विद्यापीठात भूशास्त्राचं अध्यापनही करतात.)

गेल्या हजार वर्षांत मेरापीचे ७० उद्रेक झाल्याची नोंद आहे. उद्रेकात तप्त लाव्हाचे प्रवाह आणि ज्वालामुखीय राखेचे ढग बाहेर पडतात. त्यांचं तापमान हजार ते १४०० अंश सेल्सिअस एवढं असतं. याच काळात ताशी १०० कि.मी. वेगानं वाहणारे लाव्हाप्रवाह आणि तप्त कडे खाली कोसळत असताना ज्वालामुखीय स्फोटशकली पदार्थ त्यांना इंग्रजीत 'व्होल्कॅनिक बॉम्ब' म्हणतात ते जोरात दूरवर फेकले जात असतात. यानंतर इथलं वातावरण तप्त झाल्यामुळे इथे कमी दाबाचा पट्टा निर्माण होतो आणि मग ढग गोळा होतात. यामुळे पडणाऱ्या पावसामुळे जो चिखलाचा लोंढा वाहू लागतो, त्यात वाटेत येणारं सर्व काही माखून निघतं आणि बरेचदा गाडलं जातं. माऊंट व्हेसुवियसच्या उद्रेकात इ.स. ७९ मध्ये हर्क्युलेनियम हे शहर अशाच चिखली लोंढ्यात गाडलं गेलं होतं. या चिखली लोंढ्यामुळे योग याकार्ता गावातले नागरिक इतक्या वेळा पोळून निघाले आहेत, की त्यांनी या लोढ्यांना ठेवलेलं 'लहर' किंवा 'लाहार' हेच नाव आता सर्वत्र भूशास्त्रीय लेखनात अशा चिखली प्रवाहांसाठी वापरलं जातं.

अशा तऱ्हेच्या छोट्या-मोठ्या उद्रेकांना भूशास्त्रज्ञ 'ज्वालामुखीय घटना' किंवा नुसतंच 'घटना' असं म्हणतात. मेरापीच्या बाबतीत अशी 'घटना' १९८६ च्या ऑक्टोबर-नोव्हेंबरमध्ये घडली. या ज्वालामुखीच्या विवरावर बुचासारखा बसलेला लाव्हाचा थर या 'घटने'च्या वेळी फुगला. यामुळे मेरापीचे कडे कोसळले; पण 'बूच' निघालं नव्हतं. १९८४ च्या 'घटने'च्या वेळी 'बूच' निघून उद्रेक झाले, तेव्हा इथली ज्वालामुखीय राख ५ कि.मी. दूर गेली. लाव्हाचे प्रवाह बाहेर पडले, तर लाहार ६.५ कि.मी. दूरपर्यंत वाहत गेले.

या वेळी लोकांनी धोक्याची सूचना ऐकली आणि ते दूर पळाले. १९३० मध्ये अशी धोक्याची सूचना देण्याची सोय नव्हती. ज्वालामुखीच्या चिन्हांकडे, हे नेहमीचंच

आहे, असं म्हणत लोकांनी दुर्लक्ष केलं आणि त्या उद्रेकात १३०० माणसं दगावली होती.

या ज्वालामुखीचा इतिहास अभ्यासलेल्या शास्त्रज्ञांच्या मते या ज्वालामुखीचा आता एक मोठा उद्रेक होण्याची दाट शक्यता आहे. किंबहूना तो होणारच. फक्त तो केव्हा होईल, हे मात्र कुणीही खात्रीलायकरीत्या सांगू शकत नाही. जेव्हा ज्वालामुखी गुरगुरू लागेल, तेव्हा प्रत्यक्ष स्फोटाच्या काही दिवस आधी शास्त्रज्ञ लोकांना सावध करू शकतील. निदान काही महिने, नाही तर काही आठवडे तरी या ज्वालामुखीच्या उद्रेकाची कल्पना लोकांना देता यावी, म्हणून व्हॉईट प्रयत्नशील आहेत. गेल्या काही वर्षांत त्यांनी या बाबतीत एक सूत्र तयार केलंय. व्हॉईटच्या मते त्यांचं हे गणिती सूत्र ताणाखाली असलेल्या कुठल्याही वस्तूला लागू पडेल. मग तो एखादा पूल असो, विमानाचा पंख असो, की टनावारी खडक असोत.

यामागे अर्थातच व्हॉईट यांची प्रदीर्घ तपश्चर्या आहे. हे सूत्र तयार करण्यासाठी व्हॉईट यांना अनेक उद्रेकांच्या आधी व उद्रेक काळात त्या त्या ठिकाणी जाऊन नानाविध मोजमापं घ्यावी लागली. यासाठी अँडीज पर्वतात एकदा व्हॉईट एका बर्फाच्छादित विवरात उतरले. इथे त्यांना पळ काढणं शक्य नव्हतं. तर माऊंट सेंट हेलेन्सच्या उद्रेकाच्या वेळी जीव वाचवण्यासाठी त्यांना जीवाच्या आकांतानं पळावं लागलं होतं. कदाचित, अशा संकटांशी सामना करावा लागत असल्यामुळेच ५३ वर्षीय व्हॉईट अजूनही चपळ आहेत आणि ते ज्या पद्धतीनं ही संकटं सहन करत ज्वालामुखींचा अभ्यास करताहेत, ते पाहता येत्या काही वर्षांतच त्यांच्या ज्वालामुखी उद्रेक भविष्य सूत्राची परीक्षा होऊन ते सूत्र कसोटीस उतरलेलं असेल, असा या क्षेत्रातील सर्वांनाच विश्वास वाटतो. हे सूत्र शास्त्रीय कसोटीस उतरलं, तर ज्वालामुखीच्या छायेत वावरणाऱ्या कोट्यवधी लोकांना नुसता दिलासाच मिळेल असं नाही, तर त्यांचे प्राणही वाचू शकतील.

भूशास्त्रज्ञ गेली दोनशे वर्षं तर ज्वालामुखींचा कसून अभ्यास करताहेत. तर गेली दोन हजार वर्षं तरी ज्वालामुखींच्या उद्रेकांची मानव दुरून का होईना नोंद करत आला आहे. गेल्या पन्नास वर्षांत शास्त्रज्ञ ज्वालामुखींच्या अभ्यासासाठी आधुनिक तंत्रज्ञानाची मदत घेत असून, अनेक ठिकाणी ज्वालामुखी-निरीक्षण-केंद्रं व वेधशाळा स्थापन करण्यात आल्या आहेत. असं असलं, तरी ज्वालामुखी केव्हा भडकेल, हे सांगणं आता तरी शास्त्रज्ञांना शक्य नाही. उदाहरणं अनेक आहेत. मेक्सिकोत एल चिचोन नावाचा एक ज्वालामुखी १९८२ पर्यंत मृत मानण्यात येत होता. १९८२ मध्ये त्याच्या उद्रेकात १७०० गावकरी गाडले गेले. त्या भागात आदिमानव राहत होता, तेव्हापासून १९८२ पर्यंत एल चिचोनचा उद्रेक झालेला नव्हता. यामुळे आपण ज्वालामुखीच्या उतारावर शेती करतोय, याची तिथल्या अनेक खेड्यांतून

राहणाऱ्या लोकांना कल्पनाही नव्हती. ज्या वर्षी एल चिचोनचा उद्रेक झाला, त्याच वर्षी कॅलिफोर्नियातील लाँगव्हॅली मधल्या ज्वालामुखीकुंडाचा उद्रेक होण्याची शक्यताही भूशास्त्रज्ञांनी वर्तवली होती. यामुळं या भागातले व्यापारी भयंकर संतापले. कारण त्या ज्वालामुखीचा उद्रेक तर झाला नाहीच; पण दर वर्षी त्या भागात येणारे पर्यटकही त्या भागात फिरकले नाहीत. गेल्या बारा हजार वर्षांत पृथ्वीवर निरनिराळे तेराशे ज्वालामुखी वेळोवेळी जागृत झाल्याचे भूशास्त्रज्ञांकडे पुरावे उपलब्ध आहेत. यातल्या ६०० ज्वालामुखींना जागृत म्हणण्यात येतं. (जागृत म्हणजे मानवी संस्कृती अस्तित्वात आल्यापासून ज्यांचे उद्रेक झाले असे ज्वालामुखी). याचा अर्थ ज्वालामुखी नव्या ठिकाणी निर्माण होणार नाहीत किंवा आपण ज्यांना मृत म्हणतो ते जागृत होणारच नाहीत, असंही म्हणता येत नाही. बरं, वाढत्या लोकसंख्येमुळं मानवी वसाहती इतक्या ठिकाणी झाल्या आहेत, की त्यामुळं ज्वालामुखींचा उद्रेक होणं हा आता काळजीचा विषय बनलेला आहे. इ.स. १९८० पासून दहा वर्षांत ज्वालामुखींना एकूण २८,००० व्यक्ती बळी पडल्या. याचं कारण ज्वालामुखींच्या परिसरात मानवी वस्ती वाढली. इ.स. १८४५ मध्ये अर्मिन या नावाचं गाव अस्तित्वात नव्हतं. त्या वेळी नेवाडो डेल रुईझ नावाच्या ज्वालामुखीचं तापमान एकदम वाढलं. यामुळे कोलंबियातील अँडिज पर्वतराजीतील या शिखरावरचं बर्फ वितळून लाहार प्रवाह निर्माण झाले. त्यात १००० व्यक्ती बळी गेल्या. याच नेवाडो डेल रुईझ खाली आर्मेरो वसलंच आणि त्याची लोकसंख्या १९८५ मध्ये जवळजवळ ३० हजार होती. त्या वर्षी जेव्हा हा ज्वालामुखी परत जागृत होऊ लागला, त्या वेळी इथल्या लोकसंख्येतील कुणीही वाचणार नाही, असंच काही काळ वाटत होतं; पण तो ज्वालामुखी शांत होण्यापूर्वी बावीस हजार व्यक्तींचे बळी घेऊन गप्प बसला. मोठ्या सुदैवानं ५ ते ७ हजार व्यक्ती वाचल्या. १२ नोव्हेंबर १९८५ या दिवशी काही शास्त्रज्ञ या ज्वालामुखी शिखरावर पोहोचले. त्यांनी इथले नमुने घेतले. तिथे फारसं काही धोकादायक वातावरण किंवा हालचाली दिसत नव्हत्या. त्यामुळं ते निश्चिंत मनानं खाली उतरले. दुसऱ्या दिवशी दुपारी या ज्वालामुखीतून थोडी राख बाहेर पडली. त्या वेळी हे गाव धोका पोहोचण्यापूर्वी रिकामं करायचं ठरलं व तशी तयारी सुरू झाली; पण रात्री नऊ वाजता लाहार प्रवाह आला आणि गरम चिखलात आर्मेरो गाडलं गेलं. या प्रवाहात एकट्या आर्मेरोमधले बावीस हजार जण आणि आसपासच्या खेड्यांतले आणखी दोन-पाच हजार लोक प्राणास मुकले. सध्याच्या आपल्या तंत्रज्ञान-प्रगतीमुळेही मानवी प्राण आणि वित्तहानीचं प्रमाण वाढण्याची शक्यता दिसते. १५ डिसेंबर १९८९ या दिवशी के एल एमचं एक बोईंग ७४७, अलास्काची राजधानी अँकरेजच्या विमानतळावर जवळजवळ कोसळलंच. अलास्कातल्या रिडाऊट ज्वालामुखीवरून हे विमान उडत असतानाच ज्वालामुखीतून राखेचं कारंजं

उडालं. (ज्वालामुखीची राख म्हणजे हवेत उफाळलेल्या लाव्हाचे सूक्ष्म गोळे आणि ज्वालामुखीवर जर बुचासारखा आधीचा लाव्हाथर असेल, तर त्याचे तुकडे आणि विवरात पाणी साठलं असेल, तर त्याचा चिखल व लाव्हाचं तप्त मिश्रण). ही राख या जेटच्या चारी इंजिनांमधून आत शिरली आणि ही चारी जेट इंजिनं तत्काळ बंद पडली. केवळ वैमानिकाच्या कौशल्यामुळेच त्या विमानानं व्यवस्थित भूमी गाठली. या ज्वालामुखीपासून केवळ ३२ कि.मी. अंतरावर १९ लाख बॅरल तेल साठवलं जातं. याला ड्रिफ्ट रिव्हर टर्मिनल असं नाव आहे. रिडाऊट ज्वालामुखी जागृत झाल्यावर हे खनिज तेलाचं कोठार बंद करून त्याभोवती लाहार आणि लाव्हा प्रवाह अडवून धरेल व ते वळवू शकतील, अशी तटबंदी निर्माण करावी लागली.

नंतर जेव्हा भूशास्त्रज्ञ या जागी आले, तेव्हा ते कोठार बांधण्यापूर्वी भूशास्त्रज्ञांचा सल्ला घेण्यात आला नव्हता, हे त्यांच्या लक्षात आलं. लाव्हाचं तापमान आणि विध्वंसनक्षमता याची कोठार बांधणाऱ्यांना कल्पनाच नव्हती. हे कोठार बघितलं, तेव्हा व्हॉईटनी कपाळावर हात मारून घेतला असणार, यात शंका नाही.

''आपण केवढा खुळेपणा केलाय, हेच त्यांना कळलं नव्हतं,'' असं व्हॉईट हे पाहून म्हणाले. या अशा खुळेपणामुळंच ज्वालामुखीचा उद्रेक केव्हा होईल, हे सांगणं फार महत्त्वाचं ठरतं. व्हॉईट यांच्या कचेरीतील टेबलवर हवाईतल्या किलोया ज्वालामुखीतून बाहेर पडलेल्या लाव्हाचा एक भोकाभोकांची जाळी असलेला तुकडा आहे. ही भोकं तो लाव्हाचा तुकडा घट्ट होत असताना त्यातून निसटलेल्या वायूंमुळे पडली आहेत. किलोया हा ज्वालामुखी आज पृथ्वीवरला सर्वांत मोठा जागृत ज्वालामुखी आहे. किलोया म्हणजे खूप पसरणारा. हा ज्वालामुखी सध्या जागृत असला, तरी त्यानं फारसं नुकसान केलेलं नाही. १७९० मध्ये मात्र इथे एक लष्करी तुकडी संचलन करत होती आणि ती किलोयाच्या उद्रेकात गडप झाली. व्हॉईटनी ज्वालामुखीचा अभ्यास १९८० च्या सुमारास सुरू केला. त्यापूर्वी ते कडे कोसळतात कसे? या विषयाचे ते तज्ज्ञ होते. १९८० मध्ये माऊंट सेंट हेलेन्सच्या परिसरात जेव्हा भूकंपाचे धक्के जाणवू लागले आणि तो ज्वालामुखी राख उडवू लागला, तेव्हा इथे कडे कसे नि कुठं कोसळतील, हे जाणून घेण्यासाठी व्हॉईटना बोलावण्यात आलं. व्हॉईटनी या ज्वालामुखीचा अभ्यास केला आणि या ज्वालामुखीचा उद्रेक कुठल्या बाजूनं होईल, याचा अंदाज व्यक्त केला.

१८ मेच्या सकाळी १०८ घन कि.मी. एवढा खडक या ज्वालामुखीच्या उतारावरून कोसळू लागला. यामुळे या बाजूवरचा दाब एकाएकी कमी झाला. नंतर या बाजूनं प्रचंड मोठ्या स्फोटात लाव्हा उफाळला. व्हॉईट यांनी सांगितल्याप्रमाणेच हे घडलं होतं. एवढंच नव्हे, तर स्फोट व्हायच्या आधी एक महिना त्यांनी स्फोटानंतर हे शिखरं कसं दिसेल, याचं रेखाटन केलं होतं. ते स्फोटानंतरच्या

४२५ मीटरनी कमी झालेल्या माऊंट सेंट हेलेन्सच्या आकाराशी थोड्या फार फरकानं व्यवस्थित जुळत होतं. हवाई विद्यापीठातले ज्वालामुखीतज्ज्ञ रॉबर्ट डेकर यांनी व्हॉईट यांचं याबद्दल मुद्दाम अभिनंदनही केलं.

यानंतरच्या दहा वर्षांत म्हणजे १९८१ ते १९९१ या दशकात पृथ्वीवर एकाएकी ज्वालामुखींचं प्रमाण वाढलं. १९०२ मध्ये ग्वाटेमाला आणि सेंट व्हिन्सेट आणि मार्टिनिक या दोन कॅरिबियन बेटांवर ज्वालामुखीच्या उद्रेकात ३६,००० माणसं प्राणास मुकली. जेव्हा अशी संकटं कोसळतात, तेव्हा ज्वालामुखी संशोधनास पैसा उपलब्ध होतो. १९०२ मध्ये ज्वालामुखीचा अभ्यास सुरू झाला. त्यानंतर गेल्या दशकात सर्वत्र या संशोधनासाठी फार मोठ्या प्रमाणावर पैसा उपलब्ध करून देण्यात आला.

व्हॉईट हे खरं तर हवाई व अवकाश अभियांत्रिकीचे विद्यार्थी; पण भटकंतीच्या नादात त्यांनी भूशास्त्राचा अभ्यास सुरू केला आणि या दोन्ही विषयांत पदव्या मिळवल्या. कडे कोसळण्याच्या अभ्यासाकडं ते यामुळेच वळलं. कारण तिथे भूशास्त्र आणि अभियांत्रिकी या दोन्ही शाखांच्या ज्ञानाचा त्यांना उपयोग झाला. त्यानंतर माऊंट सेंट हेलेन्स यानं त्यांना ज्वालामुखीकडे आकर्षित केलं. "मला दर दहा वर्षांनी उद्योग बदलायला आवडतो." असंही ते म्हणतात. व्हॉईट जेव्हा ज्वालामुखी क्षेत्रात आले, तेव्हा ज्वालामुखी उद्रेकामागची कारणं शास्त्रज्ञांना ठाऊक झाली होती. पृथ्वीच्या गाभ्याच्या वरच्या भागात जिथे खडक खूप दाबाखाली डांबराप्रमाणं आकार्य बनलेला असतो, तिथून ज्वालामुखीस उष्णतेच्या रूपात ऊर्जा मिळते. इथे तापमान १२०० ते १८०० अंश सेल्सिअस असतं. यावर ६५ ते १५० कि.मी. जाडीच्या पृथ्वीच्या कवचाचा भाग असतो. हे कवच वेगवेगळ्या तक्त्यांनी बनलं असून, तुकडेजोड कोड्यांप्रमाणे हे तक्ते एकमेकांत व्यवस्थित बसतात. काही ठिकाणी गाभ्यातून सरळ पृष्ठभागावर या तक्त्यात भोक पाडून शिलारस बाहेर पडतो. अशा ठिकाणांना 'उष्णबिंदू' म्हणतात. हवाई हा एक असा 'उष्णबिंदू' आहे. असे काही अपवाद सोडले, तर सर्वसाधारण दोन तक्ते जिथे एकमेकांस भिडतात, तिथे ज्वालामुखी उफाळतात. जेव्हा दोन तक्त्यांच्या सीमा एकमेकींस भिडतात, तेव्हा एक तक्ता वर उचलला जातो, तर दुसरा तक्ता गाभ्याच्या दिशेनं म्हणजे खाली दाबला जात असतो. अशा तऱ्हेच्या घटना पॅसिफिक तक्त्याच्या चतु:सीमांवर घडत असतात. यामुळेच पॅसिफिक तक्त्याच्या कडेनं म्हणजे आग्नेय आशिया, जपान, अलास्का, कॅलिफोर्निया, अँडिज पर्वतराजी अशी एक ज्वालामुखींची साखळीच असल्याचं आपल्याला नकाशावर दिसून येतं. या साखळीत पृथ्वीवरचे ७५% ज्वालामुखी आहेत. जेव्हा एका तक्त्याचं टोक दुसऱ्या तक्त्याखाली दाबलं जातं, तेव्हा ते खाली खाली जात भूगर्भाच्या वरच्या थराजवळ

जातं. क्वचित प्रसंगी ते भूगर्भाच्या वरच्या भागातही मिसळतं. इथे दाबही जास्त असतो आणि तापमानही, त्यामुळं ते वितळतं. या वितळलेल्या खडकास शिलारस किंवा मॅग्मा असं म्हणतात. या इथल्या परिसरातल्या आकार्य खडकापेक्षा या मॅग्माची घनता कमी असल्यानं तो वर उसळतो. भूपृष्ठाखाली ५ कि.मी.पर्यंत तो वर येतो. इथं त्याची घनता आजुबाजूच्या खडकाएवढी होते. यामुळे तो या भागात स्थिरावतो. इथं असलेल्या दाबामुळं आजूबाजूचे खडकही थोड्या फार प्रमाणात या मॅग्माच्या संपर्कात वितळतात आणि इथे मॅग्माची कोठी तयार होते. याला इंग्रजीत 'मॅग्मा चेंबर' असे म्हणतात.

मॅग्मा कोठीवर पाच कि.मी. जाडीचा खडकांचा थर असला, तरी ही कोठी स्थिर राहत नाही, याचं कारण बऱ्याचदा खालून या कोठीत मॅग्माची सतत भर पडत असते. जरी अशी भर पडत नसली, तरी आजूबाजूचा खडक वितळून त्यातल्या घटकांमधले वायू, खनिजातील पाणी आणि इतर घटकांची वाफ यांचे बुडबुडे वर जायचा प्रयत्न करतात. या कोठीत मग प्रवाह चालू होतात. वरती भूकवचाचा तक्ता सरकतच असतो. या सरकण्यामुळे जे ताण निर्माण होतात, त्यामुळं तक्त्याच्या खालच्या बाजूस भेगा पडतात. त्यात हा खदखदता मॅग्मा शिरतो. या सगळ्या प्रकारात लहान-मोठ्या भूकंपांची मालिका सुरू होते. यामुळं खडकांवरचा ताण कमी झाला, तरी मॅग्मा कोठीवरचा भार वाढतो. दरम्यान, मॅग्मा वरवर सरकत राहतो. वाढलेल्या भारामुळे मॅग्मा आणखी जोरात वरच्या तक्त्याच्या भेगांतून घुसतो आणि काही वेळा तो भूपृष्ठावर येतो. सतत एकाच भेगेतून किंवा नळातून मॅग्मा वर आला, तर त्या जागी शंकूच्या आकाराचा पर्वत तयार होतो. सर्वसाधारणपणं या प्रकारे ज्वालामुखींचा उद्रेक घडून येतो. असं असलं, तरी कुठलेही दोन ज्वालामुखीसारखे नसतात.

मॅग्मास वर यावयास मिळणाऱ्या वाटेचं किंवा नळांचं स्वरूप, स्वत: मूळ मॅग्माचं स्वरूप, आजुबाजूच्या खडकाचं स्वरूप, मॅग्माबाहेर पडण्यास होणारा विरोध, त्यात मिसळणारं भूजल, मॅग्माचे दाढ्र्य अशा अनेक गोष्टींवर उद्रेकाचं स्वरूप अवलंबून असतं. काही वेळा भेग वाटेतच संपते. बरेचदा आजूबाजूचा खडक वितळून मॅग्मात मिसळतो नि मॅग्माचं स्वरूप बदलून तो खूप दाट व कमी प्रवाही होतो. (तर कधी या उलटही घडू शकतं). अशा वेळी मॅग्मा भूपृष्ठावर येतच नाहीत. ज्वालामुखीचा उद्रेक अशा अनेक घटकांवर अवलंबून असल्यामुळे ज्वालामुखीच्या उद्रेकाचं भाकीत करणं अवघड असतं. ज्वालामुखींच्या मानानं मानवी इतिहासाचा काळ अगदीच किरकोळ आहे. पृथ्वीच्या इतिहासात १ कोटी वर्षं सतत होणारे उद्रेक हे अल्पकालीन मानले जातात. यामुळे ज्वालामुखींच्याबाबत तसे आपण अनभिज्ञच आहोत, असं व्हॉईट म्हणतात. यामुळे जेव्हा १९८० नंतर ज्वालामुखीच्या अभ्यासासाठी पैसा उपलब्ध होऊ लागला, तेव्हा प्रथमच शास्त्रज्ञांना उद्रेकापूर्वी आणि उद्रेकानंतर रोजच्या रोज

ज्वालामुखी कसे वागतात, याची माहिती उपलब्ध होऊ लागली. यातूनच ज्वालामुखीच्या उद्रेकाची भाकितं करणं शक्य झालं आणि १९८६ मध्ये माऊंट सेंट हेलेन्सच्या उद्रेकाचं भाकीत वर्तवता आलं; पण याच माऊंट सेंट हेलेन्सच्या नंतरच्या उद्रेकांची पूर्व कल्पना देणं शास्त्रज्ञांना शक्य झालं नाही, हेही तितकंच महत्त्वाचं आहे. कारण हे पुढचे उद्रेक कसलीही पूर्वसूचना न देताच जणू काही शास्त्रज्ञांना 'तुमचे प्रयत्न व्यर्थ आहेत' असं दाखवून देण्यासाठीच झाले असावेत, असं म्हणता येईल. एका ज्वालामुखीचे एका मागोमाग झालेले उद्रेकही एकसारखे नसतात.

या सर्व भूतकालीन ज्वालामुखींचा अभ्यास केला, तेव्हा व्हॉईटना सांख्यिकीचा उपयोग करून ज्वालामुखीच्या उद्रेकाचं भाकीत करणं फोल आहे, हे लक्षात आलं. या ऐवजी निसर्गनियमाचा अभ्यास करून एखादं कोष्टक, एखादं गणिती सूत्र बनविता आलं, तर ज्वालामुखीच्या उद्रेकाची भाकितं सांगता येतील, असं व्हॉईटना वाटू लागलं. गेल्या काही वर्षांतली सूर्यग्रहणं केव्हा केव्हा झाली, याचा अभ्यास करून एखादी व्यक्ती पुढचं सूर्यग्रहण साधारणपणं केव्हा घडू शकेल, हे सांगू शकेल; पण ज्या व्यक्तीजवळ चंद्र, पृथ्वीच्या सद्य:स्थितीची माहिती असेल आणि ज्या व्यक्तीला या शिवाय न्यूटन गुरुत्वाकर्षणाचा नियमही माहीत असेल, ती व्यक्ती सूर्यग्रहणाबद्दल अचूक भाकीत सांगू शकेल. व्हॉईटचा अभियांत्रिकीशी संबंध असल्यामुळे पोलाद, काँक्रीट किंवा इतर स्थापत्यविषयक पदार्थ ताणाखाली कसे तुटतात याबद्दल झालेल्या संशोधनाची व्हॉईटना कल्पना होती. या पदार्थांची ताण सहन करण्याची क्षमता वेगवेगळी आहे; पण तरीही एका सूत्रात गोवल्यामुळं हे सर्व पदार्थ किती ताण किती वेळ सहन केल्यानंतर तुटतील, ते अचूक सांगता येतं. यासाठी या पदार्थांचे काही प्रतिनिधिक तुकडे तपासले, की काम भागतं. हे माहीत असूनही "ज्वालामुखी कुठल्याही अमेरिकन कंपनीनं किंवा अमेरिकन सोसायटी फॉर टेस्टिंग अँड मटेरियल्स या संस्थेनं तयार केले नसल्यामुळे त्यांच्याबद्दलचं सूत्र तयार करणं अवघड आहे." असं व्हॉईट म्हणतात.

१९८५ च्या सुमारास जपानी शास्त्रज्ञ याच शास्त्राचा कडे कोसळणं या घटनेशी संबंध जोडायचा प्रयत्न करत होते. कडे कशामुळं कोसळतात, तर ज्या खडकांवर ताण पडतो, ते खडक गुरुत्वाकर्षणाच्या जोराखाली खेचले जातात. या घटनांचा परस्परसंबंध शोधण्यासाठी जपानी शास्त्रज्ञ कृत्रिमरीत्या कड्यांची घसरण घडवून आणत होते. या प्रयोगांचे निष्कर्ष पाहून ज्वालामुखीसंबंधित कडे आत आणि बाहेर कधी कोसळणार याचं गणिती सूत्र नक्की मांडता येईल, अशी व्हॉईटना खात्री वाटू लागली. मग त्यांचे या दिशेनं प्रयत्न सुरू झाले. जसजसे हे पदार्थ तुटण्याच्या क्षणाच्या जवळ पोहोचतात, तसतसा त्यांच्यावरचा ताण अधिक प्रमाणात वाढू लागतो, हेही त्यांच्या लक्षात आलं. त्यांनी आपल्या अभ्यासानुसार जे गणिती सूत्र

लावलं, ते कुठल्याही ताणाखाली असलेल्या वस्तूस लागू पडेल असं आहे. १९८९ मध्ये त्यांनी ताणाचा वाढता वेग कसा शोधून काढता येईल, याचं सूत्रही तयार केलं. या सूत्रानं हा ताण वाढत वाढत अनंतापर्यंत कसा पोहोचतो व त्याचा वाढण्याचा वेगही व अनंत केव्हा होतो, हेही काढता येतं; पण हे वेग अनंतास वाचवण्याआधीच पदार्थ तुटतो. यामुळे आधी ताण सहन करून तो पदार्थ तुटला, हे ज्ञात असेल, तर मग इतर ठिकाणीही तो पदार्थ किती ताणाखाली तुटेल, हे गणिती सूत्रानं काढता येतं.

हीच पद्धत ज्वालामुखींच्या बाबतीत वापरून भूकंपाचे बसणारे धक्के, त्यांची घटक वारंवारिता, तीव्रता, ज्वालामुखीचा पृष्ठभाग फुगणं आणि त्यातले इतर घटक यांचा अभ्यास करून ज्वालामुखीचा उद्रेक केव्हा होईल, हे सांगणं शक्य आहे, असं व्हॉईटना वाटतं. त्यांच्या मते सध्या तरी ज्वालामुखीचं भाकीत करण्यासाठी दुसरी कुठलीही पद्धत अस्तित्वात नाही. ज्वालामुखींच्या बाबतीत कुठलाच तर्क करता येत नाही. कारण आधीच्या उद्रेकातील लाव्हा थिजून त्यामुळे एखादा कमजोर पट्टा निर्माण झाला, की आधीचा कमजोर पट्टा भरून निघाल्यामुळे तो खूप बळकट झाला, हे सांगणं इतकं अवघड मानलं जायचं; पण आता खडकांवरचा ताण वाढतोय ना, याचंच निरीक्षण करावं लागेल आणि ते तौलनिकदृष्ट्या सोपं आहे, फार भूमिगत भागात म्हणजे भूपृष्ठाखाली काही का घडेना, आता खडक लवकरच तुटणार, हे आपल्या लक्षात येऊ शकेल.

हे सूत्र वापरून आधी होऊन गेलेल्या काही उद्रेकांच्या बाबतीत व्हॉईटनी गणितं मांडली, तेव्हा आपल्या पद्धतीनं ज्वालामुखीचं भाकीत केलं असतं, तर किमान ८ ते १० दिवस आधी आपण त्या ज्वालामुखींच्याबाबत त्या काळापुरतं भविष्य वर्तवू शकलो असतो, हे व्हॉईट यांच्या लक्षात आलं. अमेरिकन भूसर्वेक्षण विभागातले व्हॉईटचे सहकारी रॉबर्ट टिलिंग यांच्या मते, ''व्हॉईट यांनी एक चांगली पद्धत शोधली आहे; मात्र त्यासाठी योग्य ती अचूक माहिती उपलब्ध होणं व तिचा तत्काळ उपयोग करणं आवश्यक ठरतं; पण त्यासाठी सर्व जागृत ज्वालामुखींवर अत्याधुनिक यंत्रणा बसवणं आवश्यक आहे. आज जागृत असलेल्या ६०० ज्वालामुखींपैकी ९५ टक्के ज्वालामुखी विकसनशील देशात आहेत. यामुळे फक्त ५ टक्के ज्वालामुखींचाच व्यवस्थित अभ्यास होऊ शकेल. सर्वांत धोकेबाज ज्वालामुखींचा यात समावेश होत नाही.''

आपल्या सहकाऱ्याचं हे मत व्हॉईटनाही मान्य आहे, म्हणून तर ते सतत मेरापीच्या शिखरात आसपास वावरत असतात. इथं त्यांनी अनेक अत्याधुनिक यंत्रणा बसवल्या आहेत. त्यामुळे या शिखराच्या उंचीत पडलेला सूक्ष्म फरकही त्यांना कळतो. या यंत्रणेत लेझर किरण आणि आरसे वापरले जातात. हे आरसे या

शिखरावर जागोजाग बसवलेले आहेत. या आरशांवर ६.५ कि.मी. दुरून लेझर किरण सोडले जातात आणि लेझर किरणांच्या परावर्तनातला फरक नोंदवला जातो. यामुळे उंचीतला २ सें.मी. चा फरकही ओळखता येतो, याशिवाय जागोजाग ओळंबे आणि उतारमापी यंत्रंही बसवलेली आहेत. शिवाय पातळीतला फरक मोजणारी यंत्रंही या उतारावर आहेतच. ही सर्व यंत्रं ठरावीक वेळी रेडिओ संदेशवहनयंत्रणेच्या साहाय्यानं या उताराची मोजमापं प्रयोगशाळेस कळवितात. माप घेण्याच्या वेळेतलं मध्यंतर शास्त्रज्ञ ठरवतात. साधारणपणं दर पंधरा मिनिटांनी हे रेडिओ संदेश आपल्या माहितीस योग्य त्या काळात पोहोचतात.

ही यंत्रं बसवल्यानंतर लगेचच मेरापी हादरू लागला. जणू काही तो ज्वालामुखी ही यंत्रं तिथे बसवली जाण्याची वाटच पाहत होता. ''या यंत्रांचं आता अवकाशभ्रमण सुरू होणार बरं का?'' असं ही यंत्रं बसवणाऱ्या चमूपैकी एक शास्त्रज्ञ म्हणालादेखील; पण तसं काही घडलं नाही. २६ ऑगस्टला मेरापीनं गंधकयुक्त वाफेचा एक प्रचंड मोठा ढग आकाशात सोडला आणि तो थंडावला. या प्रकारात एक उतारमापी यंत्र ज्वालामुखीत पडलं. एवढं नुकसान सोडलं, तर बाकी काही विशेष घडलं नव्हतं.

व्हॉईट आता मेरापीच्या उतारावर मुक्काम ठोकून बसले आहेत. त्यांच्या दृष्टीनं ज्वालामुखीचं भाकीत हा एकच नुकसान टाळायचा मार्ग नव्हे. आर्थिक आणि राजकीय विचारांचा व्यावहारिक प्रभाव हा ही महत्त्वाचा आहे. काही वेळा एखादं शहर खाली करणं, हे या कारणासाठी थोपवण्यात येऊ शकतं आणि मग नुकसान झाल्यावर मात्र शास्त्रज्ञांना दोष देण्यात येतो. विकसनशील देशात बऱ्याच ठिकाणी ज्वालामुखी आणि लोकवस्ती एकमेकांना खेटून आहेत. इथे अशा तऱ्हेचे निर्णय घेण्याची वेळ वारंवार येणार आहे. जर एखादं छोटं गाव, समजा ५० हजार ते १ लाख लोकवस्तीचं गाव, हलवण्यात आलं आणि उद्रेक झालाच नाही, तर जे आर्थिक नुकसान होईल, त्याची जबाबदारी कुणाची? आणि जर ही लोकवस्ती हलवली नाही आणि महाभयंकर उद्रेक झाला, तर ती जबाबदारी कोण घेणार? असे प्रश्न उपस्थित होणारच. म्हणूनच व्हॉईट अक्षरशः प्राण पणास लावून ज्वालामुखीचं भाकीत करण्याचं सूत्र तयार करायच्या प्रयत्नात आहेत. आल्बर्ट कामूच्या 'द प्लेग'मध्ये एक वाक्य आहे.

''कुठलीही दुर्घटना किंवा महाआपत्ती ही माणसाच्या विचारधारा लक्षात घेऊन घडत नाही. यामुळे आपण आपल्या मनाची समजूत घालताना त्यांना दुःस्वप्न म्हणतो आणि हे दुःस्वप्न निघून जाईल, असंही म्हणतो; पण बऱ्याचदा हे दुःस्वप्न टळत नाही, तर माणसं कायमची निघून जातात. कारण त्यांनी वेळीच काळजी घेतलेली नसते.'' हे वाक्य व्हॉईटना फारच महत्त्वाचं वाटतं आणि ते योग्यही आहेच. ■

आयझॅक ॲसिमोव्ह

"आयझॅक ॲसिमोव्ह हे नाव माहीत नाही, असा इंग्लिश-अमेरिकन साहित्याचा वाचक असूच शकत नाही. किंबहुना इंग्लिश वाचणाऱ्या प्रत्येकाला आयझॅक ॲसिमोव्हचं नाव माहिती असतंच. ते माहीत नसेल, तर तो माणूस खोटं बोलतोय, असं समजायला हरकत नाही."

एका सभेत रॉबर्ट हाईनलाईन हा प्रख्यात विज्ञानकथाकार सांगत होता. विज्ञानकथांच्या चाहत्यांचं ते संमेलन होतं. त्याच्या मागेच आयझॅक ॲसिमोव्ह स्वत: बसले होते. ते रॉबर्टला काहीतरी खाणाखुणा करत होते. तो थांबला. मागे वळला. ॲसिमोव्ह त्याला म्हणाले, "रशियन, फ्रेंच आणि इतर युरोपियन भाषा, असंही सांग."

अगदी खरं आहे. रशियासारख्या कट्टर कम्युनिस्ट देशांतही जे 'कॅपिटॅलिस्टिक', 'बूर्झ्वा' लेखक अत्यंत आवडीनं वाचले जात (नि वाचूही दिले जात.) त्यात ॲसिमोव्हचा क्रमांक पहिल्या काही लेखकांत होता.

आजकाल ॲसिमोव्ह, 'आयझॅक ॲसिमोव्ह्ज सायन्स फिक्शन मॅगेझीन'(ASFM) चे संपादक म्हणून आपलं नाव छापण्यासाठी पैसे घेतात व ते त्यांना मिळतातही! संपादक म्हणून त्यांचं नाव असलं, तरी 'या मासिकाबद्दल मला काहीही विचारू नका– कार्यकारी संपादकांना विचारा' असं ते स्वच्छच सांगतात. 'प्ले बॉय' नि 'पेंट हाऊस' पासून 'नॅशनल कॉन्फरन्स ऑन रिन्यूएबल एनर्जी रिसोर्सेस'पर्यंत सर्वत्र त्यांचे लेख असतात. यात अक्षरश: 'काय वाट्टेल ते' असू शकतं. विज्ञानकथा, संशोधनपर लेख, चुटके, वात्रटिका, कविता, बायबलवर अभ्यासपूर्ण लेख, ग्रीक पुराणांवरील चिंतन, विनोदी कथा– अक्षरश: काहीही! वात्रटिकांचे दोन नि चुटक्याचा एक संग्रह, 'डिक्शनरी ऑफ मिथिकल वर्ड्स' हे अत्यंत उपयुक्त पुस्तक, फाऊंडेशन मालिकेची सहा पुस्तकं, सटीक बायबल (दोन खंड), उत्तर अमेरिकेचा इतिहास (४ खंड) अशी नानाविध विषयांची ही पुस्तकं ॲसिमोव्ह यांच्या चतुरस्त्र बुद्धीची व लिखाणाची साथ देतील. सगळ्यात महत्त्वाची गोष्ट, म्हणजे सामान्यातल्या सामान्य

माणसाला कळतील इतक्या सोप्या शैलीत लिहिलेली ही पुस्तकं अमेरिकेचे राष्ट्राध्यक्ष, जगातले अनेक सर्वश्रेष्ठ शास्त्रज्ञ नि हॉलिवूडचे चित्रपट निर्मातेसुद्धा आवडीनं वाचतात.

लेखनावर उपजीविका करणारे जे ख्यातनाम अमेरिकन लेखक आहेत, त्यांच्यात मुख्यत: वैज्ञानिक विषयावर पुस्तकं लिहून पैसे मिळवण्यात अग्रणी असणारे लेखक म्हणून ॲसिमोव्ह प्रसिद्ध आहेत. न्यूयॉर्कमधल्या एका हॉटेलात त्यांचा मुक्काम असतो. सध्या त्यांची दुसरी बायको त्यांच्याबरोबर असते. तिचा ते 'सध्याची मिसेस ॲसिमोव्ह' असा उल्लेख करतात. आपण लिहिलेल्या प्रत्येक शब्दाबद्दल मोबदला मिळाला पाहिजे, यावर त्यांचा कटाक्ष असतो. आजमितीस त्यांच्या पुस्तकांची संख्या २३६ असून, आगामी दहा पुस्तकांची नावं जाहीर झाली आहेत.

(हा लेख पुस्तकात समाविष्ट झाला, तेव्हा ती ४८८ वर थांबली होती. कारण ॲसिमोव्हचं निधन झालं.)

आयझॅक ॲसिमोव्ह आणि आर्थर क्लार्क हे दोन आघाडीचे 'लोकार्थी' विज्ञान लेखक नि विज्ञानकथा लेखक एकमेकांचे चांगले मित्र आहेत. ('लोकार्थी' विज्ञान लेखक, हा शब्द सर्वसामान्य वाचकाला समजेल, अशा सोप्या पद्धतीनं विज्ञानविषयक लेखन करणारा लेखक या अर्थानं वापरला आहे.) १९६७ मध्ये न्यूयॉर्कमध्ये पार्क ॲवेन्यूतून टॅक्सीतून प्रवास करताना या दोन मित्रांनी एक 'करार' केला. ते दोघं (नि आता त्यांचे चाहतेही) या कराराला 'ॲसिमोव्ह-क्लार्क ट्रीटी ऑफ पार्क ॲव्हेन्यू' असं म्हणतात. मुख्य म्हणजे या तहांच्या कलमांविरुद्ध आजपर्यंत दुसऱ्या कुणीही ब्र काढलेला नाही. या तहान्वये आयझॅक ॲसिमोव्ह यांनी या जगातला सर्वोत्कृष्ट विज्ञानकथा लेखक म्हणून आर्थर क्लार्क यांचं श्रेष्ठत्व मान्य केलंय (अर्थातच दुसऱ्या क्रमांकावर आयझॅक ॲसिमोव्हच होते.), तर आर्थर क्लार्क यांनी जगातील सर्वोत्कृष्ट लोकार्थी विज्ञान लेखक म्हणून आयझॅक ॲसिमोव्ह यांचं श्रेष्ठत्व मान्य केलंय. (दुसऱ्या क्रमांकावर अर्थातच आर्थर क्लार्क होते.)

आयझॅक ॲसिमोव्ह यांनी जेव्हा जेव्हा या हकिगतीविषयी लिहिलं, त्या त्या वेळी ते या हकिगतीला एक टीप जोडली

''अर्थात, हे आम्हा दोघांनाही मान्य नाही. कारण 'विनय' हा शब्द दोघांच्याही शब्दकोशांत नाही; पण आम्ही दोघंही सभ्य असल्यानं आमचे शब्द पाळतो. काही गोष्टींत आर्थर माझ्यापेक्षा श्रेष्ठ आहे. त्याचं हे श्रेष्ठत्व मी मान्य करतो. तो माझ्यापेक्षा वयानं मोठा आहे. तो माझ्यापेक्षा अधिक कुरूप आहे नि त्याचं टक्कलही मोठं आहे. या बाबतीत तो मोठा आहे नि ते मोठेपण मान्य करणं मला भागच आहे.''

ॲसिमोव्ह यांचा जन्म १९२० मध्ये (म्हणजे आर्थर क्लार्कनंतर तीन वर्षांनी)

रशियातल्या स्मोलेन्स्क गावाजवळ झाला. १९२३ मध्ये ॲसिमोव्हच्या आई-वडिलांनी रशिया सोडलं. ते निर्वासित म्हणून अमेरिकेत आले. मॉस्कोच्या उत्तरेस ३०० मैल असलेल्या पेट्रोविच या खेड्यापासून न्यूयॉर्कपर्यंत केलेला हा प्रवास ॲसिमोव्ह यांच्या आयुष्यातला सर्वांत प्रदीर्घ प्रवास ठरला. कारण मनानं आकाशगंगांतून भ्रमण करणाऱ्या या विज्ञानलेखकाला विमान-प्रवासाची प्रचंड भीती वाटते. त्यामुळं ते विमानप्रवास टाळत. त्यांचा प्रवास टॅक्सीनं किंवा रेल्वेनंच होत असे. अर्थात आपल्या लेखनात व्यत्यय येऊ नये, म्हणून ते सहसा न्यूयॉर्कबाहेर पडत नसत.

अमेरिकेत आल्यावर ब्रुकलीनमध्ये त्यांच्या वडिलांनी केक पेस्ट्री आणि इतर खाऊचे पदार्थ विकायचं एक दुकान घातलं. लहान मुलं या दुकानात गर्दी करायची, हे बघून त्यांनी केकबरोबर काही पुस्तकं विक्रीस ठेवायला सुरुवात केली. वयाच्या पाचव्या वर्षी ॲसिमोव्ह वाचायला शिकले. त्यांची स्मरणशक्ती अतिशय तीव्र होती. प्रगल्भ बुद्धीच्या बालकांत त्यांचा समावेश व्हायचा. दुकानात बसून वाचायच्या पुस्तकांत त्यांना 'सायन्स वंडर स्टोरीज' हे पुस्तक वाचायला मिळालं. तेव्हा ते नऊ वर्षांचे होते. त्या वेळेस मला जर एक निकेल (५ सेंट) मिळता, तर मी वही खरेदी करून लगेच गोष्ट लिहायला घेतली असती, असं ते म्हणत. अकराव्या वर्षी ॲसिमोव्हनी आपली पहिली गोष्ट लिहिली. मासिकं महिन्यातून एकदाच येत नि ती वाचून लगेच संपून जात. मग पुढचे तीन आठवडे काय करायचं? आपण स्वत:च गोष्टी लिहिल्या, तर 'काय वाचायचं' हा आपला प्रश्न सुटेल, असं त्यांना वाटलं. वयाच्या १४ व्या वर्षी त्यांचं शालेय शिक्षण संपलं होते.

''वय वर्षं ६ ते १४ या काळात मी जितकं वाचलं, तितकं वाचायला मला पुन्हा वेळच मिळाला नाही.'' असं ते म्हणतात. पाचव्या वर्षी स्वत:च र ट फ करत वाचायला शिकलेल्या ॲसिमोव्हना सहाव्या वर्षी ग्रंथालयात प्रवेश मिळाला. बरेचदा ग्रंथपाल बाईंना प्रश्न पडायचा, की हा मुलगा चित्रं नसलेली मोठी मोठी पुस्तकं घेतो, त्यांचं करतो तरी काय? मग त्या छोट्या मुलाला त्या पुस्तकांवरचे प्रश्न विचारत. तोही त्यांची खडान्‌खडा उत्तरं देत असे.

वयाच्या १५व्या वर्षी ॲसिमोव्हनी कोलंबिया विद्यापीठात प्रवेश मिळवला. ते ग्रॅज्युएट झाले; पण त्यांचं वय लहान होतं. या कारणासाठी त्यांना वैद्यकीय महाविद्यालयात प्रवेश नाकारण्यात आला. यामुळं ॲसिमोव्हनी बायोकेमिस्ट्रीत पदवी मिळवायचं ठरवलं. ॲसिमोव्हच्या वडिलांची यामुळं खूप निराशा झाली. आपला मुलगा डॉक्टर व्हावा, असं त्यांना वाटत होतं.

१९३४ मध्ये ब्रुकलिनच्या 'बॉईज हायस्कूल'मध्ये इंग्लिश मातृभाषा नसलेल्या विद्यार्थ्यांसाठी एक 'स्पेशल इंग्लिश'चा वर्ग घेण्यात येत असे. या वर्गाला शिकवणारे शिक्षक त्याच शाळेचं द्वैवार्षिक काढत असत. त्यांच्या या वर्गाला खूप गर्दी असे.

आपल्या विद्यार्थ्यांकडून ते लिखाण करवून घ्यायचे आणि त्यातलं निवडक लिखाण शाळेच्या द्वैवार्षिकात छापलं जायचं. या वेळेस ॲसिमोव्ह १४ वर्षांचे होते, तर त्या वर्गातली इतर मुलं १६-१७ वर्षांची होती. हा हुशार पोरगा या वर्गातही लुडबूड करतोय, याचा या विद्यार्थ्यांना राग यायचा.

या वर्गातून ॲसिमोव्ह यांचा 'लिटल ब्रदर' हा लेख निवडला गेला; पण जेव्हा तो निवडला जाण्याचं कारण कळलं, तेव्हा ॲसिमोव्ह निराश झाले. ॲसिमोव्हनी अतिशय सुंदर विनोदी लिखाण पुढच्या आयुष्यात केलं, पण हा लेख मात्र अतिशय गंभीर म्हणून लिहिला होता. पाच वर्षांपूर्वी त्यांच्या धाकट्या भावाचा जन्म झाला होता, त्यावर हा लेख होता; पण ॲसिमोव्हच्या शिक्षकांनी ॲसिमोव्हना बजावून सांगितलं, "हे बघ, तुझा लेख घेतोय म्हणून चढून जाऊ नकोस! वर्गातल्या दुसऱ्या कुणीही विनोदी लेख दिला नाही, म्हणून नाइलाजास्तव तुझा लेख घेणं मला भाग पडतंय."

१ जानेवारी १९३८ पासून ॲसिमोव्हनी डायरी लिहायला सुरुवात केली होती. ती ते सतत लिहित राहिले. त्यांची डायरी म्हणजे त्यांच्या लिखाणाची हिशेबवही झाली आहे. या डायरीतील एक नोंद वाचण्यासारखी आहे.

"शाळेच्या द्वैवार्षिकांत माझ्याबरोबर लिहिणाऱ्या कुणाचंच नाव नंतर कुठल्याही संदर्भात छापलं गेलं नाही, अपवाद फक्त माझाच." २३६ पुस्तकं छापून झाल्यावर जागतिक कीर्ती मिळाल्यावर आणि आणखी दहा पुस्तकं छपाईच्या वाटेवर असतानाच हा विचार आणखी अनेक संदर्भात महत्त्वाचा वाटतो.

२९ मे १९३७ या दिवशी 'आपली गोष्ट... आपलं लिखाण छापून यायला हवं' हा विचार ॲसिमोव्ह यांच्या मनात प्रथम आला. आपण लिहावं, लोकांनी ते वाचावं, त्यातून आपल्याला पैसे मिळावेत, ही त्यांची त्या दिवसापासूनची महत्त्वाकांक्षा आणि आपली गोष्ट ही विज्ञानकथाच असणार, हेही त्यांना जणू मनोमन उमगलेलं होतं.

त्यांनी एक वही आणली, पेन आणलं नि आपली पहिली विज्ञानकथा लिहायला सुरुवात केली. या कथेचं नाव होतं 'कॉस्मिक कॉर्क स्क्रू.' या कथेत त्यांनी अशी कल्पना केली होती, की मळसूत्राच्या (स्क्रूच्या) पिळदार आट्यांप्रमाणे काळाची रचना आहे. यामुळे या मळसूत्राच्या एका बाजूनं आट्याबरहुकूम प्रवास करायचं टाकून एखादी व्यक्ती काळाच्या विशिष्ट टप्प्यांवर उड्या मारू शकेल; पण त्या टप्प्याच्या अलीकडं-पलीकडं जाणं मात्र शक्य नसतं.

त्या कथेतला नायक भविष्यकाळात जातो, तो अशाच एका टप्प्यावर. त्या ठिकाणी त्या वेळी कुठलीही सजीवाची खूण नसते. पृथ्वीवर एकेकाळी सजीव वावरत असल्याच्या भरपूर खुणा तिथे असतात; पण ती सर्व सजीव सृष्टी नष्ट

झालेली होती. ती अगदी अलीकडेच नष्ट झाली असावी, असं दिसत असतं; मात्र ती सृष्टी कशामुळं नष्ट झाली, याचं काहीच कारण त्या कालप्रवाशाला दिसत नसतं. तो निराश मनानं वर्तमानकाळात परततो.

ही गोष्ट प्रथमपुरुषी एकवचनी आहे. कथानायक मनोरुग्णालयाच्या बंदिवासातून ही कथा सांगतो. कारण कालप्रवास करून परतल्यावर तो वेड्यासारखा काहीतरी बडबडतो, म्हणून त्याला इथे डांबण्यात आलेलं असतं.

१९३७ मध्ये या कथेची काही पानं लिहून झाल्यावर ॲसिमोव्ह कंटाळले आणि त्यांनी ही गोष्ट बाजूला ठेवली. ''आपण आपली गोष्ट छापायला पाठवायची, या कल्पनेनंच माझं मन सुन्न झालं.'' असं याबद्दल त्यांनी लिहून ठेवलंय. ''इतर लोक ही कथा वाचतील. कदाचित, ही कथा त्यांना आवडणारी नाही, या कल्पनेनं मी बधिर झालो नि माझं कथालेखन थांबवलं.'' असंही या लेखसंन्यासाचं त्यांनी कारण दिलं.

मे १९३८ मध्ये 'अस्टौंडिंग सायन्स फिक्शन' हे मासिक महिन्याच्या तिसऱ्या बुधवारऐवजी चौथ्या शुक्रवारी प्रसिद्ध होऊ लागलं. याची अर्थातच ॲसिमोव्हना कल्पना नव्हती. जूनचा अंक ठरल्यादिवशी आला नाही, यामुळे ते अस्वस्थ झाले. त्यांच्यादृष्टीनं या मासिकाला खूप महत्त्व होतं. १९३८ मध्ये 'अस्टौंडिंग स्टोरीज' चा संपादक बदलला होता. एफ. ऑर्लीन ट्रेमेन ऐवजी जॉन वुड कँपबेल (ज्यु.) यांच्याकडं संपादनाची सूत्रं आली होती. २८ वर्षांचे कँपबेल त्या वेळचे अमेरिकेतले आघाडीचे विज्ञानकथा लेखक होते. त्यांनी 'अस्टौंडिंग स्टोरीज'चं नाव बदलून 'अस्टौंडिंग सायन्स फिक्शन' असं ठेवलं. यामुळं विज्ञानकथेचे चाहते असलेल्या ॲसिमोव्हना खूप आनंद झाला होता. या आधी ॲसिमोव्हनी 'स्टोरीज'ला पत्रं लिहिली होती. त्याचं 'सायन्स फिक्शन' झाल्यावर त्यांना पुन्हा जोर आला. त्या काळात ॲसिमोव्ह त्यांना माहीत असलेली सर्व विज्ञानकथांची मासिकं जमवून त्यातल्या गोष्टींचे आपल्या आवडीनुसार क्रम लावायचे. त्यांच्यातलं कथाबीज सारांशरूपानं उतरवून काढायचे नि आपल्याला ती कथा का आवडली किंवा का आवडली नाही, हे लिहून ठेवायचे. असंच एक पत्र त्यांनी अस्टौंडिंग सा. फि. ला पाठवलं होतं. ते या नव्या संपादकानं छापलं होतं. यानंतर ॲसिमोव्ह दरमहा असाफिला पत्र लिहू लागले. यामुळंच जेव्हा ठरलेल्या दिवशी त्यांच्याकडे असाफिचा अंक आला नाही, तेव्हा ॲसिमोव्ह काळजीत पडले होते. ॲसिमोव्हच्या वडिलांचं दुकान आता विविध वस्तू भांडार झालं होतं. ते इतर पदार्थांबरोबर पुस्तकं, मासिकंही विकायचे. ॲसिमोव्हच्या वडिलांकडे मंगळवारी सायंकाळीच असाफिचा गठ्ठा यायचा. गठ्ठा बुधवारी विक्रीसाठी सोडवून त्यातले अंक दुकानाच्या दर्शनी भागी मांडले जायचे. मंगळवारी सायंकाळीच ॲसिमोव्ह हे काम पूर्ण करत. यामुळे ॲसिमोव्हचे

वडील वैतागायचे. कारण अंक मोजणं, खराब अंक बाजूला करणं, ठरलेल्या ठिकाणी ते अंक ठेवणं, तिथले जुने अंक काढून घेणं या त्यांच्या कार्यक्रमात यामुळे अडथळा निर्माण व्हायचा. १० मेला आलेला मासिकांचा गठ्ठा ॲसिमोव्हनी उघडला, तेव्हा त्यात 'अस्टौंडिंग'चा एकही अंक नव्हता.

११ मे ला त्यांच्या डायरीत नोंद आहे, ती अशी : ''बुधवार, ११ मे, आजही अस्टौंडिंगचा अंक आलेला नाही. या अंकाचं नि माझं किती जवळचं नातं जुळलंय, याची आज मला कल्पना येते.''

ॲसिमोव्हच्या मनात अर्थातच हे मासिक बंद पडलं की काय, अशी भीतियुक्त शंका होती.

आपल्या खाऊच्या पैशातून एक निकेल (५ सेंट) वेगळा काढून ॲसिमोव्हनी हे मासिक प्रसिद्ध करणाऱ्या स्ट्रीट अँड स्मिथ इन्कॉर्पोरेटेड या प्रकाशनाला फोन केला. तिकडून उत्तर आलं- 'मासिक चालू आहे.' आता पुढच्या मंगळवारची वाट बघणं. अत्यंत विमनस्क अवस्थेत ॲसिमोव्ह पुढच्या मंगळवारची वाट बघत होते. त्या काळात अस्टौंडिंग हे त्यांच्या जीविताचं सारसर्वस्व होतं. दुकानात ॲसिमोव्ह बसलेले असताना गिऱ्हाईक यायचे. काहीतरी वस्तू मागायचे. विक्रेत्याचं लक्ष वृत्तपत्रांच्या ढिगावर ठेवलेल्या मासिकांकडे असायचं. मोड परत देताना चूक व्हायची. असलेला माल गिऱ्हाइकाला देताना नकारार्थी मान हलायची. असं करता करता मंगळवार, १७ मे उजाडला. पार्सलं आली. आयझॅकनं त्या पार्सलांवर झडप घातली. ''हा शाळेत असताना ही पार्सलं आली, तर बरं होईल,'' असं वडील पुटपुटले.

''माझ्या अभ्यासाला मदत होते त्या मासिकाची,'' चिरंजिवांनी पूर्वी एकदा वडिलांना सुनावलं होतं; पण एवढी शाळेत जाणारी मुलं आहेत, त्यांच्यासुद्धा अभ्यासाला मदत होईल, असं असताना अंक शिल्लक का राहतात, हा प्रश्न आयझॅकच्या वडिलांच्या डोक्यात घोळत होता; पण आपला मुलगा वर्षाला दोन इयत्ता पहिल्या क्रमांकानं पास होतोय, हेही त्यांना नजरेआड करता येत नव्हतं. आयझॅकनं घाईघाईत पार्सलं उघडली. मासिकांचे गठ्ठे बघितले. त्यात अस्टौंडिंग नव्हतं! आयझॅकच्या डोक्यावर जणू वीज कोसळली.

अंक आला नाही, तर काय करायचं, याची योजना तयार असूनही आयझॅक सुन्न झाला होता. गेले काही दिवस वृत्तपत्र टाकताना मिळणारी बक्षिसी, फोनवरचे निरोप सांगितल्याबद्दल मिळालेले निकेल्स नि वडील नसताना गिऱ्हाइकानं 'कीप द चेंज' म्हणून ठेवलेले सुट्टे पैसे आयझॅकनं काळजीपूर्वक साठवले होते. यापूर्वी त्यानं कधीच असे पैसे स्वत:कडे ठेवलेले नव्हते. ब्रुकलीनहून भुयारी रेल्वेनं मॅनहॅटनला स्ट्रीट अँड स्मिथच्या कचेरीत जाऊन परतायला पुरेसे पैसे साठल्याला आता दोन दिवस झाले होते; पण अंक आला, तर जावं लागणार नव्हतं. तेवढ्यात मंगळवार आला; पण अंक

आलाच नव्हता.

वडिलांना हे सांगणं शक्यच नव्हतं. आयझॅकनं आईची परवानगी घेतली. तीसुद्धा घाबरतच. दुपारी दोन तास सुट्टी मिळाली. वडीलही झोपले होते. परीक्षेचे दिवस होते. शाळेत तास नव्हते. परीक्षा परीक्षा काय! आयझॅकच्या डाव्या हातचा मळ, आयझॅक अठरा वर्षांचा. प्रथमच एकट्यानं प्रवासाला निघाला होता. शाळा सोडली, तर जवळपासची वृत्तपत्रं टाकणं एवढाच त्याचा घराबाहेर वावर होता. मॅनहॅटन हे तेव्हाही गजबजलेलं उपनगर होतं. अशा ठिकाणी अनोळखी लोकांना विचारून पत्ता शोधणं या कल्पनेनं आयझॅकची छाती धडधडत होती.

अखेरीस आयझॅक तिथं पोहोचला. फारसा अवघड पत्ता नव्हता तो. सेवंटीनाईन, सेवंथ ॲवेन्यू, इथे स्ट्रीट अँड स्मिथची कचेरी होती. आपल्या हातातली पिशवी सावरत सावरत आयझॅक पाचव्या मजल्यावर पोहोचला. तिथं मिस्टर क्लीफोर्ड यांनी आयझॅकची भेट घेतली. इथून पुढं अस्टौंडिंग तिसऱ्या शुक्रवारी प्रसिद्ध होणार असल्याचं त्यांनी सांगितलं. एवढंच नव्हे, तर तशी लेखी सूचना निघणार होती. त्याची छापील प्रतही आयझॅकला दाखवली. मिस्टर क्लीफोर्ड या वेळी आयझॅकला 'मिस्टर ॲसिमोव्ह' म्हणत होते. यामुळे आयझॅक सुखावला नि १९ तारखेची म्हणजे परवाची वाट बघायला घरी परतला.

दुकानात १९ मे ला गुरुवारीच अस्टौंडिंगचं पार्सल आलं. ते लिहितात : ''त्या दिवशी खूप पाऊस पडत होता; पण माझ्या जीवनात पार्सलनं स्वच्छ सूर्यप्रकाश आणला. त्या दिवशी आमची रसायनशास्त्राची वार्षिक परीक्षा होती; पण मी अस्टौंडिंगचा अंक वाचत बसलो. अखेरीस शाळेत जायची वेळ झाली, म्हणून तो अंक बाजूला ठेवला.'' (या परीक्षेत ॲसिमोव्ह वर्गात पहिले आले होते.)

हा प्रसंग महत्त्वाचा आहे. कारण यामुळे अस्टौंडिंगबद्दलच्या आदरयुक्त भीतीपैकी भीती गेली नि ॲसिमोव्हचा लेखन करण्याचा निश्चय दृढ झाला. आपली 'कॉस्मिक कॉर्क स्क्रू' ही गोष्ट ॲसिमोव्ह विसरले नव्हते. त्यांनी ते कागद शोधून काढले. त्यावरची धूळ झटकली. अस्टौंडिंग बंद पडलं, असं ॲसिमोव्हना ज्या वेळी वाटत होतं त्या वेळे त्या वाईट वाटण्यामागची कारणंही त्यांच्या लक्षात आली होती. 'विज्ञानकथा लेखक बनायचं,' ही त्यांची महत्त्वाकांक्षा होती नि अस्टौंडिंग जर बंद पडलं, तर या इच्छेचं कधीही पुऱ्या न होणाऱ्या स्वप्नात रूपांतर होईल, असं त्यांना वाटत होतं.

ते म्हणतात, ''मला नुसता लेखक बनायचं नव्हतं किंवा मला नुसता पैसा मिळवायचा नव्हता. या दोन्ही गोष्टी माझ्या त्या काळात कधीच डोक्यात आल्या नव्हत्या. मला विज्ञानकथा लेखक बनायचं होतं. आपण विज्ञानकथा आणि ती विज्ञानकथेच्या मासिकात छापून आलीय, हे स्वप्न उराशी बाळगून मी जगत होतो.''

अ.सा.फि. (ASF) प्रकाशित करणाऱ्या 'स्ट्रीट अँड स्मिथ'च्या कचेरीला भेट दिल्यामुळे त्या मानसदेवतेतला नि ॲसिमोव्हमधला दुरावाही थोडा कमी झालेला होता. आपण अस्टौंडिंगच्या कचेरीत जाऊ शकतो, या कल्पनेनं ॲसिमोव्हचा आत्मविश्वास जागृत झाला होता. त्यात हे धाडस त्यांनी कुणाच्याही मदतीशिवाय एकट्यानं केलेलं होतं. स्ट्रीट अँड स्मिथची कचेरी कुठल्याही परग्रहावर नसून पृथ्वीवरच अस्तित्वात आहे, याबद्दल तर ॲसिमोव्हची खात्री पटलीच होती; पण या कचेरीत आपल्यासारखीच माणसंच असून, ती आपलीच भाषा बोलतात, या जाणिवेनं ॲसिमोव्हना हायसं वाटलं होतं. नुकतीच परीक्षा संपली होती. हाताशी मोकळा वेळ होता. यामुळे ॲसिमोव्हनी 'कॉस्मिक कॉर्क स्क्रू' बाहेर काढली. ती वाचली आणि ती पूर्ण करायचा निश्चय केला.

'कॉस्मिक कॉर्क स्क्रू' (वैश्विक मूळसूत्र) जून १९, १९३८ या दिवशी पूर्ण झाली. ही कथा म्हणजे आयझॅक ॲसिमोव्हनी छापून येण्यासाठी लिहिलेली पहिली कथा. कथा तर लिहून झाली. आता पुढं काय? मासिकात छापून येण्यासाठी गोष्ट कशी पाठवायची, याची ॲसिमोव्हना अजिबात कल्पना नव्हती, शिवाय त्या गोष्टीच्या कागदाचं वजन ४ औंस होतं. ॲसिमोव्हनी आपल्या डायरीत लिहिलंय–

"If I mail it, it will cost a mint of money, as the damn thing weighs four Ounces." (चार औंस म्हणजे सुमारे १०० ग्रॅम्स!) त्या काळात एका औंसाला तीन सेंट पडायचे. म्हणजेच ती गोष्ट पोस्टानं पाठवायला १२ सेंट एवढी प्रचंड रक्कम खर्ची पडणार होती.

शेवटी २१ जूनला आयझॅक ॲसिमोव्हनी आपल्या वडिलांजवळ हा विषय काढला. वडिलांनी आयझॅकला स्वत: जाऊन ती गोष्ट जॉन कँपबेलच्या हातात दे, असा सल्ला दिला. हे म्हणजे आगीतून फुफाट्यात असंच होतं. आधीच वडिलांना कसं विचारायचं, या विचारात तीन दिवस गेले होते, नि वडील 'सरळ कँपबेलला भेट' असा सल्ला देत होते. पुढे वडिलांनी सांगितलं, की कँपबेलला भेटायला जायचं म्हणजे असं वेंधळ्यासारखं जाऊन चालणार नाही. चकचकीत दाढी करून, इस्त्रीचा स्वच्छ सूट घालून जायला हवं. ही आयझॅकच्या दृष्टीनं मोठीच आफत होती. आयझॅकनं दाढी केली; पण कपडे मात्र नेहमीचेच ठेवले आणि कँपबेलच्या भेटीसाठी तो घरून निघाला.

'अस्टौंडिंग'च्या संपादकाची भेट मागितली, तर बहुधा आपल्याला धक्के मारून बाहेर काढतील नि सूट खराब होईल, या भीतीनं ॲसिमोव्हनी आपला चांगला सूट वापरायचं टाळलं होतं. 'आपण रस्त्यात पडलोय नि आपल्या हस्तलिखिताचे तुकडे आपल्या अंगावर पसरताहेत,' असं दृश्य त्या प्रवासात त्यांच्या डोळ्यांसमोर होतं.

त्यातल्या त्यात मिस्टर क्लीफोर्डशी आपण मागं एकदा बोललोय, या भावनेनं ॲसिमोव्हना धीर येत होता. ते प्रथम क्लीफोर्डकडेच गेले. इथून पुढं दर चौथ्या शुक्रवारी अंक निघेल, ही माहिती इथे ॲसिमोव्हना मिळाली. आता संपादक कँपबेल. ॲसिमोव्ह धीर करून मुख्य कचेरीजवळ आले. "मला संपादकांना भेटायचं!" तिथल्या मुलीला त्यांनी सांगितलं. ती मुलगी हसली. फोनमध्ये काही तरी पुटपुटली. ॲसिमोव्हला म्हणाली, "मिस्टर कँपबेल विल सी यू!" ॲसिमोव्हना आश्चर्याचा धक्का बसला. "केवळ वडिलांनी सांगितलं म्हणून मी कँपबेलना भेटायला आलो होतो. आपल्या वडिलांना मॅनर्स नाहीत. बहुधा 'टपालपेटीत हस्तलिखित टाक' असं आपल्याला सांगितलं जाईल, असं मला वाटत होतं नि इथे चक्क कँपबेलची भेट!" त्या प्रसंगाबद्दल आयझॅकनं लिहिलंय...

त्या तरुणीनं कागदाची भेंडोळी, मासिकांचे गठ्ठे यातून पलीकडं जाणारा रस्ता दाखवला. त्या कागदाच्या वासातून मार्ग काढत ॲसिमोव्ह कँपबेलकडे पोहोचले.

एका छोट्या खोलीत ॲसिमोव्हचं दैवत बसलं होतं. कँपबेल शरीरानं भव्य होते. एकदा एखादं मत बनवलं, की ते सहसा बदलायच्या भानगडीत ते पडत नसत. सतत सिगार ओढत, चघळत अतिशय अद्‌भूत अशा कल्पना लोकांना सुनावणं, हा त्यांचा आवडता छंद होता. कँपबेलच्या विक्षिप्त कल्पना खोडून काढणं कुणालाच कधी शक्य झालं नव्हतं. त्या पहिल्या वेळी ॲसिमोव्ह कँपबेलकडे जवळजवळ एक तास होते. कँपबेलनी ॲसिमोव्हला पुढच्या अंकाच्या कल्पना सांगितल्या, प्रुफं दाखवली. चित्रं 'हातात' दिली. ॲसिमोव्हचं एक पत्र जुलैच्या नि दुसरं पत्र ऑगस्टच्या अंकात छापलं जात होतं.

ॲसिमोव्हनी न राहवून कँपबेलना गोष्ट दाखवली. कँपबेल हसले.

कँपबेलनी वयाच्या १७ व्या वर्षी पहिली गोष्ट लिहिली होती. त्यांच्याही वडिलांनीच त्यांचं हस्तलिखित 'अमेझिंग स्टोरीज'कडे पाठवलं होतं. दुर्दैवानं ते हरवलं. ते स्वीकारल्याचं पत्र कँपबेलकडे होतं– पण त्या कथेची प्रत कँपबेलनी ठेवली नव्हती. हे ऐकून ॲसिमोव्हना आश्चर्य वाटलं. ते स्वत: १८ वर्षांचे होते; पण त्यांनी आपल्या कथेची प्रत आपल्याकडं ठेवली होती. ॲसिमोव्हचं हस्तलिखित वाचून त्यावर प्रतिक्रिया कळवायचं कँपबेलनी ॲसिमोव्हना वचन दिलं. ते त्यांनी पाळलं. दोनच दिवसांत टपालानं 'कॉस्मिक कॉर्क स्क्रू' परत आली.

ॲसिमोव्ह लिहितात : "आज सकाळी साडेनऊला 'कॉस्मिक कॉर्क स्क्रू' परत आली. कँपबेलना गोष्टीची संथ सुरुवात व शेवटची आत्महत्या आवडली नव्हती. शिवाय प्रथमपुरुषी एकवचनी कथन व पुढे न सरकणारं संभाषण हे दोषही त्यांनी दाखवले. ९००० शब्दांची ही गोष्ट लघुकथेच्या मानानं मोठी नि लघुकादंबरी म्हणून छोटी आहे, असं त्यांचं मत आहे. याचं मला वाईट वाटत नाही. कारण कँपबेलबरोबर

मी चक्क तासभर गप्पा मारल्या होत्या. आपल्या दैवताशी मी प्रत्यक्ष बोललो होतो. मी उत्साहानं दुसरी कथा लिहायला घेतली.''

ही दुसरी कथा म्हणजे 'मरुन्ड ऑफ व्हेस्टा' ६४०० शब्दांची ही कथा 'अमेझिंग स्टोरीज'मध्ये प्रसिद्ध झाली. शब्दाला १ सेंट याप्रमाणे या गोष्टीचे ॲसिमोव्हना ६४ डॉलर मिळाले. ही ॲसिमोव्ह यांची छापून आलेली पहिली कथा. त्यांची 'द वेपन टू ट्रेडफुल टू यूज' ही कथा छापून आली. या कथेत अवकाश संशोधनातून निर्माण होणारे नैतिक प्रश्न त्यांनी हाताळले होते.

१९३९ चा उन्हाळा ॲसिमोव्हना फारसा चांगला गेला नव्हता. 'पुढं काय?' हा प्रश्न त्यांना सतावत होताच. जूनमध्ये त्यांना कोलंबिया विद्यापीठाची पदवी मिळाली होती. त्यांच्या वडिलांच्या आग्रहांमुळे त्यांनी पुन्हा एकदा वैद्यकीय महाविद्यालयाच्या प्रवेश परीक्षेचा अर्ज भरला; पण ते या परीक्षेत नापास झाले. त्यांनी या परीक्षेचा अभ्यासच केला नव्हता. कारण 'आपण डॉक्टर बनावं' असं त्यांना कधीच वाटलं नव्हतं; पण 'पुढे काय?' हा प्रश्न यामुळं आणखीनच अवघड बनला.

कुठेतरी कसली तरी किरकोळ नोकरी करणं आपल्याला शक्य नाही, असं मत करून घेतलेले ॲसिमोव्ह अधूनमधून गल्ल्यावर बसायचे आणि रसायनशास्त्राची पदवी हातात पडल्यानं वृत्तपत्रातल्या जाहिराती बघायचे, त्या रसायनशास्त्रातल्या पदवीधर तरुणाला साजेशाच. शेवटी त्यांनी रसायनशास्त्रात डॉक्टरेट करायचा निर्णय घेतला. कारण डॉक्टरेट करता करता ते विज्ञानकथा लिहू शकणार होते; पण हे आर्थिकदृष्ट्या परवडेल का? हा प्रश्न होताच. पैशाअभावी केव्हाही शिक्षण बंद पडू शकेल, अशी परिस्थिती होती. शेवटच्या वर्षात त्यांनी लेखनावर जवळजवळ २०० डॉलर मिळाले होते. त्यामुळं ॲसिमोव्हना शिक्षण पूर्ण करणं सोपं गेलं होतं. त्यामुळे, लिखाणावर पैसे मिळवणं ही आता आवश्यकता बनली होती; पण 'पुढं काय?' या प्रश्नानं त्यांना इतकं सतावलं होतं, की त्या उन्हाळ्यात केवळ एकच गोष्ट ॲसिमोव्हच्या हातून लिहून पूर्ण झाली होती. या गोष्टीचं नाव होतं 'लाईफ बीफोर बर्थ.'

विज्ञानकथा सोडून इतर क्षेत्रांत टाकलेलं ॲसिमोव्हचं हे पहिलं पाऊल. ही एक अद्भुतिका (FANTASY) होती. ॲसिमोव्हनी अद्भुतिकेकडे वळायचं कारण म्हणजे जॉन कँपबेलच्या संपादकत्वाखालीच स्ट्रीट अँड स्मिथ कंपनीनं 'अननोन' हे नवं नियतकालिक सुरू केलं होतं.

ॲसिमोव्हच्यापुढे याच सुमारास एक नवी समस्या उभी राहिली. ॲसिमोव्हनी डॉक्टरेटसाठी नाव नोंदवलं होतं खरं, पण मेडिकलला प्रवेश मिळाला, की ॲसिमोव्ह तिकडे जाणार, असं विद्यापीठ अधिकाऱ्यांना वाटत होतं. ॲसिमोव्हनी कॉलेजच्या प्राचार्यांना, ''हे खरं नाही, मला अजिबात मेडिकलला जायचं नाही,''

असं परोपरीनं समजावून सांगितलं– पण त्यांच्या विनवण्याचा उपयोग झाला नाही. अखेरीस व्यवस्थापन समितीनं 'ॲसिमोव्हनी आणखी एक शिक्षणक्रम वास्तवरसायनात पूर्ण करावा, तरच त्यांना 'डॉक्टर ऑफ फिलॉसॉफी' करता येईल,' असं सांगितलं. साठ मुलांच्या त्या वर्गात ॲसिमोव्ह पहिल्या तीन नंबरांत असायचे.

'होमो सोल' ही ॲसिमोव्हची एकोणिसावी गोष्ट, कँपबेलनी स्वीकारलेली दुसरी गोष्ट, ॲसिमोव्हना मिळालेला सातवा चेक. ७२ डॉलर ही त्या काळात बरीच मोठी रक्कम होती. तोपर्यंत ॲसिमोव्हना मिळालेला तो सर्वांत जास्त मोबदला होता.

या गोष्टीबद्दल ॲसिमोव्हच्या मनात एक आठवण आहे. ती म्हणजे, हा चेक पोस्टानं आला, त्याच दिवशी संध्याकाळी ॲसिमोव्ह वडिलांच्या दुकानात बसले होते. आता त्यांना त्या कामाबद्दल पगार मिळत होता. युद्धकालीन नोकरी लागेपर्यंत त्यांनी ही नोकरी केली. एक गिऱ्हाईक आलं. त्यानं काही खरेदी केली. पैसे दिले. ॲसिमोव्ह त्या दिवशी 'थँक्यू सर!' म्हणायचं विसरले. त्यांच्या हातून असं बरेचदा घडायचं. कारण ते बहुधा आपल्याच विचारात मग्न असायचे. त्यांच्या गोष्टीतला नायक कुठेतरी ग्रहमालेबाहेर असायचा. तिथून त्याला सोडविण्याची ॲसिमोव्हची धडपड चालू असायची. अशा परिस्थितीत केवळ 'थँक्यू सर!' म्हणण्यासाठी पृथ्वीवर येणं त्यांना शक्य नसे. या गिऱ्हाइकाचे पाय पृथ्वीवर होते. त्यानं या पोराला 'मॅनर्स' शिकवायचं मनावर घेतलं.

गिऱ्हाईक पोराला म्हणालं, "पोरा! माझ्या मुलानं गेल्या आठवड्यात स्वत: कष्ट करून ५० डॉलर्स मिळवले. तू काय करतोस? की नुसताच वडिलांच्या दुकानात बसतोस?"

आपल्या खिशातला चेक त्या माणसाला दाखवत ॲसिमोव्ह म्हणाले, "मी लिहितो. ही माझी गेल्या आठवड्यातली कमाई!" ॲसिमोव्हच्या आयुष्यातला तो एक सर्वोच्च अभिमानाचा क्षण होता.

१९४२ मध्ये प्रो. चार्ल्स डॉसन यांच्याकडे ॲसिमोव्ह संशोधक विद्यार्थी म्हणून पीएच.डी. करू लागले. याच सुमारास म्हणजे १९४२ च्या सुरुवातीलाच ब्रुकलीन रायटर्स क्लबचं ॲसिमोव्हना बोलावणं आलं. आपल्याला लेखक म्हणून मान्यता मिळाल्याचा तो पहिला पुरावा ॲसिमोव्हनी जपून ठेवला होता. १९ जानेवारी १९४२ या दिवशी ॲसिमोव्हनी या रायटर्स क्लबच्या सभेला पहिल्यांदा हजेरी लावली. दुसरं महायुद्ध जोरात चालू होतं. पर्ल हार्बर नुकतंच घडून गेलेलं होतं.

या लेखक मेळाव्यास उपस्थित असलेले ॲसिमोव्ह हे एकमेव विज्ञानकथा लेखक होते.

ॲसिमोव्हची उपस्थिती असलेल्या तिसऱ्या सभेत ॲसिमोव्हची जोसेफ गोल्डबर्गरशी ओळख झाली. जोसेफ ॲसिमोव्हपेक्षा वयानं मोठा होता; पण ॲसिमोव्हचा चाहता

होता. त्यानं ॲसिमोव्हना त्यांच्या मैत्रिणीसह आपल्याकडे बोलावलं. ॲसिमोव्ह बावचळले. त्यांना मैत्रीणच नव्हती. लाजत लाजत त्यांनी गोल्डबर्गरला ते सांगितलं. मग काही दिवसांनी गोल्डबर्गरकडेच गर्ट्रुड ब्लुगरमानशी ॲसिमोव्हची ओळख करून देण्यात आली. पुढं तिच्याशी त्यांचं लग्नही झालं.

युद्धामुळं अमेरिकेत परिस्थिती झपाट्यानं बदलू लागली. बहुतेक सर्व विज्ञानकथा लेखक हे विज्ञान किंवा तंत्रज्ञानाचे पदवीधर असल्यामुळे त्यांना झटाझटा नोकऱ्या मिळू लागल्या. रॉबर्ट हाइनलाइन हे विज्ञानकथा लेखक अभियंते आधीच नौदलात होते. प्रकृतीमुळं ते नौसैनिक म्हणून निवृत्त झाले, तरीही अभियंता म्हणून त्यांना नोकरीत ठेवण्यात आलं होतं. त्यांनी तंत्रज्ञ वैज्ञानिकांनी लष्करी संशोधनात यावं, असे प्रयत्न सुरू केले होते. एल. स्प्राग द कँप हे विज्ञानकथा लेखकही नेवल (N) एअर (A) एक्स्पेरिमेंटल (E) स्टेशन (S) मध्ये होते. त्यांच्याच जोडीला ३० मार्च १९४२ ला NAES मध्ये रुजू होण्याचं आमंत्रण ॲसिमोव्हना मिळालं. एखादी गोष्ट हाती घेतली, की ते सोडायचा ॲसिमोव्हचा स्वभाव नाही. त्यामुळे हातचं संशोधन सोडणं त्यांच्या जिवावर आलं होतं; पण त्याच काळात ॲसिमोव्हनी लग्नही ठरवलं होतं. संसार करायचा, तर ते केवळ लेखनावर शक्य नव्हतं. त्यामुळं संशोधन सोडून ॲसिमोव्हनी नोकरी करायचा निर्णय घेतला.

१९४८ मध्येच त्यांना डॉक्टरेट आणि बोस्टन विद्यापीठात जीवरसायनशास्त्रात प्रयोगदर्शक म्हणून नोकरी मिळाली. पुढं त्यांनी बोस्टन सोडलं; पण नंतरही ते बोस्टन विद्यापीठात असोसिएट प्रोफेसर या पदावर काम करत होते. वर्षातून काही काळ ते या विद्यापीठात जाऊन भाषणं देत होते.

१९५० साल उजाडलं. लग्न होऊन आठ वर्षं होत आली. ॲसिमोव्हना मूल नव्हतं. ॲसिमोव्हनी व त्यांच्या पत्नी यांनी आता निपुत्रिक जीवनाशी मेळ घालायचा निश्चय केला. ॲसिमोव्हनी लेख, कथा यांचा मजकूर सांगायचा नि त्यांच्या पत्नीनं टाईप करायचं, असं सुरू झालं. जोडीनं लिखाण केल्यास त्यांचं लिखाण अधिक वेगानं होईल, अशी त्यांची अपेक्षा होती. ॲसिमोव्हनी एका विक्रेत्याकडून डिक्टाफोनयंत्र चाचणीसाठी म्हणून मिळवलं. या यंत्रात ॲसिमोव्हनी तीन कथा सांगितल्या. यातून एक गोष्ट निष्पन्न झाली, ती म्हणजे ॲसिमोव्ह आपल्या कथेत अतिशय समरस होत असत. त्यांच्या एका कथेत एक भांडण होतं. त्या भांडणातून पुढं पुढं एकही शब्द कळणं अशक्य व्हावं, इतका ॲसिमोव्हचा आवाज वाढीस लागला होता. तो परिच्छेद ॲसिमोव्हनी पुन्हा सांगितला. प्रयोग यशस्वी झाला, म्हणून ॲसिमोव्हनी ते यंत्र एक रकमी विकत घेतलं. त्याच आठवड्यात मिसेस ॲसिमोव्हना दिवस राहिल्याचं नंतरच्या गणितावरून उघडकीस आलं. ही बातमी जेव्हा ॲसिमोव्हना त्यांच्या पत्नीनं प्रथम सांगितली, तेव्हा ते म्हणाले, "You are kidding." त्या

तीन गोष्टी छापून येत असतानाच ॲसिमोव्हच्या पहिल्या मुलाचा, डेव्हिडचा जन्म झाला.

त्यांची 'नाईटफॉल' १९५० मध्ये प्रकाशित झाली. त्याच्या आधीपासूनच ॲसिमोव्हच्या यंत्रमानव कथा गाजू लागल्या होत्या. हळूहळू नोकरीपेक्षा लेखनाला जास्त महत्त्व येत होतं. दरम्यान, डॉ. ॲसिमोव्ह असिस्टंट प्रोफेसर झाले होते. जीवनरसायनात संशोधन करत होते. त्यांच्याकडं डॉक्टरेट करायला मिळावी म्हणून विद्यार्थ्यांचे अर्ज येऊ लागले होते.

१ जून १९४९ या दिवशी बोस्टन स्कूल ऑफ मेडिसीनमध्ये डेमॉन्स्ट्रेटर म्हणून प्रवेश करताना आपल्याला योग्य ती नोकरी मिळाली, म्हणून ॲसिमोव्हनी सुटकेचा नि:श्वास टाकला होता. १९ जानेवारी १९५० म्हणजे तिसाव्या वाढदिवसानंतर लगेचच त्यांची 'पेबल इन द स्काय' ही पहिली कादंबरी प्रसिद्ध झाली होती. तरीही आपण प्रथम शिक्षक आहोत नि फावल्या वेळचे लेखक आहोत, असं ॲसिमोव्ह सतत स्वत:ला बजावून सांगत होते, मात्र वयाच्या अकराव्या वर्षापासून लिहीत असलेल्या ॲसिमोव्हना लेखन थांबवणं शक्य नव्हतं. अगदी लष्करी नोकरीत असतानासुद्धा ग्रंथपालाच्या हाता-पाया पडून, तिचं मन वळवून ग्रंथालय बंद झाल्यावर ॲसिमोव्ह आत बसून लिहीत असत. त्यांनी अशा एकूण ४ गोष्टी लिहिल्या होत्या. त्या छापूनही आल्या. ॲसिमोव्ह सकाळ-संध्याकाळ नि शनिवार-रविवार सारखे आपल्या टाईपरायटरजवळ बसलेले असायचे. त्यांची पत्नी म्हणायची, "तो लष्करी सेवेत होता, तेव्हा मी लष्करी विधवा होते नि नंतर मी टंकलेखकाची विधवा बनले आहे!"

१९५७ पर्यंत त्यांची विविध प्रकारची २४ पुस्तकं लिहून झाली होती. ती बाजारात खपत होती. विज्ञानकथांच्या वार्षिक मेळाव्यात ॲसिमोव्ह हे नाव गाजत होतं. 'नाईटफॉल' ही त्यांची कथा विज्ञानकथेचा मानदंड म्हणून मिरवत होती. ते लिहितात.

"I never dreamt ever that my story would be treated as an all time classic, though Campbell had accepted it the first time he had seen it."

त्यांच्या २४ पुस्तकांतली सहा पुस्तकं विज्ञानावरची होती आणि मुख्य म्हणजे त्यांना लेखनाचा मोबदला म्हणून पगाराच्या अडीचपट पैसा मिळत होता.

१९५८ मध्ये त्यांनी नोकरीचा राजीनामा दिला आणि ते पूर्णवेळ लेखनासाठीच देऊ लागले. त्यांनी एक विजेवर चालणारा टाईपरायटर विकत घेतला. ते सांगतात– "मला लेखनाचा किडा चावला होता. १९५७ मध्ये माझी ५ पुस्तकं बाजारात आली होती. आपली १०० पुस्तकं होतील का? हा विचार आता मला सतावत होता."

या लेखनज्वराच्या उन्मादात आपल्या नोकरीचा राजीनामा द्यायचा निश्चय त्यांनी केला. ॲसिमोव्हनी आपल्या पत्नीजवळ हा विषय काढला. इतके दिवस कॉलेजात जाताना नि परतल्यावर आपल्याशी थोडा वेळ बोलणारा आपला नवरा आता शरीरानं घरात, पण मनानं कागदात असणार, हे त्या चतुर स्त्रीच्या लक्षात आलं असावं. ती म्हणाली, "आयझॅक, एक ना एक दिवस तुझं आयुष्य संपत येणार आहे. त्या वेळेस तू आयुष्याचं सिंहावलोकन करशील, तेव्हा तुझ्या लक्षात येईल, की आयुष्याचा फार मोठा भाग आपण टाईपरायटरच्याच सहवासात घालवलाय. केवळ १०० पुस्तकं लिहिण्याच्या ईर्ष्येमुळे आपण आयुष्यातल्या फार मोठ्या आनंदाला मुकलोय."

आज २३६ पुस्तकं प्रसिद्ध झाली असताना व दहा आगामी पुस्तकांची जाहिरात होत असताना आपण जीवनाच्या आनंदाला मुकलो, असं ॲसिमोव्हना मात्र अजिबात वाटत नाही. त्या वेळचं त्यांनी आपल्या पत्नीला दिलेलं उत्तर खरं मानायचं, तर त्यांचे दोन पुनर्जन्म झाले, असं म्हणावं लागेल. १९७७ मध्ये आलेल्या हृदयविकाराच्या झटक्यानंतर त्यांनी आपला पुनर्जन्म झाला, असंच म्हटलं; पण ते वेगळ्या अर्थानं.

आपल्या पत्नीला त्या वेळी ते म्हणाले होते, "हे बघ, मी त्या आकाशातल्या महान पुस्तकाची मुद्रितं वाचायच्या तयारीत असेन, तेव्हा तू माझ्या ओठांजवळ तुझे कान आण. माझे अखेरचे शब्द असतील– फक्त शंभर!"

ॲसिमोव्हच्या लिखाणावर लिहिलेल्या प्रत्येक शब्दावर 'डबल डे' या प्रकाशन संस्थेचा हक्क असे. त्याबद्दल ठरावीक रक्कम ॲसिमोव्हच्या खात्यात जमा होत असतं. कुठल्याही मासिकात छापण्यासाठी ॲसिमोव्ह जे काही लिहित होते, त्याची एक प्रत 'डबल डे'कडे जात असे नि पुरेसा मजकूर जमला, की त्याचं पुस्तक प्रसिद्ध होतं असे.

ॲसिमोव्ह आपल्या आयुष्यातले चार टप्पे सांगत असत.

'नाईटफॉल'ची प्रसिद्धी, पेबल इन द स्काय, सुसान कॅल्विन व यंत्रमानव आणि फाउंडेशन माला हे ते चार महत्त्वाचे टप्पे. कालमानात हे बसत नाहीत; पण त्यांच्या साहित्यनिर्मितीच्या दृष्टीनं ते खरंच महत्त्वाचे टप्पे आहेत.

'नाईटफॉल' लिहिली, तेव्हा ॲसिमोव्ह फक्त २१ वर्षांचे होते. त्या काळात ते मासिकांना गोष्टी पाठवत होते. काही स्वीकारल्या जात होत्या, बऱ्याच परत येत होत्या. कधी कधी मोबदल्याचे पैसेही येत होते. असं दोन अडीच वर्षं चाललं होतं. तरीही 'ॲसिमोव्ह? कोण ॲसिमोव्ह?' असं म्हणण्याइतपतही त्यांचं नाव झालेलं नव्हतं. अशा काळात ॲसिमोव्हनी 'नाइटफॉल' लिहिली.

एकदा जॉन वुड कँपबेल (ज्यु.) यांच्याकडे ॲसिमोव्ह गेलेले असताना कँपबेलनी

ॲसिमोव्हना इमर्सनचं एक वाक्य सुनावलं. हे 'नाइटफॉल' या शब्दानं सुरू होत होतं. त्यावर या दोघांनी चर्चा केली. मग ॲसिमोव्ह घरी गेले. पुढे महिन्या-दीड महिन्यात ही (नाइटफॉल) गोष्ट लिहून ॲसिमोव्हनी पूर्ण केली.

ॲसिमोव्ह म्हणतात– ''खरं सांगायचं, तर मी या गोष्टीत वेगळं असं काहीच लिहिलं नव्हतं. माझ्या इतर गोष्टी लिहिल्या त्याच पद्धतीनं मी ही गोष्ट लिहिली होती नि पुढंही मी याच पद्धतीनं गोष्टी लिहिल्या. अगदी खरं सांगू, गोष्ट कशी लिहावी, हे मला कळत नाही. माझ्या मनात जे येतं ते मी लिहितो नि ते ज्या वेगानं मनात येतं, त्या वेगानं लिहायचा माझा प्रयत्न असतो. मी 'नाइटफॉल' अशीच लिहिली.''

कँपबेलची एक विशिष्ट, शिष्ट किंवा विचित्र पद्धत (मराठी लेखकाला नि त्याहून मासिकांनाही नक्कीच विचित्र वाटेल.) होती. गोष्ट स्वीकारल्याचं पत्र लेखकाला कधीच पाठवलं जात नव्हतं. लेखकाच्या हातात सरळ पोस्टानं चेक जायचा. 'नाइटफॉल'चा चेक जेव्हा ॲसिमोव्हच्या हाती पडला, तेव्हा त्यांना खूप आनंद झाला होता. ती गोष्ट कँपबेलनी जशीच्या तशी स्वीकारली होती; पण त्याहीपेक्षा महत्त्वाचं म्हणजे कँपबेलनी एक चूक केली होती, त्यामुळं ॲसिमोव्ह अस्वस्थ झाले. त्या वेळी शब्दाला १ सेंट या दरानं पैसे मिळत. बारा हजार शब्दांच्या आपल्या कथेला १२० डॉलर मिळतील, अशी ॲसिमोव्ह यांची अपेक्षा होती. प्रत्यक्षात चेक आला होता, तो दीडशे डॉलर्सचा. ॲसिमोव्हनी कँपबेलशी संपर्क साधला. ती चूक नव्हती. त्या गोष्टीवर खूष होऊन कँपबेलनी मोबदला वाढवून दिला होता.

तोपर्यंत एवढा प्रचंड मोबदला ॲसिमोव्हना कधी मिळालेला नव्हता. त्या अस्टौंडिंगच्या अंकावर 'नाईटफॉल'चंच चित्र होतं. या गोष्टीनं ॲसिमोव्हना प्रचंड प्रसिद्धी मिळाली होती. ब्रिटिश, डच, जर्मन, इटालियन व रशियन विज्ञानकथा संग्रहांत या गोष्टीचा समावेश झाला, या गोष्टीला अनेक बक्षिसं मिळाली.

या गोष्टीत दर दोन हजार वर्षांनी खग्रास सूर्यग्रहणामुळे अंधारात सापडणाऱ्या एका ग्रहावरच्या लोकांवर होणारे मानसिक परिणाम दाखवले होते. तरीही ही ॲसिमोव्हची आवडती कथा नव्हती.

ॲसिमोव्ह यांची स्वतःची स्वतःला आवडलेली कथा म्हणजे 'द लास्ट क्वेश्चन'. ही कथा त्यांना आवडायचं प्रमुख कारण, म्हणजे जशी मनात आली तशी ती कागदावर उतरली. त्यांना त्यात स्वल्पविरामाचासुद्धा बदल करावा लागला नव्हता. या गोष्टीचा वाचकांना ध्यासच लागला होता. बहुतेक वेळा त्यांना येणारी पत्रं, विचारणा या 'द लास्ट क्वेश्चन'बद्दल असत. एकदा त्यांना एक अमेरिकन भाषेत बोलायचं तर 'लाँग डिस्टन्स कॉल' आला होता. फोनवर ॲसिमोव्हनी स्वतः 'द लास्ट क्वेश्चन'ची गोष्टच सांगायला सुरुवात केली. तेव्हा तो माणूस उद्गारला,

“तुम्ही कसं ओळखलं?”

‘द लास्ट क्वेश्चन’ हा प्रश्न खरं तर ‘जगाचं पुढे काय होणार?’ हा मानवजातीच्या सुरुवातीपासून विचारण्यात आलेलाच प्रश्न आहे. त्याचं ॲसिमोव्हनी दिलेलं उत्तरही ‘अखेरचं उत्तर’ ठरावं.

या ‘लास्ट क्वेश्चन’ कथेची कल्पना अशी आहे :

अखेरचा सवाल गंमत म्हणून प्रथम २० मे २०६१ या दिवशी विचारला गेला. मल्टिव्हॅक या अत्यंत प्रगत कॉम्प्युटरला हा प्रश्न विचारण्यात आला. “सूर्याचा शेवट झाल्यावर मानवजात पुन्हा सूर्याला कसलीही ऊर्जा खर्च न करता युवावस्थेत आणू शकेल का?” हा तो प्रश्न. मल्टिव्हॅकनं उत्तर दिलं, “खरं उत्तर देण्याइतकी माहिती अजून उपलब्ध नाही.”

हा प्रश्न यानंतर हजार, दहा हजार व एक लक्ष वर्षांनी विचारला गेला. प्रत्येक वेळी ‘खरं उत्तर देण्याइतकी माहिती उपलब्ध नाही’ हेच उत्तर आलं. कैक कोटी वर्षं झाली. कॉम्प्युटर नवे कॉम्प्युटर निर्माण करत होते. आकाशगंगेतले सर्व बुद्धिमान सजीव एका वैश्विक संस्कृतीत नांदत होते. वैश्विक बुद्धिमत्ता निरनिराळ्या आकाशगंगांमधून नांदत होती. अजूनही ‘अर्थपूर्ण उत्तर देण्याइतकी माहिती’ संगणकांजवळ नव्हती. या वैश्विक संस्कृतीची शरीरं गळून पडली. तीन परार्ध वर्षं पार पडली. ($१०^{१२}$). तारे हळूहळू विझू लागले. मानवी मनं नष्ट झाली; पण अपर अवकाशातल्या वैश्विक धुळीवर कॉम्प्युटरच्या स्मरणकणांची पसरण झाली होती. तो वैश्विक कॉम्प्युटर अस्तित्वात होता, कारण त्याला अजून एका प्रश्नाचं उत्तर द्यायचं होतं. तो प्रश्न ‘या विश्वाचं अखेरीस होणार तरी काय?’ हा प्रश्न अजून अनुत्तरितच होता. त्या संगणक जाणिवेनं अखेरीस या वैश्विक गोंधळातून तो अर्थ लावायचा, यासाठी एक प्रयोग करायचं ठरवलं नि तो म्हणाला, “अँड लेट देअर बी लाईट!” अँड देअर वॉज लाईट...

ॲसिमोव्हनी विज्ञानकथेवर नि मानवी इतिहासावर आपला ठसा उमटवलाय, तो त्यांच्या ‘पॉझिट्रॉनिक रोबॉट’च्या (यंत्रमानवाच्या) गोष्टींनी. १९४१ मध्ये ॲसिमोव्हनी यंत्रमानवाच्या कथा लिहायला सुरुवात केली. त्यांची पहिली कथा होती ‘द स्ट्रेंज प्ले फेलो’, ही पुढे ‘रॉबी’ या नावानं त्यांच्या 'I ROBOT' (आय रोबॉट) या कथासंग्रहात प्रकाशित झाली. या कथांमागची कल्पना अशी–

इ.स. २०५७ मध्ये आयझॅक ॲसिमोव्हना ‘युनायटेड स्टेट्स रोबट्स अँड मेकॅनिकल मेन’ या कारखान्यात बोलावणं येतं. त्यांना या कारखान्याच्या नि त्यापेक्षाही यंत्रमानवांच्या कार्याचा आढावा घेणारा इतिहास लिहायला सांगितला जातो. यासाठी इ.स. १९८२ मध्ये जन्मलेल्या डॉ. सुसान केल्विन या यंत्रमानव मानसशास्त्रज्ञ स्त्रीची ॲसिमोव्हना भेट घ्यायला सांगण्यात येतं नि त्यातून मग हा इतिहास I Robot, Rest of robots आणि The Bicentenial man या तीन

खंडांत लिहिला जातो.

या यंत्रमानवांच्या मेंदूचं वर्णन ॲसिमोव्ह 'पॉझिट्रॉनिक ब्रेन' असं करतात; पण 'पॉ. ब्रे.' म्हणजे नक्की काय, हे त्यांनी कुठंच सांगितलेलं नाही. प्रथम जेव्हा यंत्रमानावाची गोष्ट ॲसिमोव्हनी लिहिली, तेव्हा ट्रांझिस्टर युग सुरू व्हायचं होतं; पण सूक्ष्मीकरण केलं, तर सूक्ष्म इलेक्ट्रॉनिक झडप (व्हॉल्व) तयार करणं शक्य होईल, असं शास्त्रज्ञांना वाटत होतं. या सूक्ष्म इलेक्ट्रॉनिक झडपेलाच पुढं ट्रांझिस्टर हे नाव मिळालं; पण १९४२ मध्ये ट्रांझिस्टर अस्तित्वात नसल्यानं अशा सूक्ष्म झडपांसाठी किंवा विद्युतप्रवाह वाहून नेणाऱ्या सूक्ष्मयंत्रणेसाठी 'पॉझिट्रॉनिक पाथवेज' असा शब्दप्रयोग ॲसिमोव्हनी केला नि आजही कुठल्याही विज्ञानकथा लेखकानं यंत्रमानव आपल्या कथेत वापरला, तर त्या यंत्रमानवाच्या मेंदूत 'पॉझिट्रॉनिक पाथवेज' आहेत, असंच म्हटलं जातं. दुसरी महत्त्वाची गोष्ट, म्हणजे त्यांच्या पुढच्या पुढच्या यंत्रमानवकथांत 'गॅलाक्टिक इरा' किंवा 'वैश्विक शक' आढळू लागलं, तेव्हा संपूर्ण अवकाशात आपली आकाशगंगा ओलांडून दूरदूरच्या आकाशगंगांमधून मानवी संस्कृतीचा प्रसार झाला, तेव्हा इसवी सनाऐवजी 'वैश्विक वर्ष' ही संज्ञा प्रचारात आली, अशी कल्पना; मात्र लेखकाप्रमाणे 'वैश्विक वर्ष' बदलतं. काही जण २१ जुलै १९६९ ला 'वैश्विक वर्ष पहिलं' म्हणजे १।१।१ तारीख होती, असं मानतात, तर इतर काही लेखक, मानवानं दुसऱ्या सूर्याच्या ग्रहमालेतल्या ग्रहावर पहिलं पाऊल ठेवलं, तेव्हा ही कालगणना सुरू झाली, असं मानतात, तर आणखी काही जण वैश्विक युद्धानंतर जी वेगवेगळी साम्राज्यं सुरू झाली, तेव्हा वैश्विक कालगणनेची सुरुवात करतात. या प्रकारची एका वैश्विक युद्धानंतरची कालगणना ॲसिमोव्ह यांच्या पुस्तकात आढळते.

त्यांच्या यंत्रमानवविषय पहिल्या कथेपासून सुरुवात केली, तर आपल्या असं लक्षात येतं, की–

हँडबुक ऑफ रोबोटिक्स, छप्पनावी आवृत्ती, इ.स. २०५८ यामध्ये दिलेले तीन प्राथमिक नियम हे यंत्रमानव पाळतात. ते नियम असे–

१) कुठलाही यंत्रमानव मानवाला इजा होईल, अशी कुठलीही कृती करणार नाही किंवा आपल्या कृतिशून्यतेमुळेही मानवास इजा होऊ देणार नाही.

२) पहिला नियम पाळून यंत्रमानवाला मानवानं दिलेल्या सर्वच आज्ञा पार पाडाव्या लागतील.

३) पहिला व दुसरा नियम पाळून यंत्रमानवानं स्वत:चं संरक्षण करायला हवं.

१९५२ मध्ये 'पॉल फ्रेंच' या टोपण नावानं ॲसिमोव्हनी 'डेविड स्टार, स्पेस रेंजर' या नायकाच्या कथा लिहिल्या. नंतरच्या आवृत्तीत त्या ॲसिमोव्हच्याच नावावर आल्या. आपल्या या कथा दूरचित्रवाणीवर मालिकापटांद्वारे दाखविण्यात

येतील नि त्यात त्यांचं इतकं वाटोळं झालेलं असेल, की ॲसिमोव्हचं नाव त्यांच्याशी संबंधित असणं योग्य ठरणार नाही, या भीतीपोटी ॲसिमोव्हनी हे टोपण नाव घेतलं होतं.

ॲसिमोव्हना इतिहासाची खूप आवड होती. १९४२ मध्ये गिबनचे 'डिक्लाइन अँड फॉल ऑफ रोमन एंपायर' वाचल्यावर आपण असं काहीतरी लिहावं, म्हणून त्यांनी 'वैश्विक साम्राज्य'चा काल्पनिक इतिहास लिहायला घेतला. फाउंडेशन (१९४२). ब्रिडल अँड सॅडल् (१९४२), द बिग अँड द लिटल (१९४४), द म्यूल (१९४५), आणि... अँड नौ यू डोंट (१९४९)' या कथा लिहून झाल्यावर त्यांनी त्या एकत्र करून 'फाउंडेशन', 'फाउंडेशन अँड एंपायर', 'सेकंड फाउंडेशन' अशा तीन पुस्तकांत हा इतिहास ग्रंथित केला. नंतर १९८२-८३ मध्ये त्यांचं 'फाउंडेशन्स एज' (Foundations Edge) हे या मालिकेतलं चौथं पुस्तक प्रसिद्ध झालं. आर्थर क्लार्क यांच्या '२०१०' बरोबरच हे पुस्तक बाजारात आलं. आर्थर क्लार्क हा माझा वैरी आहे. मी बोटीनं प्रवास करताना त्या बोटीवर मुद्दाम 'पोसीडॉन अँडव्हेंचर' हा चित्रपट दाखवला जावा, अशी व्यवस्था क्लार्कनं केल्याची तक्रार ॲसिमोव्हनी केली होती; पण आश्चर्याची गोष्ट, म्हणजे या दोघांच्या (नि फ्रेंड हॉईल यांचा नवा सिद्धान्त जमेस धरला, तर तिघांच्या) नव्या पुस्तकांतून 'जगन्नियंता कोण?' या प्रश्नाचं उत्तर शोधायचा प्रयत्न आढळतो.

निरनिराळ्या लेखकांनी– विशेषत: ॲसिमोव्ह, क्लार्क व हॉईल या तीन बिनीच्या विज्ञानकथाकारांनी वेळोवेळी वैश्विक जाणिवेची कल्पना आपल्या कथांतून वापरली आहे. हे सर्व विश्व हीच एक जाणीव आहे नि ती सर्व विश्वाला एक विशिष्ट दिशा दाखवते, सजीवांच्या निर्मिती व विनाशावर नियंत्रण ठेवते, अशी ही कल्पना 'कॉस्मिक कॉन्शसनेस' म्हणजे 'वैश्विक जाणीव' म्हणून ओळखली जाते.

१९७३ मध्ये बीबीसीनं आठ भागांत 'फाउंडेशन' कादंबऱ्यांवर मालिकापट दाखवला होता. त्याआधी १९६६ मध्ये 'फँटास्टिक व्हॉयेज' या सिनेमावरून ॲसिमोव्हनी त्याची गोष्ट लिहून काढली होती. ही गोष्ट मुळात लिहिलेली नव्हती. आधी सिनेमा नि मग गोष्ट, असं हे 'वरातीमागून घोडं' होतं. ॲसिमोव्ह यांच्या 'द केव् ऑफ स्टील', 'द नेकेड सन', 'आऊट ऑफ अननोन' आणि इतर अनेक ॲसिमोव्ह कथा नि लेखांवर टीव्हीपट झाले आहेत. 'मॅगेझिन ऑफ सायन्स फिक्शन अँड फँटसी' ने ऑक्टोबर १९६६ चा अंक ॲसिमोव्ह गौरव विशेषांक म्हणून काढला होता. यात डॉ. वेंडेल उर्थ या वैश्विक डिटेक्टिवची गोष्ट ॲसिमोव्हनी लिहिली होती.

ॲसिमोव्हना तीन वेळा ह्युगो नि एकदा नेब्युला ॲवॉर्ड मिळालेलं होतं. ह्युगो गर्न्सबॅक या अमेरिकन विज्ञानकथेच्या पितामहाच्या नावानं 'ह्युगो ॲवॉर्ड' असतं. हे

बक्षीस विज्ञानकथेच्या चाहत्यांच्या मेळाव्यात मतदानानं दिलं जातं. १९७२ मध्ये ॲसिमोव्हनी गर्ट्रुडशी घटस्फोट घेतला, तेव्हा 'द गॉड देमसेल्व्ज' ही ॲसिमोव्हची कादंबरी बाजारात आली होती. या दोन्ही गोष्टींचा तसा अर्थाअर्थी काही संबंध नव्हता, कारण गर्ट्रुड ॲसिमोव्हचं लिखाण वाचतही नसे; पण तिनं घर सांभाळलं होतं, म्हणूनच ॲसिमोव्ह निर्धास्तपणे लिहीत होते; पण 'गॉड देमसेल्व्ज'च्या लिखाणाच्या काळात 'लेखकाची विधवा' म्हणून जगायचा (ज्याला ती 'टाईपरायटर विडो' म्हणायची त्याचा) गर्ट्रुडला कंटाळा आला. कारण जवळजवळ दहा वर्षांनी ॲसिमोव्ह कादंबरी लिहीत होते नि याच काळात त्यांची डॉ. जॅनेट जेपसन हिच्याशी मैत्रीही वाढत होती. गॉड देमसेल्व्जला 'ह्युगो'ही मिळालं नि विज्ञानकथा लेखकांनी मिळून निवडायच्या 'नेब्युला ॲवॉर्ड'साठीही या कादंबरीची निवड झाली. 'द गॉड देमसेल्व्ज' या ॲसिमोव्हच्या कादंबरीत समांतर जगाची कल्पना आहे. या समांतर जगावर बुद्धिमान व अतिशय प्रगत संस्कृती असते. तेथील सजीवांना अवकाशाला तिढा द्यायची किमया साध्य होते. पृथ्वीवर मानवांची युद्धं वगैरेमुळे मानवजात नष्ट झाली, तरी त्यांना वाईट वाटायचं कारण नसतं. ते मानवजातीला स्वर्गसुखाचं आमिष टांगून स्वतःच्या स्वार्थासाठी मदत देऊ करतात; पण या मदतीत धोके असतात. ते पुढं उघडकीस येतात नि हा तिढा कसा सुटतो, याचं वर्णन या कादंबरीत केलेलं आहे. 'गॅलॅक्सी' व 'इफ' या दोन मासिकांतल्या आणि प्रसिद्ध झालेल्या तीन कथा मिळून ही कादंबरी होते. या कादंबरीत 'विज्ञान प्रगतीमध्ये उपजत धोके आहेत का?' हा प्रश्न ॲसिमोव्हनी हाताळलाय. मला ॲसिमोव्हची सर्वांत जास्त आवडलेली कादंबरी आहे ही. ही कादंबरी १९७२ मध्ये बाजारात आली. १९७३ मध्ये ॲसिमोव्हनी डॉ. जेपसनशी लग्न केलं. यानंतर ४ वर्षांनी म्हणजे १९७७ मध्ये त्यांना हृदयविकार जडला.

"जेव्हा हृदयरोग जडला, तेव्हा लोकांनी त्याला प्रेम म्हटलं नि जेव्हा जीवनावरचं प्रेम लक्षात येण्याचं कारण निर्माण झालं, तेव्हा त्याला लोकांनी हृदयरोग म्हटलं," अशी ॲसिमोव्हची याबाबत तक्रार आहे.

१८ मे १९७७ या दिवशी ॲसिमोव्हना डॉक्टरांनी सांगितलं, की त्यांचं हृदय कमजोर झालंय, त्यांचं वजन वाढलंय, त्यांनी व्यायाम सोडलाय, नि आता निदान त्यांना आलेल्या हृदयविकाराच्या झटक्यावर त्यांनी लिहू नये. निदान सहा आठवडे तरी त्यांनी अंथरुणातून उठू नये. त्या काळात सगळं विज्ञानकथाविश्व त्या जगन्नियंत्या 'कॉस्मिक कॉन्शसनेस'ची (तेव्हा 'गैया'चा जन्म व्हायचा होता. फाउंडेशन एजमध्ये 'कॉस्मिक कॉन्शसनेस'सारखी जगन्नियंत्यांची जी कल्पना आहे, ती म्हणजे गैया.) प्रार्थना करत होते. त्यातून ॲसिमोव्ह बरे झाले नि त्यांनी हृदयविकारावर तीन लेख नि मानवी मेंदूवर एक पुस्तक लिहून पूर्ण केलं. १९७७ मध्येच त्यांचं 'कोलॅप्सिंग

युनिव्हर्स' हे पुस्तक प्रसिद्ध झालं होतं. त्याला उद्देशून ॲसिमोव्ह म्हणतात, ''या पुस्तकाला 'युनिव्हर्स इन डेथ' असं नाव न देता 'कोलॅप्सिंग युनिव्हर्स' हे नाव दिलं म्हणून मी वाचलो!''

ॲसिमोव्ह विनोदाचे भोक्ते होते. सर्वत्र विनोदपेरणी हा त्यांच्या लिखाणाचा आत्मा होता. त्यांनी लिमरिक्सचे (वात्रटिकांचे) तीन संग्रह प्रसिद्ध केले आहेत. त्यांच्या २३६ पुस्तकांत शंभरावर पुस्तकं निरनिराळ्या विज्ञानशाखांची आहेत. 'हिस्टरी ऑफ नॉर्थ अमेरिका' हा चार खंडांतला अमेरिकेचा इतिहास अमेरिकेच्या इतिहासाचं अध्ययन करणारा कॉलेजचा विद्यार्थी वाचतो, कारण १०-१२ विद्यापीठांत ही पुस्तकं अभ्यासक्रमात लावलेली आहेत. 'वर्ड्स फ्रॉम मिथ्स' या पुस्तकात अनेक ग्रीक आणि लॅटिनमधून आलेल्या इंग्लिश शब्दांचे अर्थ गोष्टीतून सांगितलेले आहेत, तर 'वर्ड्स ऑफ सायन्स'–मध्ये अनेक 'वैज्ञानिक शब्दांचे उत्पत्तीसहित अर्थ दिले आहेत.

''The dullness of fact is the mother of fiction'' असं ॲसिमोव्ह म्हणतात. लेखक कथा, कादंबऱ्या लिहितात, म्हणजे सफाईनं खोटं बोलतात नि ते लोकांना आवडतं; मात्र या जगात अजूनही असं एक क्षेत्र आहे, की जिथे हरघडी साहसं घडत असतात आणि लोकांना त्याबद्दल कुतूहल आहे. जिथं लोकांचं लक्ष वेधून घेण्यासाठी खोटं बोलावं लागत नाही, जिथं प्रत्येक क्षणी कल्पिताहून अद्भुत गोष्टी जन्माला येत असतात नि ते क्षेत्र म्हणजे विज्ञान. फक्त ते दुर्दैवानं लोकांच्या भाषेत मांडलं जात नाही,'' असं म्हणणाऱ्या ॲसिमोव्हनी १९५० नंतर लोकार्थी विज्ञान लिखाणाचा वसा घेतला. विमान कंपन्यांच्या मासिकांपासून ते प्लेबॉय पेंटहाऊसपर्यंत ते धडाक्यानं लिहू लागले. 'द जेनेटिक कोड', 'द युनिव्हर्स', 'लाईफ अँड एनर्जी', 'द सोलर सिस्टीम अँड बॅक', ॲसिमोव्हज गाईड टू (१) फिजिकल सायन्सेस, (२) बायोलॉजिक सायन्सेस, वेलस्प्रिंग ऑफ लाईफ, फॅक्ट अँड फॅन्सी... त्यांनी विविध विषयांवरच्या पुस्तकांचा असा धडाकाच लावला. 'ओपस हंड्रेड' या पुस्तकात त्यांच्या पहिल्या शंभर पुस्तकांची माहिती करून देण्यात आली आहे.

'पेबल इन द स्काय' हे त्यांचं १९५० मध्ये प्रसिद्ध झालेलं पहिलं पुस्तक विज्ञानकथांचं होतं. 'बायोकेमिस्ट्री अँड ह्यूमन मेटॅबॉलिझम' हे शुद्ध वैज्ञानिक पुस्तक त्यांनी १९५२ मध्ये लिहिलं. 'केमिकल्स ऑफ लाईफ' हे त्यांनी लिहिलेलं लोकार्थी विज्ञानलेखांचं पहिलं पुस्तक. याशिवाय 'ॲसिमोव्हज बायॉग्राफिकल एनसायक्लोपेडिया ऑफ सायन्स अँड टेक्नॉलॉजी (आता दोन खंडांत) हे त्यांचं आणखी एक संग्राह्य पुस्तक. इन जॉय स्टिल फेल्ट, द ऑटोबायॉग्राफी ऑफ आयझॅक ॲसिमोव्ह १९५४-७८ हे त्यांचं १९९ वं पुस्तक, तर इन मेमरी यट ग्रीन, द ऑटोबायॉग्राफी ऑफ आयझॅक ॲसिमोव्ह १९२०-५४ हे त्यांचं दोनशेवं पुस्तक. यानंतर त्यांची ३६ पुस्तकं

लिहून झाली. त्यांत द प्लॅनेट दॅट वॉजण्ट, क्वासार क्वासार बर्निंग ब्राईट, ॲसिमोव्ह ऑन सायन्स फिक्शन, फाउंडेशन्स एज आदी पुस्तकांचा समावेश आहे.

असिमोव्ह यांच्या लिखाणाचं एक वैशिष्ट्य, म्हणजे ते मधूनच आपल्याला सांगत असत– ''खरं म्हणजे याच्यावर मी अधिक चांगला लेख लिहिलाय. तो माझ्या अमक्यातमक्या पुस्तकात आहे. ते डबल डेनं प्रसिद्ध केलंय.'' बऱ्याचदा ते वाचकाला विश्वासात घेऊन अनेक गोष्टी आपल्या चुरचुरीत शैलीत सांगत. 'द अर्ली ॲसिमोव्ह' मध्ये त्यांनी आपल्या पहिल्या गोष्टींपैकी अकरा गोष्टी कशा नाहीशा झाल्या, याची हकिगत लिहिली. त्या संपादकांनी त्या काळात परत केलेल्या होत्या, हे उद्‌गार छापून आल्यानंतर काही दिवसांनी ॲसिमोव्हना एक पाकीट आलं. त्यात या अकरांपैकी 'द बिग गेम' या गोष्टीची झेरॉक्स नक्कल होती. ॲसिमोव्ह जे काही लिहित होते, ते बोस्टन विद्यापीठ गोळा करत होतं. १९६६ मध्ये त्यांनी ॲसिमोव्हच्या प्रकाशित लिखाणाचे नि हस्तलिखितांचे गठ्ठे आपल्या ग्रंथसंग्रहालयात नि मूल्यवान कागदपत्रांच्या संग्रहात हलवले. ॲसिमोव्हच्या एका तरुण चाहत्यानं ते चाळले होते नि त्यातून 'बिग गेम' शोधून काढली होती. त्यांची 'द प्राईम ऑफ लाईफ' नावाची एक कविता (मराठी रूपांतर) सोबत दिली आहे, त्यावरून त्यांच्याबद्दल त्यांच्या चाहत्यांना काय वाटतं याची कल्पना येते. त्यांनी सांगितलं होतं–

एकदा एका तरुणानं मला अडवलं. माझ्याकडे आश्चर्यानं बघत तो म्हणाला, ''अरे बापरे! हा तर ॲसिमोव्ह!''

देव तुझं रक्षण करो बाबा!
कारण,
बरेच दिवस मला असं वाटत होतं,
की फार फार वर्षांपूर्वीच तू मेलास.
नि जर जिवंत असलासच तर तू
किमान १५५ वर्षांचा असणार!
नि गलितगात्र जराजर्जर अवस्थेत
तू दिसणार!
मी तुझं लिखाण लहानपणापासून
लिहाय-वाचायला शिकलो तेव्हापासून,
बरं-वाईट कळायची अक्कल नव्हती
तेव्हापासून वाचत आलोय.
माझे वडील,
त्यांचं लग्न ठरायच्या आधीपासून
तुझं लिखाण वाचत होते.

त्यांच्या वडिलांनी तुझ्याबद्दल
जेव्हा त्यांना सांगितलं
तेव्हापासून तुझा त्यांना
ध्यास लागला होता.
हे आश्चर्यकारक माणसा,
विज्ञानकथांच्या राजा नि लेखनयंत्रा,
पुराणपुरुषा,
ॲसिमोव्हा,
जगाच्या सुरुवातीपासून माझे पूर्वज
तुझ्याबद्दल आत्मीयता
बाळगून होते.''
आता माझी सहनशक्ती
संपुष्टात आली.
मी त्याला म्हणालो,
''आता बस कर! तुझी ही बडबड!
माझा जुना उत्साह
अजूनही शिल्लक आहे.
मी भरभर चालतो, मला स्पष्ट दिसतं,
माझे केस
अजूनही काळे आहेत!''
यावर तो हसला.
त्यात अविश्वास होता.
म्हणून मी त्याला
एका ठोशात कायमचा झोपवला.

आपल्या चाहत्यांना आपल्याबद्दल काय वाटतं, हे ॲसिमोव्हनी या कवितेत बरोबर टिपलंय. ॲसिमोव्ह गेली कित्येक वर्षे लिहित होते नि त्यातली गेली १५ वर्षं रोज १४ तास या वेगानं लिहित होते.

१९५० मध्ये पहिलं पुस्तक लिहिलेल्या या लेखनयंत्राचं २५० वं पुस्तक त्याच्या ३५ व्या लेखनवर्षी प्रसिद्ध होणार होतं, म्हणजे गणिती हिशेबानं वर्षाला ७ च्या वर पुस्तकं त्यांच्या नावावर जमा होती. ही सगळी त्यांनी स्वत: टाईप केलेली असतात. लोकांना ॲसिमोव्ह हे एकच लेखक नसून, अनेक लेखकांचा एक संघच असावा, असं वाटत होतं. १९७५ डिसेंबरच्या 'सायंटिफिक अमेरिकन' या

मासिकात ‘लेखकांच्या टोळीचे नायक’ (लिंचपिन ऑफ कार्पोरेट ऑथरशिप) असं आपलं वर्णन वाचून ॲसिमोव्हना धक्काच बसला. त्यामुळं ते सांगत–

“मी एकटाच आहे. मी जिवंत आहे. मी अद्यापि तरुण आहे. आय ॲम ॲब्सोल्यूटली वन मॅन ऑपरेशन. सर्व संशोधन, संदर्भ, कागदजुळवणी, मुद्रित-शोधन, लेखांची यादी (स्वतःच्या), स्वतःच्या पुस्तकांची यादी, पत्रं लिहिणं, चाहत्यांच्या प्रश्नांना उत्तरं देणं व टेलिफोन घेणं व करणं हे माझं मी स्वतः करतो.”

ॲसिमोव्हच्या लिखाणावर समीक्षात्मक प्रबंध लिहून लोकांना आता डॉक्टरेट पदव्या मिळू लागल्या आहेत. त्यांतलं बरंच लिखाण स्तुतीपर असतं. कारण ॲसिमोव्ह वाचल्यावर दुसरा विचारच मनात येत नाही. ‘द सायन्स फिक्शन ऑफ आयझॅक ॲसिमोव्ह’ हे असंच एक पुस्तक. ॲसिमोव्हनी याला ‘ठीक आहे’ असं म्हटलं होतं. या पुस्तकाचा लेखक आहे. जोसेफ पाट्रुश (ज्यु.)

केवळ २५०च्या जवळपास पुस्तकं लिहिली, एवढंच या जिवंतपणी ‘राष्ट्रीय स्मारक’ बनलेल्या लेखकाचं महत्त्व आहे का? हा प्रश्न अमेरिकेत कुणी विचारला, तर बहुधा त्या प्रश्नकर्त्याची धडगत नाही.

“ॲसिमोव्ह इज अवर लिव्हिंग नॅशनल मॉन्युमेंट!” असं म्हटलं जातं होतं. कारण, अमेरिका विज्ञानयुग प्रस्थापित व्हायला ॲसिमोव्हचा हातभार लागलाय, हे निर्विवाद आहे. तेव्हा नासातले ४० टक्के शास्त्रज्ञ अवकाश संशोधनात आले, ते ॲसिमोव्हच्या लिखाणांतून स्फूर्ती मिळाली म्हणून. सागरतळावर वसाहती करण्यासाठी ‘सी लॅब आणि ‘टेक्टाइट’ योजना अमेरिकन शास्त्रज्ञांनी हाती घेतल्या. त्यातल्या बहुतेक शास्त्रज्ञांनी ‘वॉटर क्लॅप’ नावाची ॲसिमोव्हची गोष्ट वाचून सागरी वसाहतीच्या संशोधनाची स्फूर्ती घेतली होती. रशियन अंतराळवीरांना अवकाशात प्रदीर्घ काळच्या मुक्कामात ॲसिमोव्हचं पुस्तक जवळ असावंसं वाटतं होतं.

“बायोकेमिस्ट्रीत संशोधन करत राहिले असते, तर ॲसिमोव्हना बरीच पारितोषिकं मिळाली असती; पण अमेरिका हजारो संशोधकांना व शास्त्रज्ञांना मुकली असती,” असं कार्ल सागन शास्त्रज्ञ ॲसिमोव्हचं मूल्यमापन करतात. या उद्गारातच ॲसिमोव्ह यांच्या लेखणीचं सारसर्वस्व येतं.

ॲसिमोव्ह गेले!

‘आयझॅक ॲसिमोव्ह गेले,’ ही बातमी पुण्यात फक्त एका वृत्तपत्रानं दिली. बातमी वाचून मन खिन्न झालं. कुणीतरी आपल्या घरातलंच गेलंय, असं वाटलं. आदल्याच दिवशी मी माझ्या एका ॲसिमोव्हप्रेमी मित्राशी बोलत होतो. त्याला ॲसिमोव्हचं ‘फॅक्ट ॲन्ड फँटसी’ हे पुस्तक हवं होतं. माझ्याकडं ते आहे, याची त्याला कल्पना होती. ॲसिमोव्हचं पुस्तक मी त्याला देणं शक्य नव्हतं, हेही त्याला

ठाऊक होतं, तरी तो ते माझ्याकडे मागत होता.

ॲसिमोव्ह म्हटलं, की आमच्या किमान दोन तास गप्पा होतात. त्यामुळं भरपूर वेळ असल्याशिवाय आम्ही त्या विषयावर बोलत नाही. पुस्तकाच्या बदली ॲसिमोव्हचा एक भारी किस्सा मी त्याला सांगितला. जुनी गोष्ट आहे. अमेरिकेत एक इंग्रजीचे जर्मन प्राध्यापक आले होते. डॉ. गुंथर त्यांचं नाव. ते 'सायन्स फिक्शन' या विषयावर बोलणार होते. त्यांचं व्याख्यान ऐकायला ॲसिमोव्ह गेले. डॉ. गुंथरनी नेमकी ॲसिमोव्हची 'नाईटफॉल' ही गोष्ट विवेचन आणि विवरणासाठी निवडली. ॲसिमोव्ह शेवटच्या रांगेत बसून आपल्या कथेचा पंचनामा ऐकत होते. प्रा. डॉ. गुंथर खास जर्मन व्यवस्थितपणाला अनुसरून ॲसिमोव्हच्या गोष्टीची चिरफाड करत होते. ॲसिमोव्ह भयंकर अस्वस्थ झाले होते. ती कथा लिहिताना त्यांच्या मनात गुंथर जे काही बोलत होते, त्यातलं काहीही नव्हतं; पण गुंथर तर इंग्रजी भाषेचे मान्यवर विद्वान. ॲसिमोव्हनी भाषण संपल्यावर गुंथरची भेट घेतली.

"एक मिनिट वेळ द्याल का?" ॲसिमोव्हनी विचारलं.

"बोला काय काम आहे?" प्रा. डॉ. गुंथरनी म्हटलं. हा तरुण त्यांच्या खिजगणतीतही नव्हता, असा त्यांचा एकूण अविर्भाव व सूर होता.

"ते गेले दोन तास तुम्ही 'नाईटफॉल'बद्दल जे काही बोललात ना, तसं काहीही लेखकाच्या मनात नव्हतं हो!" ॲसिमोव्ह म्हणाले.

"हे तुम्हाला कसं कळलं?" प्रा. डॉ. गुंथरनी विचारलं.

"कसं कळलं म्हणजे? अहो, मीच ती कथा लिहिलीय!"

ॲसिमोव्ह म्हणाले. त्यांना वाटलं होतं, की आपला हा कबुलीजबाब ऐकून गुंथर गडबडतील; पण तसं काहीच घडलं नाही, तर उलट गुंथरनीच ॲसिमोव्हकडे 'काय वेड्यासारखा बोलतोय हा' या थाटात बघत म्हटलं, "ठीक आहे, तू ती गोष्ट लिहिलीही असशील; पण त्याचा अर्थ तुला कळला, असा थोडाच होतो?"

'ॲसिमोव्ह ऑन ॲसिमोव्ह' या आपल्या लेखात ॲसिमोव्ह म्हणतात, "त्या माणसाचं कमालीचं धाष्ट्‌र्य मला इतकं आवडलं, की आम्ही तत्काळ मित्र बनलो."

ॲसिमोव्हनी केवळ विज्ञानकथाच लिहिल्या असत्या, तरी ते अमर झाले असते; पण त्यांची लेखणी केवळ विज्ञानकथा किंवा लोकार्थी विज्ञानाबाबतच सर्वस्पर्शी नव्हती, तर त्यांनी, सटीक बायबल, सटीक शेक्सपीअर, अत्यंत वाह्यात वात्रटिका (४ खंड), वर्ड्‌स ऑफ मिथ नावाचं एक अतिशय आश्चर्यकारक सोपं पुस्तक असे अनेक ग्रंथ लिहिले. त्यांचं 'वर्ड्‌स ऑफ मिथ' हे पुस्तक खरं तर सर्व विज्ञान शाखांत सक्तीचं करायला हवं. याचं कारण असं, की विज्ञानात येणारे असंख्य शब्द हे मूळ ग्रीक किंवा लॅटिन शब्दांवरून आले आहेत. त्या शब्दाची उकल, त्या मागची मूळ कथा, ग्रीक पुराणं, रोमन इतिहास यांच्या साहाय्यानं अगदी सोप्या भाषेत ॲसिमोव्ह करतात.

ॲसिमोव्ह स्वत: कधी विमानात बसले नव्हते, तरी मनानं ते आकाशगंगेत मनमुराद हिंडले. रशियातून तिसऱ्या वर्षी अमेरिकेत आल्यावर एकदाच ते अमेरिकेबाहेर पडले. ते बोटीनं ऑस्ट्रेलियास गेले. त्या प्रवासाबद्दल ते म्हणतात, ''बोटीचा कॅप्टन आर्थर क्लार्कचा मित्र होता. आर्थरनं त्याला नक्कीच फोन केला असणार. कारण बोटीवर पहिल्याच रात्री 'पॉसीडॉन ॲडव्हेंचर' हा चित्रपट दाखवण्यात आला होता.'' (या चित्रपटात एका प्रवासी बोटीला अपघात होतो, त्याची कथा आहे.)

ॲसिमोव्हना विनोदाची फार आवड होती. त्यांनी वात्राटिकांचे चार संग्रह प्रसिद्ध केले. ऑम्नी नावाच्या मासिकानं एक वात्राटिकांची (लिमेरिक्स) स्पर्धा लावली होती. त्या स्पर्धेत ॲसिमोव्हचा तिसरा क्रमांक आला. तेव्हा ॲसिमोव्हना फार आनंद झाला. ''माझ्यापेक्षा चावटपणावर जास्त प्रेम करणारे दोघं आहेत, हे मला आज कळलं,'' असं ते याबद्दल म्हणाले होते.

ॲसिमोव्ह आणि क्लार्क हे दोघं विज्ञानलेखन आणि विज्ञान कथालेखन या बाबत इंग्रजी साहित्यिकांत मान्यता पावलेले दिग्गज. ते एकमेकांचे चांगले मित्र होते. त्यांच्यात एक तह झाला होता. याला ते 'ॲसिमोव्ह-क्लार्क ट्रीटी' म्हणायचे. या तहात एकच कलम होतं. ते म्हणजे 'ॲसिमोव्ह हे सर्वश्रेष्ठ विज्ञानलेखक आहेत, तर क्लार्क हे सर्वश्रेष्ठ विज्ञानकथा लेखक आहेत,' यात गफलत झाली तरी चालू शकेल, असंही याला एक पोटकलम होतं.

भारतातल्या अस्पृश्यतेबद्दल जेव्हा ॲसिमोव्हना प्रथम माहिती मिळाली, तेव्हा ते आश्चर्यचकित झाले; पण यावर विचार करून नंतर त्यांनी एक गोष्ट लिहिली. एक स्पेस कॉलनी असते. तिथं असंच सफाई करणारं म्हणजे 'वेस्ट रिसायक्लिंग प्लँट'वर काम करणारं एक कुटुंब असतं. मुलगा लग्नाच्या वयाचा होतो. त्याला मुलगी मिळत नाही. मग ते संपावर जातात आणि स्पेस कॉलनीला या कुटुंबाचं महत्त्व कळतं. अशी ती गोष्ट होती. ॲसिमोव्हनी ४८७ च्या आसपास पुस्तकं लिहिली. त्यांच्या 'ओपस हंड्रेड'मध्ये त्यांच्या पहिल्या शंभर पुस्तकांची यादी आहे. त्यांचं एकशे नव्व्याण्णव आणि दोनशेवं पुस्तक हे त्यांचं आत्मचरित्रपर लिखाण आहे. (इन मेमरी यट् ग्रीन). त्यानंतर ते आयझॅक ॲसिमोव्हज सायन्स फिक्शन मॅगेझीनचे संपादक झाले. दर महिन्याला ते या मासिकात एक संपादकीय लिहीत. तो एक स्वतंत्र लेखच असायचा. आपल्याला गणितातलं काही कळत नाही, असं म्हणत म्हणत ॲसिमोव्हनी गणितावर दहा पुस्तकं लिहिली. 'ॲसिमोव्ह ऑन नंबर्स' हे पुस्तक ज्यानं वाचलंय, त्या माणसाला कुठलाही विषय ॲसिमोव्ह कसा सोपा करून सांगायचे, ते लगेच लक्षात येईल. ॲसिमोव्हना भुतं-खेतं, अद्‌भुत कथा, रहस्यकथा यांचं वावडं नव्हतं. 'त्यानं करमणूक होते ना?' असं ते याबाबत म्हणायचे. 'थर्टीन स्टोरीज ऑफ हॅलोवीन' या नावाचा एक भयकथा संग्रह त्यांनी

संपादित केलाच; पण त्याशिवाय तेरा वेगवेगळ्या उपेक्षित कथाप्रकारांचे संग्रहही त्यांनी संपादित केले.

या तेरा संग्रहांच्या मालेस त्यांनी आयझॅक ॲसिमोव्हज् 'मॅजिकल वर्ल्ड्स ऑफ फँटसी' असं नाव दिलं. यात अँटलांटिस, जायंट्स, फेअरीज, कॉस्मिक नाईट्स, घोस्ट्स अँड घाऊल्स अशा वेगवेगळ्या सूत्रांत बांधलेल्या कथा असून, याशिवाय 'आयझॅक ॲसिमोव्हज वंडरफुल वर्ल्ड ऑफ सायन्स फिक्शन' या विज्ञानकथांच्या संपादित मालेमध्ये फिक्शनल ऑलिंपिक्स, स्टार्स, सोलर सिस्टिम वगैरे दहा खंडांचा समावेश आहे.

आयझॅक ॲसिमोव्ह या नावाशी माझा पहिला परिचय तसा योगायोगानंच झाला. ब्रिटिश लायब्ररीतून मी विज्ञानकथांचे संग्रह आणत होतो; पण त्यात ॲसिमोव्ह नसायचे. फर्ग्युसन कॉलेजच्या होस्टेलवर आमचे काही मित्र प्लेबॉयचे अंक कुठून तरी शिताफीनं मिळवून आणायचे. ती बातमी कुजबुजत काही खास मित्रांमध्ये पसरायची. मग प्लेबॉय बघणं, हा एक कार्यक्रम घडून यायचा. अशाच एका अंकात 'अँड आयझॅक ॲसिमोव्हज् सायन्स फिक्शन' होती. ती मी वाचली. ते अपरिहार्यच होतं. ती कथा वाचताना 'सुसान कॅल्विन' या रोबोसायकॉलॉजिस्ट'शी माझा प्रथम परिचय झाला. मग 'द नेकेड सन' वगैरे कादंबऱ्या विकत आणल्या. त्यातून 'एलीजा बेली'चा पत्ता लागला. मग आर. डॅनील ऑलीव्हाची भेट झाली आणि मला ॲसिमोव्हची बाधा झाली आणि संपूर्ण फाउंडेशन व रोबॉट मालिका वाचूनही ती बाधा उतरली नाही.

ॲसिमोव्हवर 'रायटर्स ऑफ ट्वेंटिफर्स्ट सेन्चुरी' या मालेत एक ग्रंथ आहे. त्यात ॲसिमोव्हच्या विज्ञानकथांवर वेगवेगळ्या समीक्षकांनी लिखाण करून निरनिराळ्या पैलूंचं दर्शन घडवलंय. त्या ग्रंथाच्या सुरुवातीनं आयझॅक ॲसिमोव्हवरच्या या लेखाचा शेवट करतो–

'इंग्रजी भाषेत $१०^{५०}$ (म्हणजे १ वर ५० शून्यं) एवढी वाक्यं तयार करता येतील, असं म्हणतात. एवढी वाक्यं उपलब्ध असतानाही यातल्या कुठल्याही एका वाक्यानं ॲसिमोव्हचं यथायोग्य वर्णन करता येणं शक्य नाही, ॲसिमोव्हच्या बिझिनेस कार्डवर एवढंच लिहिलं होतं–

'आयझॅक ॲसिमोव्ह – नैसर्गिक संपत्ती,' तेच वर्णन त्यातल्या त्यात योग्य ठरेल.

असा हा माझा आवडता लेखक आणि अमेरिकेचा अघोषित राष्ट्रीय खजिना ६ एप्रिल १९९२ ला काळाच्या पडद्याआड गेला. त्याला प्रणाम!

■

स्टॅनफोर्ड ओव्हशिन्स्की – अल्पशिक्षित शास्त्रज्ञ

सर्वसाधारणपणे शास्त्रज्ञ म्हटला, की तो उच्चशिक्षणविभूषित असायला हवा, असा आपला समज असतो. स्टॅनफोर्ड हे अमेरिकेतल्या एका ख्यातनाम विद्यापीठाचं नाव असूनही जो महाविद्यालयाची पायरीही चढला नाही, असा हा शास्त्रज्ञ शालेय शिक्षणही पूर्ण करावं की नाही, या विचारात होता. (बिल गेट्स असाच. त्यानं पदवी मिळविण्यात वेळ वाया घालवण्यापेक्षा आताच पैसे मिळवायला सुरुवात केली तर? या विचारानं विद्यापीठाला रामराम ठोकला होता.). त्याचे वडील लिथुआनियातून पळून नशीब काढायला अमेरिकेत आले होते. ते भंगार गोळा करून विकता विकता भंगारमालाचे ठोक व्यापारी बनले. मुलगा त्याच धंद्यात जाणार, हे बापानं गृहीत धरलं होतं. मुलालाही ते योग्यच वाटत असे; पण दरम्यान कुशाग्र बुद्धीचा हा मुलगा सार्वजनिक ग्रंथालयात जाऊन स्वअभ्यास करत होताच. या अभ्यासातूनच त्यानं घनस्थिती भौतिकीला आव्हान देणारे सिद्धान्त मांडले आणि एका नव्या शास्त्र शाखेचा पाया घातला.

एके काळी ओव्हशिन्स्कीला जे विद्वान टाळत असत, त्यांच्यात आता ओव्हशिन्स्कीला सन्मान अर्पण करण्याची चढाओढ सुरू असते. त्यानं ज्या शास्त्र शाखेचा पाया घातला, ती शास्त्र शाखा प्रकाशव्होल्टाइकी, ताप ऊर्जाबदल, ऊर्जासाठवण, इंधनघट अशा विविध व्यावहारिक उपयोगांमुळे तंत्रज्ञानाच्या आघाडीवर आहे. याशिवाय माहिती संस्करण आणि इतरही क्षेत्रांत ओव्हशिन्स्कीच्या संशोधनानं आमूलाग्र बदल घडून येईल, असं म्हटलं जातं.

"त्यानं उद्योगधंद्यांना आणि शास्त्रज्ञांना अस्फटिकी पदार्थांचं महत्त्व लक्षात आणून दिलं." असं ओव्हशिन्स्कीच्या संशोधनाचं महत्त्व इसिडोर राबी या कोलंबिया विद्यापीठाच्या नोबेल पारितोषिक विजेत्या शास्त्रज्ञाचं म्हणणं आहे. दरम्यान, त्याला नऊ वर्षं सतत वेगवेगळ्या शाब्दिक हल्ल्यांना आणि त्याच्या विचारांना तुच्छतादर्शक उल्लेखानं हीन लेखणाऱ्या टीकाकारांना तोंड द्यावं लागलं होतं. ओव्हशिन्स्कीची ही क्रांतिकारक कल्पना होती तरी कोणती? त्याच्या मते अगदी स्वस्तात उपलब्ध

असलेले अस्फटिकी पदार्थ स्फटिक ज्या कामासाठी वापरले जातात, त्या कामासाठी वापरता येतील. आपल्या परिचयाचा अस्फटिकी पदार्थ म्हणजे काच. स्फटिक बनवणं हे खर्चाचं काम असतं. नैसर्गिकरीत्या व्यावहारिक उपयोगाचे स्फटिक मिळणं दुर्मीळ असतं. याचं कारण त्यांच्या निर्मितीसाठी आवश्यक ती परिस्थिती निसर्गात क्वचितच निर्माण होत असते. असं असलं, तरी स्फटिक अतिशय उपयुक्त ठरतात, त्यामुळे मग त्यांची कृत्रिमरीत्या निर्मिती केली जाते. अवकाशातही स्फटिकांच्या निर्मितीचे प्रयत्न याचसाठी केले जातात. कारण जवळजवळ गुरुत्वाकर्षणरहित परिस्थितीत मोठे आणि पूर्णत्वास पोहोचलेले स्फटिक निर्माण करणं सोपं जातं.

ट्रांझिस्टर आणि संगणकात वापरल्या जाणाऱ्या सूक्ष्म चकत्या यांच्यामुळे इलेक्ट्रॉनिक आणि संगणकी क्रांती शक्य झाली आहे. या दोन्ही गोष्टी स्फटिकांवर अवलंबून असतात. हे स्फटिक फार महाग असतात. स्फटिकांमधली अणूंची पद्धतशीर मांडणीही त्यातून वाहणाऱ्या विद्युतप्रवाहाचं नियंत्रण करण्यासाठी, तो व्यवस्थित वाहून नेण्यासाठी उपयुक्त ठरते. या उलट अस्फटिकी पदार्थांमध्ये अणू वाट्टेल तसे बेशिस्तपणे पसरलेले असतात, त्यामुळे ते विद्युत प्रवाहात अडथळे निर्माण करतात. त्यामुळे असे पदार्थ विद्युतरोधक मानले जातात. परिणामत: त्यांना इलेक्ट्रॉनिकीत स्थान नसतं. ओव्हशिन्स्कीच्या मते जर योग्य रसायनं आणि योग्य भौतिकीचा मेळ घातला, तर निसर्गात भरपूर प्रमाणात उपलब्ध असलेल्या अस्फिटिकी पदार्थांबरोबरच, कृत्रिम, पण स्वस्तात बनवता येणारे हे पदार्थ उत्प्रेरक म्हणून वापरणं शक्य होईल, शिवाय सूर्यप्रकाशाचं विद्युत ऊर्जेत रूपांतर करण्यासाठी त्यांचा वापर करता येऊ शकेल.

हा विचार मांडल्यानंतर दहा वर्षं ओव्हशिन्स्कीला झगडावं लागलं. त्याचे विचार प्रस्थापित शास्त्रज्ञांना आणि रूढ विचारांना मानवण्यासारखे नव्हते. त्यामुळंच तो वाळीत टाकला गेला. त्याचे विचार खरे ठरले, त्याचं कारण, त्यानं त्या विचारांचा पाठपुरावा सोडला नव्हताच, कारण त्याचा त्याच्या विचारांवर ठाम विश्वास होता. तशीच त्याची जिद्दही वाखाणण्यासारखी म्हणावी लागेल. झेरॉक्सच्या निवृत्त उपाध्यक्षाच्या, पॉल गोलमनच्या मते 'स्टॅन हा जुन्या पठडीतल्या संशोधकांसारखा वाटत होता. त्याचा उत्साह वाखणण्यासारखा होता. स्वत:च्या विचारांबद्दल तो पक्का होता. आपण बरोबरच आहोत, याबद्दल त्याला खात्री होती. त्यामुळे तो त्याचे विचार पुढे नेत होता आणि बहुतेक वेळा तो खरा ठरतो. क्वचितच तो चुकीच्या मार्गानं जात असे.

ओव्हशिन्स्की आज ऐंशीच्या घरात आहे. ओहायोच्या अॅक्रॉन गावी तो वाढला. लहानपणी त्याला खगोलशास्त्र, जीवशास्त्र आणि रसायन यांची खूप आवड होती.

त्याच्या एका रासायनिक प्रयोगात स्फोट होऊन त्याच्या घराचं तळघर उद्ध्वस्त झालं; पण तो वाचला होता. तो सतत काहीना काही तरी वाचत असे. त्याची वाचनाची भूक इतकी जबरदस्त होती, की एकदा एका ग्रंथपालानं त्याला विचारलं, ''स्टॅनफोर्ड, तू आत्ताच सगळं ग्रंथालय वाचून संपवलंस, तर मोठेपणी तू काय वाचशील?''

ओव्हशिन्स्कीचं मन शाळेत कधीच रमलं नव्हतं. त्यामुळं महाविद्यालयात जावं, असंही त्याला कधी वाटलं नव्हतं. त्यानं कुठलातरी पोटापाण्याचाच व्यवसाय करायचा, तर शिक्षण कशाला म्हणून एका तंत्रज्ञानधंदे शिक्षणाच्या अभ्यासक्रमास जायला सुरुवात केली. तेव्हा तो अजून शाळेत शिकत होता. बारावी आणि हा अभ्यासक्रम त्यानं एकाच वेळी पूर्ण केले. मग मशिनीस्ट म्हणून त्यानं चार वर्षं काम करून वयाच्या २१व्या वर्षी स्वत:चा छोटा व्यवसाय सुरू केला. १९४५ च्या सुमारास त्याला स्वयंचलित लेथचं पेटंट मिळालं. त्यानं मिळवलेल्या असंख्य एकाधिकारातला हा पहिला एकाधिकार ठरला. मग त्याला स्वयंचलित यंत्रं बनवायच्या वेडानं झपाटलं. ''माझी यंत्रं इतर चार यंत्रं नऊ मिनिटं चालून जे काम करतात, ती नऊ सेकंदांत करत असत,'' असं तो म्हणे.

पुढं त्याचा स्वयंचलित यंत्रं बनविण्याचा हव्यास वाढला, तेव्हा यंत्रं आणि मानवी मेंदू यांची तुलना तो मनातल्या मनात करू लागला. ''मेंदूत स्मरण कुठल्या संकेताद्वारे साठवलं जातं, ते पुन्हा आपल्या भाषेत बदलून जिभेवर कसं येतं, त्याचं दृश्यात रूपांतर कसं होतं, याचं मला कुतूहल होतं आणि ते समजून घ्यायचा प्रयत्न मी करत असे. या विचारातून सुरुवातीच्या काळातच मी माहिती आणि ऊर्जा या एकाच नाण्याच्या दोन बाजू आहेत, अशा निष्कर्षाप्रत पोहोचलो.'' यामुळं मेंदू हा अर्धवाहक (सेमी कंडक्टर) आहे, असा तो विचार करू लागला. तिथून त्याच्या विचारांनी प्रचलित तंत्रज्ञान बदलणारी क्रांतिकारक उडी मारली. जर मेंदूच्या अस्फाटिकी पेशी माहिती प्रक्रिया पार पाडू शकतात, तर मग 'चाल्कोजेनाईड ग्लासेस' या नावानं ओळखला जाणारा अस्फटिकी पदार्थांचा वर्ग हे काम का करू शकणार नाही? ओव्हशिन्स्कीचा मेंदू मग याच प्रश्नात गुंतला.

पारंपरिक भौतिक शास्त्रज्ञांना हे विचार मानवण्यासारखं नव्हतं. त्यातच ते त्यांच्या दृष्टीनं अशिक्षित अशा एका तरुणानं मांडलेले होते. ''माझे विचार जीवशास्त्रीय होते. मी वास्तुमात्राचा विचार वेगळ्या, म्हणजे जीवशास्त्रीय दृष्टिकोनातून करत होतो. त्यामुळे रेणूंचे जे परस्परसंबंध मला दिसत होते, ते त्यांना जाणवलंही नव्हतं. घनपदार्थातील अणूंचं वागणं माझ्या दृष्टीनं होतं, तसं पाहणं त्यांना जमणार नव्हतं.''

जानेवारी १९६० मध्ये स्टॅन आणि त्याची पत्नी आयरीस यांनी एनर्जी कन्व्हर्जन डिव्हायसेस नावाची संस्था डेट्रॉइटमध्ये स्थापन केली. यासाठी त्यांनी त्यांच्या खिशातून

५० हजार डॉलर घातले. त्यांची तोपर्यंतची बचत अशा तऱ्हेनं खर्च झाली. आयरीस जीवरसायनात डॉक्टरेट मिळवून तिच्या नवऱ्यास साथ देत होती. सुमारे नऊ वर्षं हे जोडपं दुर्लक्षित अवस्थेत संशोधन करत होतं. त्यांच्या त्या छोटेखानी प्रयोगशाळेत बुन्सेन बर्नर, काचनलिका, दोला मापनयंत्र यांची गर्दी असे. चाल्कोजेनाईड काचा या नैसर्गिक ज्वालामुखीय ऑब्सिडियन काचेप्रमाणेच रंगानं काळसर, तपकिरी असतात. त्यात गंधक, ऑक्सिजन, सेलेनियम आणि टेल्युरियम हे घटक असतात. या अस्फटिकी पदार्थांचा - खरंतर शास्त्रीय परिभाषेत अस्फटिकी पदार्थ म्हणजे काच. विद्युत प्रवाह नियंत्रण करणारे खटके म्हणून उपयोग करता येईल, असं ओव्हशिन्स्कीला वाटत होतं. त्यानं पहिल्यांदा काचेचा अर्धवाहक या विषयावर शोधनिबंध लिहिला, तेव्हा प्रचंड खळबळ माजलीच; पण भौतिक शास्त्रज्ञांची एक मोठी फळीच त्याच्या विरुद्ध उभी राहिली. घनस्थितीभौतिक शास्त्र आणि त्यावर अवलंबून असलेल्या स्फटिकी अर्धवाहक कंपन्या यांचं अर्थकारणच ओव्हशिन्स्कीच्या या संशोधनानं मोडीत निघत होतं. त्यांच्या समभागांचे भाव ओव्हशिन्स्कीच्या संशोधनानं दोलायमान झाले. त्यामुळे या कंपन्या आणि त्यांच्या परिवारातले शास्त्रज्ञ यांनी मग ओव्हशिन्स्कीच्या संशोधनाविरुद्ध प्रचार सुरू केला. त्यांच्या मते काच आणि तत्सम पदार्थांवर अशा प्रकारचं संशोधन होऊन गेलं, त्यात काही निष्पन्न झालं नाही. ओव्हशिन्स्कीला प्रयोगशाळेत अशा प्रकारचं यश आलं असलं, तरी प्रत्यक्ष व्यवहारात त्याचा काही उपयोग नव्हता. व्यापारासाठी मोठ्या प्रमाणावर हे प्रत्यक्षात येणार नव्हतं.

''माझ्यावर हल्ला करणं सोपं होतं. मी विद्यापीठात गेलेलो नव्हतो. मला पीएच.डी. नव्हती. त्यामुळे माझा बचाव करायला कुणी पुढे येणंही शक्य नव्हतं.''

प्रत्यक्षात ओव्हशिन्स्कीनं प्रचलित पारंपरिक विचारसरणीस धक्का दिलेला होता. कुठल्याही 'चिप्' ची विद्युतवाहकता ही स्फटिकांमधील अणूंच्या सुविहीत मांडणीमुळं निर्माण होते, असं सैद्धान्तिक शास्त्रज्ञांचं 'बाबावाक्य' होतं. या समजुतीला धक्का देणारं ओव्हशिन्स्कीचं मत 'बाबावाक्यं प्रमाणम्' मानणाऱ्या शास्त्रज्ञांना मान्य नव्हतं आणि होणंही शक्य नव्हतं. एमआयटीमधील प्रा. डेव्हिड ॲडलर म्हणतात, ''बहुतेक शास्त्रज्ञ चाकोरीबद्ध विचार करतात. चाकोरीबाहेरच्या अपरिचित विचारांची त्यांना भीती वाटते.

ओव्हशिन्स्कीचे विचार शास्त्रीय जगताला १९७७ मध्ये मान्य झाले. त्या वर्षी ब्रिटिश शास्त्रज्ञ सर नेव्हील मॉट् यांना अस्फटिकी पदार्थ विद्युतवहन कसं करतात, या संशोधनाबद्दल वास्तवशास्त्रातील नोबेल पुरस्कार मिळाला आणि मग ओव्हशिन्स्की एकदम हिरो बनला! त्यानंतर या विषयात संशोधन करून शे-सव्वाशे जणांनी तरी डॉक्टरेट मिळवली आहे. आता ओव्हशिन्स्कीच्या अनुयायांची संख्या वाढतेच आहे. ■

तरुण संशोधकांची तरुण मार्गदर्शिका

बौद्धिक संपत्तीचा ठेवा जपून ठेवण्यासाठी आता बौद्धिकसंपत्ती संरक्षण कायदा बहुतेक सर्व राष्ट्रांनी स्वीकारला आहे. याचे फायदे अनेक आहेत त्याबद्दल वादच नाही, पण अनेक बहुराष्ट्रीय कंपन्या आणि अमेरिका हे बौद्धिक संपदेची लूटमार करणारं राष्ट्र इतरांना नागवण्यात पुढे आहे. बासमती, हळद यांच्याबरोबर उद्या तुळशीचा आणि प्राजक्ताचा काढा यांच्यासाठी अपल्याला भांडण्याची वेळ येणारच नाही, याची आपण आज खात्री देऊ शकत नाही. तरुण उद्योजक बरेचदा एखादा नवीन यांत्रिक शोध लावतात किंवा बौद्धिक करामत करतात. त्यांना व्यवहारी जगाचा अनुभव नसतो. पेटंट घेण्यासाठी काय करावं लागतं, याची त्यांना कल्पना नसते; पण बरेचदा आपल्या कल्पनेचं/शोधाचं पेटंट घ्यायला हवं, याचीही त्यांना कल्पना नसते. ते कुणाला तरी त्यांची कल्पना बोलून दाखवतात. त्यात थोडे फार बदल करून एक दिवस ती व्यक्ती त्या कल्पनेचे/संशोधनाचे एकाधिकार मिळवते किंवा असं घडलं नाही, तरी दरम्यान दुसरीकडं कुठंतरी कुणाला तरी ती कल्पना सुचते आणि या कल्पनेचे सर्व हक्क त्या व्यक्तीला मिळतात. इ.स. २०००-०१ मध्ये अशीच एक घटना घडली. ॲन स्विफ्ट या मुलीनं एक लवचिक, कसाही वळवता येईल, असा संगणकाचा कीला फलक (की बोर्ड) बनवला.

ॲन स्विफ्टला तिच्या या कल्पनेचं पेटंट मिळवायचं होतं; पण तिला त्याबद्दल मार्गदर्शन मिळेना. तिला कुठूनतरी कुणीतरी अर्धवट माहिती द्यायचं. प्रत्येक देशात एकाधिकार मिळवायची पद्धत वेगळी असते. कॅनडात मिळवलेलं पेटंट अमेरिकेत वैध ठरत नाही, अशी माहिती तुकड्या तुकड्यांनी तिला मिळत होती. त्या वेळी पश्चिम ओंटारियो विद्यापीठात ॲननं नुकताच प्रवेश घेतला होता. तिनं तिच्यासारखे अनेक विद्यार्थी एकत्र जमवले. त्यांनी एक संगणक माहितीस्थल बनवलं. अशा तऱ्हेनं एकाधिकार मिळविण्यासंबंधीची सर्व माहिती तिच्याजवळ जमा होईपर्यंत दुसऱ्याच कुणीतरी लवचिक, वाकवता येईल असा कीला फलक बनविण्याचं पेटंट घेतलं होतं, पण ॲननं तिनं या प्रयत्नात गोळा केलेल्या माहितीचा उपयोग करायचं ठरवलं.

यंग इन्व्हेंटर्स इंटरनॅशनल एक 'ना नफा ना तोटा' या तत्त्वावर चालणारी संघटना ॲन स्विफ्टच्या नेतृत्वाखाली सुरू झाली.

(http://www. younginventorsinternational.com) या संघटनेची मुख्य कचेरी ॲन स्विफ्टच्या ओंटारियो या कॅनडातील प्रांताच्या किंग सिटी या शहरातील घरीच आहे. हे नगर टोरोंटोपासून तासभर अंतरावर आहे. ही संस्था ३५ वर्षांखालील संशोधकांना नवीन कल्पनांचा पाठपुरावा करायला, त्यांचं संशोधन पूर्ण झालं, की पेटंट घ्यायला आणि या संशोधनाचं व्यावहारिक फायद्यात रूपातंर करायला मदत करते. अशा तऱ्हेचं हे तरुण संशोधकांचं पहिलंच जाळं असून त्याची सदस्य संख्या जगभर पसरलेली आहे.

या जाळ्यातल्या तरुण संशोधकांसाठी आता माहिती पत्रकं, मार्गदर्शन शिबिरं, वार्षिक चर्चासत्रं, विद्यावेतनाची सोय आणि भांडवल कर्जावर देण्याची व्यवस्था अशा अनेक सुविधा उपलब्ध करून दिल्या जातात. सध्या वेगवेगळ्या २० देशांतील ५००हून अधिक तरुण-तरुणी या जाळ्याच्या सदस्य आहेत. या जाळ्यातून फायदा झालेले किंवा पस्तीसहून अधिक वय असलेले, पण जाळ्याशी संबंध ठेवू इच्छिणारे यशस्वी संशोधक या तरुणांचे पालक मार्गदर्शक म्हणून जबाबदारी उचलतात. त्यांच्या विषयातील त्यांच्या दृष्टीनं होतकरू संशोधकांचं ते पालकत्व स्वीकारून त्याला योग्य ती बौद्धिक मदत करतात.

या संस्थेतर्फे तरुण संशोधकांचे उत्तर अमेरिकन शहरांमध्ये मेळावे भरवले जातात. तिथे चर्चासत्रं, वैचारिक आदान-प्रदान, व्यावसायिक देवघेव अशा व्यवहारिक गोष्टींबरोबर परस्पर परिचयही घडतो. इथे बहुतेक चर्चा व भाषणं ही अर्थात पेटंटशी संबंधित बाबींची असतात. त्याचबरोबर नव्यानं घेतलेल्या पेटंटची विक्री कशी करावी किंवा त्या संशोधनाच्या उत्पादनाचा व्यापार कसा करावा, ते कुठे खपेल, कसं खपेल, याची माहिती मिळवायची ही संधी असते.

स्विफ्ट २९ वर्षांची आहे (२००९ मध्ये). "एखादी कल्पना डोक्यात आल्यावर त्या कल्पनेला प्रत्यक्षात आणण्यासाठी काय करावं, याची आम्ही चर्चा करतोच; पण ती कल्पना का डोक्यात आली. अशी इतर काही कल्पना निर्माण होण्याची शक्यता आहे का, अशा विविध बाबींबाबत आमचं विचारमंथन चालतं." असं ॲन स्विफ्ट म्हणते. ती २००५ मध्ये टोरोंटो विद्यापीठात अर्थशास्त्र आणि राज्यशास्त्रामध्ये पदव्युत्तर अभ्यास करत होती.

'कुठल्याही संशोधकाशी वैयक्तिक चर्चा करण्याबरोबरच त्यांच्या कल्पना मांडण्यासाठी आम्ही त्यांना व्यासपीठ उपलब्ध करून देतो. त्यांच्या विषयाशी संबंधित व्यावसायिकांच्या मार्गदर्शनाचा त्यांना लाभ मिळवून देतो. एखाद्या कल्पनेची शक्यता पडताळून पाहणं, तिची व्यावहारिकता निश्चित करणं, ती प्रत्यक्षात आल्यानंतर

फायदा होणार आहे, याची निश्चिती झाल्यावर त्याबाबतचे एकाधिकार मिळवणं किंवा ती कल्पना खपविण्यास मदत करणं, त्या उत्पादनाची संशोधकास स्वत:च निर्मिती करायची असेल, तर त्या दृष्टीनं विचारविनिमय करणं, बौद्धिक संपदा कायद्यातून त्याचा फायदा होईल, अशी व्यवस्था करणं' ही सर्व जबाबदारी संस्था पार पाडते किंवा त्याबद्दल मार्गदर्शन करते.

कुठलीही कल्पना नुसती पेटंट घेऊन पाडून ठेवली, तर तिचा उपयोग काय? त्यातून पैसा निर्माण व्हायला हवा, ती व्यवस्था करणं हे ॲन स्विफ्टला महत्त्वाचं वाटतं. त्यापेक्षा महत्त्वाचं म्हणजे संशोधनाची पारंपरिक प्रतिमा बदलणं, हेही काम महत्त्वाचं ठरतं. आता एडिसनचा जमाना उरलेला नाही. परिस्थिती बदलली आहे, माणसं बदलली आहेत, कायदेही नव्यानं पुढे येत आहेत. अशा परिस्थितीबरोबर संशोधकांनीही बदलायला हवं, असं ॲनला वाटतं.

कुठल्याही नव्या संशोधकापुढे 'विश्वासार्हता' हा मोठा प्रश्न असतो. त्याची कल्पना कितीही चांगली असली, तरी ती चांगली आहे, यावर इतरांचा विश्वास बसायला हवा. नाहीतर मदत कोण करणार? सर्वसाधारणपणे संशोधकाच्या नावापुढे पीएच.डी. किंवा इतर पदव्यांची मालिका असली, तर त्याला पैसे मिळवायला अडचण येत नाही. कर्ज लवकर मिळतं, भांडवलदार गुंतवणूक करायला तयार होतात. अशा तऱ्हेनं त्याचं संशोधन उत्पादनाच्या रूपात बाजारात यायला वेळ लागत नाही. याउलट एखाद्या महविद्यालयीन तरुणाच्या किंवा विशेष शिक्षण झालेलं नसेल, अशा संशोधनाच्या शोधांकडे काहीसं संशयानं बघितलं जातं.

ॲन स्विफ्टला हा पूर्वग्रह आवडत नाही. डोकेबाज व्यक्ती शिक्षण असो वा नसो, डोकं चालवणारच. किंबहुना अशा बऱ्याच मुलांना औपचारिक शिक्षणात फारसा रस नसतो. एडिसन हा पदवीधर नव्हता. आइन्स्टाईनला औपचारिक शिक्षणात फारसा रस नव्हता. ही दोन फार मोठी उदाहरणं झाली. संशोधक तरुण, अननुभवी आणि अल्पशिक्षित असले, तरी ते एखादा जबरदस्त परिणामकारक शोध लावू शकतात, हे ॲनला सिद्ध करायचं आहे.

यंग इन्व्हेंटर्सचं मुख्यालय हे ॲनच्या घरात अलिबाबाच्या गुहेप्रमाणेच, फक्त फायली, संदर्भ आणि पुस्तकांनी भरलेल्या खोलीत आहे. या खोलीच्या खिडकीतून तिच्या घराच्या बाहेरची बाग दिसते. त्यामुळे मानसिक विरंगुळा मिळतो. इथून कॅनडातल्या आणि अमेरिकेतल्या विविध शहरांमधील यंग इन्व्हेंटर्सच्या त्या त्या शहरातील स्थानिक शाखांशी ॲन संपर्क साधून असते. या शाखांच्या परस्परांच्या हालचालींची, कार्यक्रमांची आणि इतर प्रयत्नांची माहिती मिळवणं, त्यामध्ये सुसूत्रता आणणं, परस्पर सहकार्य सतत सुरू ठेवणं, तसंच अडचणी दूर करणं या गोष्टींचं केंद्र या खोलीत आहे. याचं एक उदाहरण म्हणजे घानातील एका युथ क्लबला

तरुणांच्या संघटनेला तरुण संशोधकांना एकत्र आणायचं होतं. त्यांनी ॲनची मदत मागितली. असा तऱ्हेनं घानातही 'यंग इन्व्हेंटर्स'ची शाखा सुरू झाली.

साधारणपणं स्विफ्ट आठवड्यातले वीस तास यंग इन्व्हेंटर्सच्या कामासाठी खर्च करते. यातला बराच वेळ निधी गोळा करण्यात खर्च होत असतो. बहुतेक निधी हा 'यंग इन्व्हेंटर्स'च्या सदस्य वर्गणीतून गोळा होतो. पस्तिशीच्या आतल्या धडपड्या संशोधकांना दहा डॉलर, तर मनानं तरुण, पण वयानं मोठ्या सल्लागारांना ४० डॉलर सदस्यशुल्क द्यावं लागतं. याशिवाय संस्था 'इंटलेक्चुअल प्रोग्रेस' नावाचं नियतकालिक छापते. त्यातल्या जाहिरातींचं उत्पन्न संस्थेस मिळतं, तसंच मॅग्ना इंटरनॅशनल, टोरोंटो विद्यापीठ, प्रॅट अँड व्हिटनी, ड्युपाँ आणि कॅनडाचं सरकार यांच्याकडून आता या संस्थेस आर्थिक मदत मिळते.

ॲन स्विफ्टचे वडील पर्यावरण अभियंता होते. आता ते संगणक अभियांत्रिकी कंपनीचे व्यवस्थापक आहेत. ॲनची आई अर्थशास्त्र आणि राज्यशास्त्राची प्राध्यापक होती. त्याशिवाय ती अनेक कंपन्यांची आर्थिक सल्लागार होतीच. तिनं ॲन आणि तिच्या दोन भावंडांना वाढवलं. हा वारसा लाभलेल्या ॲननं महाविद्यालयात प्रवेश घेतला, त्याच वेळी विविध व्यापारी उद्योग केले. ती शाळेतल्या मुलांच्या शिकवण्या घेता घेताच इतर अनेक संगणकी काम करत असे. त्याच वेळी तिला तिच्या कल्पनांचं पेटंट घ्यायची कल्पना सुचली आणि त्यात आलेल्या अडचणींमधून 'यंग इन्व्हेंटर्स'ची कल्पना उदयास आली.

पश्चिम ओंटारियो विद्यापीठाच्या वेगवेगळ्या विद्यार्थ्यांच्या अडचणी, तिच्या स्वत:च्या अडचणींच्या काळात तिच्या लक्षात आल्या. मग अशा सर्व विद्यार्थ्यांनी त्यांच्यापेक्षा वरच्या वर्गातल्या आणि संशोधन करणाऱ्या विद्यार्थ्यांकडे मदतीची व मार्गदर्शनाची याचना केली. यातून त्यांनी ऐक चर्चामंडळ स्थापन केलं. सर्व प्रकारच्या प्रश्नांच्या त्या ठिकाणी चर्चा होऊ लागल्या. मग मार्गदर्शन शिबिरांची सुरुवात झाली. अशा चर्चासत्रांच्या व शिबिरांच्या आयोजनात ॲन अग्रभागी असे. यातून ॲनच्या पुढाकारानं 'युथ ॲडव्हायजरी बोर्ड'ची स्थापना झाली.

उच्च शिक्षणासाठी ॲन जेव्हा टोरोंटो विद्यापीठात गेली, तेव्हा तिनं तिच्या कल्पनांचा पाठपुरावा सोडलेला नव्हता. तिनं त्या विद्यापीठातील विज्ञान तंत्रज्ञान विषयक प्राध्यापकांची मदत घेऊन 'यंग इन्व्हेंटर ग्रुप'चं कार्य सुरू केलं. त्याला चांगलाच प्रतिसाद मिळाला. त्याच काळात तिनं या गटाची 'वेबसाईट' तयार केली. यंग इन्व्हेंटर्सची सुरुवात २००३-२००४ मध्ये झाली. कॅनडात पेटंट मिळवायला २ ते २॥ वर्षं लागतात. त्यामुळे या गटातल्या कुणालाही अजून पेटंट मिळालेलं नसलं, तरी ज्यांनी एकाधिकार किंवा नव्या भाषेत बौद्धिक स्वामित्व हक्कांसाठी अर्ज केले आहेत, अशा संशोधकांचं बऱ्याच व्यापारी कंपन्यांनी प्रायोजकत्व घेतलेलं आहे.

'ग्रॅब्रिएला एचेव्हेरी' या मुलीनं गाडी चालवताना होणाऱ्या अपघातात व्यक्ती समोरच्या काचेवर आपटून ज्या इजा होतात, त्या होऊ नयेत, म्हणून एक ऊर्जा शोषक यंत्रणा निर्माण केली आहे. तिला या यंग इन्व्हेंटर्सची खूप मदत झाली आहे. तिच्या संशोधनावर आधारित प्राथमिक चाचण्या आणि प्रारूपं निर्माण करण्यासाठी वेगवेगळ्या मोटारी निर्मात्यांकडे या संशोधनाची माहिती पाठविण्यात आली आहे. एचेव्हेरीला तात्पुरता स्वामित्व हक्क मिळाला आहे. ती स्विफ्टचे मनापासून आभार मानते.

स्विफ्ट आता दोन वर्षं यंग इन्व्हेंटर्सच्या कार्याला पूर्णपणे वाहून घेणार असून, शिवाय ती बौद्धिक संपदा रक्षण कायद्याचाच अभ्यास करत आहे. इतक्या लहान वयात तिच्यातले नेतृत्वाचे गुण निश्चितच कौतुकास्पद आहेत.

■

एक नवी वैज्ञानिक फसवणूक

आपल्याकडं दररोज वृत्तपत्रांमधून नवनवे घोटाळे उघडकीस येत असतात, तसेच घोटाळे इतर देशांमध्येही घडतात. आपल्याकडं त्या मानानं विज्ञान क्षेत्रातले गडबड घोटाळे कमी प्रमाणात उजेडात येतात. याची अनेक कारणं आहेत. त्यातलं एक कारण, म्हणजे भारतातलं संशोधन हे त्या क्षेत्रात जागतिक परिणाम घडवणारं असू शकत नाही, हेही असेल. त्या मानानं अमेरिकेतले संशोधन घोटाळे खूप गाजतात. याचं कारण बऱ्याच संशोधनांचा जागतिक क्षेत्रावर परिणाम होत असतो. बेल लॅबोरेटरीज ही एक अग्रणी संशोधन संस्था आहे. या संस्थेतून होणाऱ्या संशोधनाकडे खरोखरच जगाचं लक्ष वेधून घेण्याची क्षमता आहे. त्यामुळेच २५ सप्टेंबर २००२ रोजी या संस्थेवर माफी मागायची वेळ आली, तेव्हा ती खळबळजनक बातमी ठरली.

जान हेंड्रिक शोन (किंवा श्खोन) हा बेल लॅबचा एक अग्रणी पदार्थ विज्ञानशास्त्रज्ञ. गेल्या काही वर्षांत त्यानं त्याच्या क्षेत्रात जे संशोधन केलं, ते अतिशय उच्चप्रतीचं आहे, असं समजलं जात होतं. तो धडाक्यानं त्याचं संशोधन प्रसिद्ध करत होता. या संशोधनाबद्दल आज ना उद्या त्याला नोबेल पारितोषिक मिळणारच, असंही म्हटलं जायचं. हे त्याचं संशोधन त्याच्या मनाचे खेळ होते, असं आता उघडकीस आलं आहे.

खोटेपणा किंवा लबाडी करायला खूप कष्ट करावे लागतात. शोननं त्याची लबाडी धडाक्यानं केली; पण ती झाकायची काळजी घ्यायला तो विसरला. त्याची लबाडी खरं तर त्या आधीच उघडकीस यायला हवी होती. त्यानं केलेल्या प्रयोगांप्रमाणे इतरत्र केलेल्या प्रयोगांना फळ येत नव्हतं. अशा वेळी बेल लॅबची यंत्रसामग्री ज्या उच्च प्रतीची आहे, तशी ती दुसऱ्या प्रयोगशाळेत नसल्यामुळं हा प्रयोग फसला, असं तो म्हणत असे. याशिवाय "मलासुद्धा माझ्या प्रयोगांची मी जाहीर केलेली फलितं फक्त १० टक्के वेळाच प्राप्त होतात." असं शोननं जाहीर केल्यामुळे शास्त्रीय जगतात त्याच्या प्रामाणिकपणाचं कौतुक होत होतं. त्याच्या प्रयोगात तो

वापरत असलेल्या उपकरणातल्या काही वैचित्र्यपूर्ण वैशिष्ट्यांमुळं त्याला अशी फलितं मिळत असावीत, असाही अंदाज व्यक्त करण्यात येऊ लागला. खोटं कधी ना कधी उघडकीस येतं. त्याच्या उपकरणांचा अभ्यास करायचं ठरलं; पण त्यातून सत्य बाहेर येण्याआधीच अर्धवाहक (सेमी कंडक्टर) आणि अतिसुवाहक (सुपर कंडक्टर) अशा दोन प्रयोगांत स्पष्टीकरणासाठी त्यानं दोन शोधनिबंधात दोन आलेख सादर केले. तेव्हा या दोन आलेखांत काहीच फरक नसून, फक्त नावं बदलण्यात आल्याचं दिसून आलं. काही वेळा खूप काम करणाऱ्या व्यक्तीच्या हातून मानसिक थकव्याच्या काळात अशा चुका घडतात. त्या सुधारताही येतात; पण या वेळी या चुकीचा शोध घेणाऱ्या समितीला शोनचं संशोधन हा त्याच्या कल्पनेचा फुलोरा असल्याचं दिसून आलं.

स्टॅनफर्ड विद्यापीठाचे एक मान्यवर पदार्थविज्ञानशास्त्रज्ञ माल्कम बीझली यांनी शोनच्या विविध प्रयोगांची आणि त्यानं ठेवलेल्या प्रयोगनोंदीची पाहणी करून सप्टेंबर २००२ च्या दुसऱ्या आठवड्यात चौकशी अहवाल सादर केला. त्यात शोनच्या फसवणुकीचं चित्र स्पष्ट झालं. अर्धवाहक आणि अतिसुवाहक पदार्थांसंबंधीचं संशोधन, हे इलेक्ट्रॉनिकी क्षेत्राच्या दृष्टीनं फार महत्त्वाचं ठरतं. शोननं या क्षेत्रात कार्बनी पदार्थांच्या या गुणधर्मांवर लक्ष केंद्रित करायचं ठरवलं होतं. सध्या या क्षेत्रात सिलिकॉनची चलती आहे. कार्बनी पदार्थांचं वैशिष्ट्य म्हणजे, हे पदार्थ आकार्य म्हणजे हवा तो आकार देता येईल, असे असतात. तसंच हे पदार्थ कारखान्यांमधून एकत्रितरीत्या मोठ्या प्रमाणावर तयार करता येतात. त्यांची निर्मिती यामुळे स्वस्त पडते. पेंटासीन्स नावाचे कार्बनी रेणू हे अर्धवाहक असतात असं प्रायोगिकरीत्या सिद्ध झालं असलं, तरी त्यांच्यापासून ट्रांझिस्टर बनवणं यापूर्वी शक्य झालेलं नव्हतं. त्यामुळं जेव्हा इ.स. २००० मध्ये शोननी पेंटासीन ट्रांझिस्टरची निर्मिती केल्याचं जाहीर केलं, तेव्हा तंत्रज्ञानाच्या विश्वात खळबळ माजली. या पेंटासीनांच्या साहाय्यानं त्यांनी चमत्कार म्हणता यावेत, असे वैज्ञानिक प्रयोग सिद्ध करून दाखविले, म्हणजे निदान तसं जाहीर तरी केलं. यानंतर त्यानं बकमिन्स्टर फुलेरीन म्हणजे ज्याला बकीबॉल कार्बनी रेणू म्हणतात, तो अतिसुवाहक असल्याचं सिद्ध केलं. मुख्य म्हणजे इतर अतिसुवाहक पदार्थ अतिशीत तापमानातच हा गुणधर्म आपलासा करत, तर शॉनचे बकीबॉल कार्बनी रेणू नेहमीच्या पेक्षा उच्च तापमानाच्या वेळीही हा गुणधर्म दाखवत होते. अतिसुवाहक पदार्थ विजेच्या वहनास अजिबात अवरोध करत नाहीत. सुरुवातीला हे पदार्थ निरपेक्ष शून्याच्या जवळच्या तापमानासच हा गुणधर्म आपलासा करत असत. पेरोव्हस्काईट्स नावाचे पदार्थ निरपेक्ष शून्यापेक्षा ७७ अंश जास्त तापमानास हा गुणधर्म दाखवीत; पण पेरोव्हस्काईट्स तयार करणं, हे एक अवघड काम असतं. डॉ. शॉनचे बकीबॉल द्रव नायट्रोजनच्या तापमानास

काम करत असे. डॉ. शोन सोडून दुसऱ्या कुठल्याही व्यक्तीस ही किमया साध्य झालेली नव्हती. इथंच तर खरी गोम होती. शोनच्या शोधनिबंधांवर ज्या सहसंशोधकांची नावं होती. त्यातल्या एकानंही एकही प्रयोग पूर्णत्वास गेल्याचं बघितलं नव्हतं. तरीही शोनच्या नव्वद शोधनिबंधांवर वेगवेगळ्या संशोधकांनी त्यांची नावं टाकण्यास हरकत मात्र घेतलेली नव्हती, हे विशेष.

या प्रकरणाची चौकशी करायला नेमलेल्या समितीनं मात्र शोनला या प्रकरणास जबाबदार ठरवताना त्या शोधनिबंधांच्या सहलेखकांना दोषमुक्त ठरवलं आहे. एखाद्या शोधनिबंधाचे सर्व सहलेखकांना त्या प्रयत्नातील सर्वच चुकांना जबाबदार धरता येणार नाहीत, असं मत या समितीनं व्यक्त केलं. शोनची विज्ञान क्षेत्रातून हकालपट्टी झाली असून, त्याच्या संशोधनामुळे अमेरिकन विज्ञान क्षेत्रात लक्षावधी डॉलरचा चुराडा झाला. शोनच्या शोधांचा फायदा घेऊन लक्षावधी डॉलर मिळवायची संधी मिळेल, या आशेनं त्याला निधी पुरवणाऱ्यांच्या तोंडाला अखेरीस पानंच पुसली गेली.

■

पुरातत्त्व अभियांत्रिकी – डेव्हिड मिंडेल

अभियांत्रिकी आणि पुरातत्त्व यांचा परस्परसंबंध आहे, असं बऱ्याच जणांना सांगून खरं वाटणार नाही; पण डेव्हिड मिंडेल या शास्त्रज्ञानं या दोन शास्त्र शाखांचा मेळ घातला आहे. नुकतीच त्यानं भूमध्य सागरातील निसिरॉस या ज्वालामुखीजन्य बेटाला भेट दिली होती. त्या ग्रीक बेटाजवळ एक ओटोमन साम्राज्याच्या काळातलं जहाज बुडालेलं होतं. या जहाजाच्या सागरी परिसराची माहिती मिळाली, तर जहाजाचं संरक्षण करणं सोपं जाणार होतं. त्यासाठी मिंडेल निसिरॉसला भेट देऊन आला होता. मिंडेल एमआयटी या जगप्रसिद्ध अमेरिकन अभियांत्रिकी विद्यापीठात अभियांत्रिकीचा इतिहास शिकवतो. त्याचबरोबर तो आणि त्याचे विद्यार्थी वेगवेगळी यंत्रंही बनवतात. सागरतळावर संचार करणारं एक स्वयंचलित यंत्र त्यांनी तयार केलंय. हा यंत्रमानव किंवा स्वयंचलित्र हे कुठल्याही बाह्य मदतीशिवाय स्वयंप्रज्ञेनं सागरतळावर हिंडून सागरतळाचा नकाशा तयार करतं आणि परत येतं. त्याला बाहेरून नियंत्रक तारा जोडाव्या लागत नसल्यानं त्याच्या भ्रमंतीवर मर्यादा येत नाहीत किंवा त्यास आत बसलेला मानवी सारथी नसल्यानं त्या सारथ्याला हवा-पाणी, अन्न यांसाठी काही काळानं पृष्ठभागावर परतावं लागत असे, तेही बंधन या स्वयंचलित्रावर नसल्यानं ते त्याचं कार्य पूर्ण करूनच परततं.

अशी यंत्रं गेली काही वर्षं लष्करी उपयोगासाठी, तसंच काही धोकेबाज उद्योगात वापरली जात आहेत. अमेरिकन अणुभट्ट्यांमध्येही अशी यंत्रं काम करतात; पण पुरातत्त्वीय संशोधनात सागरतळावर हे यंत्र प्रथमच वापरलं जात होतं. हे स्वयंचलित्र विद्युत घटांवर चालतं. ते एखाद्या पाणतीराप्रमाणे दिसतं. त्याच्या पुच्छभागी एक पंखा असतो. त्याला काय कार्य कशा प्रकारे करायचं, याची आज्ञावली भरवली, की ते पाण्यात सोडलं जातं. हा पहिलाच प्रयत्न चांगलाच यशस्वी झाला; पण त्यातून काही अडचणीही समोर आल्या. मिंडेलच्या मते हे सुचिन्हच आहे, कारण यातून त्या स्वयंचलित्रात सुधारणा करणं शक्य होईल आणि हळूहळू ते सर्व बाबींत परिपूर्ण बनेल. खऱ्या संशोधनात हे असंच घडतं. एका

प्रयत्नात पूर्ण यश क्वचितच मिळतं.

मिंडेलसारखा अभियंता सागरतळी पुरातत्त्वशास्त्राचा अभ्यास करायला कसा गेला, हा प्रश्न मिंडेलला पेचात पाडत नाही. तो अभियांत्रिकीचा इतिहास शिकवतो. त्याच्यात आणि पुरातत्त्वशास्त्रात फारसं अंतर नाही, असं मिंडेलचं म्हणणं आहे. ''कुठलंही तंत्रज्ञान किंवा अभियांत्रिकी प्रगती ही त्या त्या काळातील मानवी इतिहासावर परिणाम करत असते,'' असंही तो म्हणतो. तो आता संगणक आणि यंत्रमानवांच्या इतिहासाचा अभ्यास करतो आहे. मानवानं स्वत:ची कामं यंत्रांवर सोपवायचे प्रयत्न, तसंच आकडेमोड करणारी यंत्रं बनविण्याचे प्रयत्न फार पूर्वीपासून हाती घेतले आहेत. मानवानुकरण किंवा निसर्गानुकरणाचं तंत्रही ऐतिहासिक काळापासून वापरात आहे. या सर्व प्रयत्नांची नोंद मिंडेलच्या पुस्तकात असेल.

शाळेत असल्यापासूनच मिंडेलला अभियांत्रिकीची, तसंच इतिहासाचीही आवड होती. तंत्रज्ञानाचा आणि युद्धाचा जवळचा संबंध असल्याचं त्याला तेव्हापासूनच वाटत असे. त्यानं कनेटिकटमधील न्यूहॅवन इथल्या येल विद्यापीठात अभियांत्रिकीचं शिक्षण पूर्ण केलं. तिथे बरेच विद्यार्थी मानव्य विद्याशाखेची आवड असलेले होते. त्यांच्या मैत्रीमुळे साहित्याची आणि अभियांत्रिकीची अशा बी.ए. आणि बी.एस. अशा अभ्यासक्रमांची पूर्तता मिंडेलनं केली. त्यानं विद्युत अभियांत्रिकीत पदवी मिळवली खरी, पण डॉक्टरेट मात्र 'अभियांत्रिकीचा इतिहास' या विषयात मिळवली. त्यासाठी एम.आय.टी. या जगद्विख्यात शिक्षणसंस्थेत तो दाखल झाला होता. तंत्रज्ञान कसं प्रगत झालं, याचं आकलन व्हावं, म्हणून त्यानं हा उद्योग केला. त्या वेळी त्याला अनेकांनी दोन डगरींवर हात न ठेवता एकतर अभियांत्रिकीची कास धर नाहीतर इतिहास तज्ज्ञ बन, असा सल्ला दिला; पण मिंडेलनं तो सल्ला मानला नव्हता.

महाविद्यालयीन शिक्षण घेताना मिंडेलनं बरीच वर्षं न्यूयॉर्कमधल्या झेरॉक्स कॉर्पोरेशनमध्ये नोकरी केली होती. त्या काळातच वातानुकुलित कचेरीत बसून आपलं आयुष्य वाया घालवायचं नाही, असा निश्चय त्यानं केला होता. यामुळे १९८९ मध्ये वुड्स होल ओशनोगाफ्रीक संशोधन संस्थेतल्या खूप खोलवर पाण्यात संशोधन करणाऱ्या डीप सबमर्जन्स लॅबमध्ये त्यानं नोकरी पत्करली. आजही तिथे संशोधनासाठी मिंडेल अधूनमधून जातो.

सागर संशोधनाच्या प्रेमात मिंडेल पडला, त्याचं आणखीही एक कारण होतं. सागर संशोधनात जसा साहसाचा भाग असतो, त्याचप्रमाणे खूप किचकट तंत्रज्ञानही आत्मसात करावं लागतं, त्यामुळे शारीरिक आणि बौद्धिक अशा दोन्ही प्रकारच्या साहसांची भूक भागते. याशिवाय निसर्ग सहवास, मोकळं वातावरण आणि पृथ्वीवरच्या अनेक चित्रविचित्र ठिकाणांना भेट देण्याची संधीही या संशोधनात मिळते, त्यामुळे हा अभियंता सागर संशोधनात रमला.

या संस्थेची स्थापना रॉबर्ट बॅलार्डनं केली. रॉबर्ट बॅलार्डनं टायटॅनिकचे अवशेष पुढे शोधून काढले. बॅलार्डच्या या संस्थेचं वैशिष्ट्य म्हणजे खोल सागरात काम करणारे यंत्रमानव तयार करून, त्यांच्याद्वारे सागरतळाचं संशोधन आणि सागतळावरचे अवशेष शोधून काढण्याचं कार्य करण्यात ही संस्था अग्रेसर आहे. खोल सागरात संशोधन करणं मानवी संशोधकांना शक्य नसतं. स्कुबा पोषाखाच्या साहाय्यानं माणूस फारच मर्यादित खोलीपर्यंत सागरात पोहोचू शकतो. हजार मीटर खोल जाणं माणसाला स्कुबा पोषाख घालून शक्य होत नाही. त्यात धोकेही खूप असतात. त्याऐवजी जर यंत्रमानव वापरले, तर हे काम बिनधोकपणे पार पडतं. पाणबुड्यांच्या साहाय्यानंही हे काम करता येतं. या पाणबुड्यांत एखाद दुसरा माणूस, कॅमेरे, सोनार यंत्रणा, खोदकामाचं साहित्य आणि इतरही साधनसामग्री असते.

जमिनीवर आणि उथळ सागरात जे पुरातत्त्वीय संशोधन आणि उत्खनन केलं जातं, त्यात स्वत: शास्त्रज्ञ त्या जागी उपस्थित राहून, डोळ्यांनी पाहून तो प्रकारचं हाताळतो. ज्या वेळी सर्वच गोष्टी दूर नियंत्रणानं साध्य करायच्या असतात, तेव्हा त्या योग्य प्रकारे कशा पार पाडायच्या, याचा अनुभव नसल्यानं गफलती होण्याची शक्यता असते. त्यामुळे मिंडेल आणि त्याचे सहाध्यायी या क्षेत्रातील विविध अनुभवी व्यक्तींशी संपर्क साधून अशा प्रकारच्या संशोधनाच्या शास्त्रोक्त पद्धतीच्या निर्मितीच्या प्रयत्नात आहेत.

साधारणपणे संशोधक एखाद्या जहाजावर किंवा मानवचलित पाणबुडीत असतात. सागरतळी हिंडणारा यंत्रमानव या मानवी वाहनाला वेगवेगळ्या तारांनी जोडलेला असतो. काचतंतूच्या साहाय्यानं सागरतळी काय आहे, हे पाहता येतं. विजेच्या तारा त्या यंत्रमानवास ऊर्जा पुरवत असतात. इथे पाण्याचा दाब इतका जबरदस्त असतो, की हे काचतंतू आणि इतर तारा भक्कम असाव्या लागतात. तळावरच्या यंत्रमानवाचं नियंत्रण करण्यासाठी खूप कौशल्य अंगी बाणावं लागतं. ज्या वाहनात आपण बसलेलो असतो, ते चालवतानाही अपघात घडतात. जे वाहन दूर आहे आणि जो प्रदेश अनोखा आहे, तिथे ते वाहन चालवून त्याच्याकडून निरनिराळी कामं करवून घेणं वाटतं तितकं सोपं नसतं. हे वाहन हव्या त्या ठिकाणी पोहोचवणं हेच काम साध्य करताना तारांबळ होते; मात्र एकदा का हे यश मिळालं, की निम्मी कामगिरी फत्ते झाली, असं मानायला हरकत नसते. खोल सागरतळाशी अंधारात नियंत्रक कुठे आहे आणि यंत्रमानव कुठे आहे, याची निश्चिती करणं अवघड असल्यामुळे हे घडतं.

अशा तऱ्हेच्या सागरतळाच्या संशोधनाचा फायदा म्हणजे खूप वेळ बिनधोकपणे काम करता येतंच; पण ज्या वस्तूचा शोध घ्यायचा, ती सर्व बाजूंनी न्याहाळता येते. दुसऱ्या महायुद्धात बुडालेलं जहाज असो अथवा अडीच हजार वर्षांपूर्वीचं ग्रीक बांधकाम असो, त्याची व्यवस्थित तपासणी करणारा यंत्रमानव त्याच वेळी हे

छायाचित्रण निरीक्षकाकडे पाठवत असतो. याला इंग्रजीत 'रिअल टाईम ऑब्झर्वेशन' म्हणजे 'जेव्हाच्या तेव्हा पाहणी' असं म्हटलं जातं. याउलट आधी कार्यावली भरवून पाठवलेल्या यंत्रमानवाला (म्हणजे मिंडेलनी तयार केलेल्या यंत्रमानवाला) एखादी वस्तू महत्त्वाची वाटली किंवा एखाद्या उंचवट्याखाली काहीतरी दडलंय, अशी शंका आली, तरी ठरलेल्या कार्यक्रमात वेगळ्या हालचालींची सोय नसल्यानं आणि पाण्याखाली यंत्रमानव नक्की काय करतोय, हे कळत नसल्यानं त्या गोष्टींचा तपास करण्यासाठी नंतर पुन्हा पाठवावं लागतं.

ही गोष्ट जरी पुरातत्त्व शास्त्रज्ञांच्या दृष्टीनं महत्त्वाची ठरत असली, तरी मिंडेलचे यंत्रमानव खूप कमी खर्चात काम करतात, हा मुद्दा दुर्लक्षून चालत नाही. त्यामुळे त्याला भरपूर मागणी आहे. दुसऱ्या महायुद्धातील पॅसिफिकमधल्या अवशेषांपासून तर अमेरिकेच्या किनाऱ्यांवरील ऐतिहासिक जहाजांच्या शोधासाठी मिंडेल भटकतो, तेव्हा आधी जे शोधायचं त्या घटनेचा तो इतिहास तपासून पाहतो. ज्ञात इतिहासाच्या अभ्यासामुळे नक्की काय शोधायचंय, ते त्याच्या लक्षात येतं. त्यानुसार तो यंत्रमानवास सूचना देतो.

या प्रकारच्या संशोधनात अनेक अडचणी येतात. वेगवेगळ्या देशांत काम करायचं असतं, त्यामुळे स्थानिक भाषा येत नसते. जहाजं वेगवेगळ्या प्रकारची असतात. पुरातत्त्वशास्त्रज्ञांना हा यंत्रमानव नक्की काय करणार, याची कल्पना नसल्यामुळे त्यांच्या अपेक्षा अवास्तव असतात किंवा असं यंत्र आपल्याला काही माहिती मिळवून देईल, यावर त्यांचा विश्वास बसत नाही. बऱ्याचदा पुरातत्त्वशास्त्रज्ञ या यंत्रमानवावर विसंबून राहतात. म्हणजे तो काय माहिती आणतोय ते बघू आणि नंतर संशोधनाची दिशा ठरवू, असं ते म्हणतात. हे योग्य नव्हे, असं मिंडेलला वाटतं. आता पुरातत्त्वशास्त्रज्ञांना काय हवंय, हे लक्षात आल्यावर मिंडेलनं नवे कार्यक्रम व नवी यंत्रं बनवायला सुरुवात केली आहे.

पुरातत्त्वशास्त्रज्ञ सागरतळी गेलेल्या जहाजांच्या शोधात असतात. त्या जहाजाचा अंतर्भागही त्यांना पाहावयास हवा असतो. प्रत्यक्षात असं जहाज बुडाल्यावर ते अनेक सागरी जीवांना आश्रय देतं. वाळूत रुतलेलं असतं. त्याच्या लाकडी भागात नवनवे जीव घुसतात, लाकूड कुरतडतात, त्यात राहताना कॅल्शिअम कार्बोनेटचे लेप चढवतात. काही वेळा एखाद्या भागाला स्पर्श करताच तो कोलमडून पडतो. त्यामुळे मिंडेल, अशा अवशेषांना स्पर्श न करता त्यांचं त्रिमित्र दर्शन कसं घडवता येईल, याचं तंत्र निर्माण करण्याच्या प्रयत्नात आहे.

सागरतळाच्या चिखलात बऱ्याच गोष्टी, बऱ्याच प्राचीन वस्तू दडलेल्या असतात. त्यामुळे सागरतळाचं खोदकाम करणारा एक यंत्रमानवही मिंडेल त्याच्या सहकाऱ्यांसह बनवीत आहे. चिखलात वरून पाण्याचा दाब असताना खोदकाम करणं वाटतं

तितकं सोपं नाही. या चिखलात एखाद्या परागकणापासून ते विमानाच्या अवशेषांपर्यंत नाना आकार-प्रकारच्या वस्तू आढळू शकतात, त्यामुळे घे टिकाव आणि उकर चिखल, असंही करून चालत नाही. यासाठी एखादा सक्षम, पण सोपा, त्यातल्या त्यात कमी खर्चिक, कमी धोकादायक, पण उपयुक्त मार्ग शोधायचे प्रयत्न चालू आहेत.

मिंडेलच्या मते संपूर्ण सागरतळ हा जमिनीचाच वाढवलेला एक भाग आहे. त्यावर मानवी इतिहासाचे काही सहस्र वर्षांपूर्वी पासूनच्या धडपडींचे पुरावे अजूनही जपून ठेवण्यात आलेले आहेत. स्कुबा डायव्हिंग करून केलेलं संशोधन हे त्या जागेपुरतंच मर्यादित राहतं. तसं न करता हे यंत्रमानव एखाद्या देशाच्या संपूर्ण किनारपट्टीचा अभ्यास करू शकतील.

मिंडेलचा अभ्यास विज्ञान तंत्रज्ञानाच्या इतिहासाशी निगडित आहे. तो म्हणतो, “आपण इतिहास शिकतो; पण मानवी इतिहासावर विज्ञानतंत्रज्ञानाचा जबरदस्त प्रभाव पडला आहे, हे विसरत असतो. दुसरं महायुद्ध म्हटलं, की अणुबाँब एवढंच आपल्याला आठवतं. प्रत्यक्षात दुसऱ्या महायुद्धावर विज्ञान-तंत्रज्ञानाच्या प्रगतीचा प्रचंड मोठा प्रभाव पडला होता. चाक आणि आगीच्या शोधांपासून ते स्पष्ट झालेलं आहे.”

तारायंत्राचा प्रभाव लगेचच अमेरिकन यादवी युद्धात दिसून आला. फॅक्स आणि दूरध्वनीचा शोध लागला, तेव्हा त्या शोधांचा उपयोग काय, असं विचारलं गेलं. १८५० च्या सुमारास फॅक्सचा शोध लागला आणि १९७५ नंतर म्हणजे जवळजवळ सव्वाशे वर्षांनंतर फॅक्सचं महत्त्व जगाला उमगलं. या दोन्ही यंत्रांचा मानवी संस्कृतीवर जबरदस्त प्रभाव पडला, हे आपण बघतोच आहोत. त्यामुळे मिंडेलसारख्या वेगळ्या वाटेनं जाणाऱ्या संशोधकांची आज जास्तच गरज आहे, हे दिसून येतं.

■

जॉन कॅसिनची पक्षीचित्रं

इ.स. १८५४ मध्ये जॉन जेम्स ऑद्युबाँ आणि जॉन कॅसिनचा फिलाडेल्फियातील ॲकॅडमी ऑफ नॅचरल सायन्सेस इथे वाद झाला. त्या वेळी ऑद्युबाँचं वय साठ वर्षांचं होतं. त्यांनी 'बर्ड्स ऑफ अमेरिका' या पक्ष्यांच्या सचित्र ग्रंथामुळे, विशेषत: त्यातल्या पक्ष्यांच्या चित्रांमुळे जागतिक कीर्ती मिळवलेली होती. कॅसिनचं वय तेव्हा ऑद्युबाँच्या निम्म्यानं होतं. तो व्यापारी होता. त्याची नुकतीच ॲकॅडमीच्या पक्षी विभागाचा परीक्षक म्हणून नेमणूक झाली. ही जागा बिनपगारी होती; पण ॲकॅडमीच्या पदरी नोकरी मिळणं हा एक सुप्रतिष्ठित सन्मान होता. ऑद्युबाँसारख्या जागतिक कीर्तीच्या पक्षितज्ज्ञाबरोबर 'हॅरिसेस स्पॅरो' या चिमणीच्या नावावरून वाद घालण्याचं 'धार्ष्ट्य' कॅसिनसारख्या एका तरुणानं दाखवावं, यातूनच कॅसिन स्वत:च्या मतांशी किती ठाम असे, हे स्पष्ट होतं.

कॅसिनच्या आगमनामुळे अमेरिकेतील पक्षी अभ्यासाचा एक अध्याय समाप्त झाला आणि नव्या अध्यायास सुरुवात झाली, असं मानण्यात येतं. कॅसिनपूर्व काळात पक्षिशास्त्र हे साहसवीरांचं, निसर्गात बागडणाऱ्या आणि काव्यात्म वृत्तीनं पक्ष्यांचा अभ्यास करणाऱ्या व्यक्तींचा प्रांत मानण्यात येत असे. हे निसर्गशास्त्रज्ञ अमेरिकेच्या नवनव्या भागात जात असत, संकटांशी सामना करत असत. तिथल्या निसर्ग सौंदर्याचा ठेवा कॅनव्हासवर उतरवून परतत आणि अमेरिकन सामान्य जनांना अमेरिकन निसर्ग सौंदर्याचं दर्शन घडवीत असत. या उद्योगात काही निसर्गचित्रकारांना जिवावरच्या प्रसंगातून जावं लागत असे. त्यामुळे त्यांच्याभोवती एक आदरमिश्रित आश्चर्याचं वलय असे. कॅसिननं ऑद्युबाँनंतर निसर्गचित्रकाराची ही प्रतिमा मोडीत काढली, असंच म्हणावं लागतं.

'ऑद्युबाँ टॉक्ड लाइक अ फूल' असं या वादाबद्दल कॅसिन म्हणाला. खरंतर ऑद्युबाँचे अफाट कष्ट, त्याचे अमाप परिश्रम आणि त्यामागची परंपरा बघता हे विधान धाडसी होतं. १८व्या शतकाच्या सुरुवातीस मार्क कॅटेस्नी या हौशी इंग्रज चित्रकारानं अमेरिकेत ही निसर्गचित्रकलेची परंपरा सुरू केली होती. निसर्गचित्रण

करणाऱ्यांभोवती वलयनिर्मिती कॅटेस्नीच्या साहसी आयुष्यामधूनच उद्भवली होती. रेड इंडियनांच्या टोळ्यांबरोबरचा प्रवास, अंथरुणात खुळखुळ्या साप शिरणं याचबरोबर नवनव्या प्राणी आणि पक्षी जातींचा शोध आणि विज्ञान आणि कलेचं कलम, यामुळे कॅटेस्नीनं अमेरिकन जनमानसावर भुरळ पाडली.

कॅटस्नीनंतर लिनिअसनं 'द ग्रेटेस्ट नॅचरल बोटॅनिस्ट इन द वर्ल्ड' म्हणून गौरवलेल्या, स्वशिक्षित अशा जॉन बर्ट्रॅमनं वनस्पतिशास्त्रात कीर्ती मिळवली. स्कॉटलंडमधून विणकर व्यवसाय सोडून अमेरिकेत आलेल्या अलेक्झांडर विल्सननं अमेरिकन पक्ष्यांची चित्रं काढली आणि त्यात पक्ष्यांविषयी माहितीची भर घालून पुस्तकं तयार केली. ती दारोदार विकत विल्सन अमेरिकाभर हिंडला. या सर्वांचा मुकुटमणी थॉमस नटालला निसर्गाचा आत्माच गवसलाय, असं म्हणण्यात येत होतं. नटाल उत्कृष्ट चित्रकार होता. त्याची लेखणी रसाळ होती; पण बिचाऱ्याचं दिशाज्ञान शून्य होतं. तो ज्या गावी जायला निघेल, तिथेच पोहोचेल, असं कधीच घडलं नाही आणि अमेरिकन निसर्ग युरोपात लोकप्रिय करणारा, जन्मानं फ्रेंच आणि वृत्तीनं अमेरिकन भटक्या, असा जॉन जेम्स ऑड्युबॉं हा या निसर्गवेड्या जमातीचा अखेरचा प्रतिनिधी ठरला. तो महान चित्रकार होता; पण त्याला व्यवहार कधीच कळला नव्हता.

या काळावर पडदा पाडणाऱ्या कॅसिननं फिलाडेल्फियाच्या सीमाही कधी ओलांडल्या नव्हत्या. कॅसिनचा आयात-निर्यातीचा व्यवसाय होता. त्यातून उरलेल्या फावल्या वेळात तो ॲकॅडमीत येत असे. तो अर्धवेळ हौशी शास्त्रज्ञ होता. ॲकॅडमीत आल्यावर इतरांनी मारून आणलेल्या आणि भुस्सा भरून धूळ खात पडलेल्या पक्षी कलेवरांचं कॅसिन निरीक्षण करत असे. त्यामुळे ऑड्युबॉंसारखे रानावनात भटकणारे निसर्गनिरीक्षक कॅसिनची 'ॲन इनसाईड मॅन,' किंवा 'क्लोझेट नॅचरॅलिस्ट' म्हणजे 'घरबशा' अशी भलावण करीत. कॅसिन अर्थातच तिकडे दुर्लक्ष करत असे.

कॅसिनचा आत्मविश्वास दांडगा होता. त्याचा त्याच्या सहकाऱ्यांवर भक्कम विश्वास होता. अमेरिकेच्या निसर्गेतिहासाचं म्हणजे नॅचरल हिस्टरीचं भवितव्य आपल्या हाती सुरक्षित आहे, अशी त्याची खात्री होती. कॅसिन आणि त्याचे सहकारी हे ऑड्युबॉं आणि त्यांच्या पूर्व सुरींप्रमाणेच स्व-शिक्षित होते. त्यांचं ज्ञान त्यांनी स्वकष्टानं मिळवलेलं होतं. अमेरिकेतील पशू-पक्षी आणि वनस्पतींच्या नवनव्या जाती शोधून काढण्यात ते आघाडीवर होते. घरबसे निसर्गशास्त्रज्ञ क्षेत्रीय परीक्षक निसर्गशास्त्रज्ञांनी कुठे जायचं, ते ठरवायचे आणि त्यांनी पाठविलेल्या नमुन्यांचं शांतपणे, संदर्भांशी ताडून पाहत परीक्षण करायचे. यामुळे निसर्गशास्त्रीय संशोधनास शिस्त लागते, असं त्यांचं म्हणणं होतं.

जॉन कॅसिनच्या मालगाडीसारखं लांब नाव असलेल्या 'इलस्ट्रेशन्स ऑफ द बर्ड्स ऑफ कॅलिफोर्निया, टेक्सास, ओरेगॉन, ब्रिटिश अँड रशियन अमेरिका' या ग्रंथात पन्नास पक्ष्यांची विविध पेंटिंग्जसह संपूर्ण शास्त्रीय माहिती होती. त्या काळात इतकी अद्ययावत माहिती असलेला दुसरा ग्रंथ नव्हता. त्यामुळे कॅसिनचं नाव शास्त्रीय चित्रकार आणि पक्षिशास्त्रज्ञ म्हणून युरोपीय पक्षिशास्त्रज्ञांबरोबरीनं घेतलं जाऊ लागलं. याचं कारण कॅसिननं अत्यंत सुंदर पेंटिंग्ज काढलीच होती; पण दिलेली माहिती फापट पसारा टाकून अगदी मुद्देसूद दिलेली होती.

कॅसिनचा जन्म १८१३ सालचा. शाळेतच कॅसिनला निसर्ग अभ्यसाचं बाळकडू मिळालं होतं. इ.स. १८४२ मध्ये सायन्स ॲकॅडमीत परीक्षक बनल्यावर कॅसिननं तिथल्या पक्षी विभागात अमूलाग्र बदल घडवून आणला होता. त्याच्या व्यवसायानिमित्त त्याचा परदेशाशी संबंध येत असे. त्यामुळे बिनखर्चात परदेशी पक्षीही कॅसिन मिळवू शकत होता. त्यातच एडवर्ड विल्सन नावाच्या धनिकानं मेसिनाहून पंचवीस हजार पक्षी विकत आणले. त्यांचाही कॅसिनला फायदा झाला. कॅसिननं त्याच्या इलस्ट्रेशनचे हळूहळू अनेक खंड काढले. कॅसिननं, आता अमेरिकेतून नामशेष झालेल्या अनेक पक्षिजाती चित्ररूपानं अमर केल्या. दुसऱ्या कुणाच्याही हाती पक्ष्यांचे नमुने देताना कॅसिन अस्वस्थ व्हायचा. या नमुन्यांना तो प्राणपणानं जपत होता. हे पक्षी जतन करण्यासाठी जी आर्सेनिकची भुकटी वापरली जायची, त्या भुकटीची बहुधा कॅसिनला बाधा झाली आणि इ.स. १८६९ मध्ये त्याचं अकाली निधन झालं.

■

छायाचित्रकार आणि चित्रकार – रॉजर टोरी पॅटर्सन

रॉजर टोरी पॅटर्सन हे नाव अमेरिकेत आणि युरोपमध्ये फार आदरानं घेतलं जातं. आपल्याकडे सलीम अलींना जे आदरयुक्त मानाचं स्थान आहे, तेच स्थान अमेरिकेत जनमानसात पॅटर्सन यांनी मिळवलं आहे. अमेरिकेच्या पक्ष्यांवरची त्यांची पुस्तकं ज्याला जिकडेतिकडे 'फील्ड गाईड' म्हटलं जातं- ती लोकप्रिय व्हायचं प्रमुख कारण म्हणजे त्यातील पक्ष्यांची पेंटिंग्ज. पॅटर्सननी या फील्ड गाईडांचा मजकूर तर लिहिलाय; पण त्यातली छायाचित्रं आणि विविधरंगी चित्रंही त्यांच्या कुंचल्यातून साकारली. १९३५ पासून त्यांच्या मृत्यूपर्यंत म्हणजे ६० वर्षांहून अधिक काळ पॅटर्सनच्या पुस्तकांच्या आणि फिल्ड गाईडांच्या आधारे युरोप, अमेरिकेतली तरुण पिढी पक्षिदर्शन शिकली.

वयाच्या तेराव्या वर्षी पॅटर्सननी कॅमेरा वापरायला सुरुवात केली. कॅमेरा मिळवण्यासाठी त्यांनी पहाटे उठून वृत्तपत्र टाकायचं काम सुरू केलं. वयाच्या दहाव्या वर्षी वृत्तपत्र टाकायला सुरुवात केल्यावर तीन वर्षांच्या मेहनतीनं वयाच्या तेराव्या वर्षी त्यांना कॅमेरा खरीदता आला. कॅमेरा घेतल्यावर पक्ष्यांची छायाचित्र घ्यायची, हे त्यांनी कॅमेऱ्याच्या खरेदीसाठी पैसे साठवायला सुरुवात केली, तेव्हाच ठरवलं होतं. पहाटे चार वाजता उठावं लागत असल्यानं पेपर टाकून, अभ्यास करून शाळेत पोहोचेपर्यंत त्यांचे डोळे मिटू लागत. त्यात गणित आणि इतिहासाच्या पुस्तकांमध्ये पक्ष्यांची चित्रं रेखाटल्यामुळे कोपऱ्यात उभे राहणं आणि मार खाणं याची त्यांना सवय झाली. ही सवय पुढे पक्ष्यांच्या छायाचित्रणात, तासन्‌तास एका जागी उभं राहणं आणि शरीरकष्ट यांसाठी उपयोगी पडली, असं ते म्हणत.

वयाच्या ८४ व्या वर्षी हे सद्‌गृहस्थ आफ्रिकेतील पक्ष्यांच्या छायाचित्रणासाठी पूर्व आफ्रिकेत पोहोचले, तेव्हाही ते स्वत:चं छायाचित्रणाचं सामान स्वत:च वागवत होते. त्यानंतरच्या वर्षी ते इस्रायली वाळवंटात पक्षिचित्रणासाठी पोहोचले, तेव्हा त्यांचा इस्रायली गाईड हा एकेकाळचा सैनिक होता. तोसुद्धा पॅटर्सन यांच्या उत्साहानं त्यांच्यासमोर नतमस्तक होऊन उभा राहिला. पक्षी म्हटलं, की पॅटर्सनमध्ये

नवचैतन्य सळसळू लागत असे, असं त्यांचे परिचित म्हणत.

पॅटर्सनच्या मते कुठलाही पक्षी चांगला किंवा वाईट नसतो. घरातल्या चिमणीचं किंवा सर्व परिचित कावळ्यांचं चांगलं छायाचित्र किंवा घरात बसूनच त्या पक्ष्यांचं केलेलं चांगलं पेंटिंग कुठे बघायला मिळतं? असा प्रश्न विचारणाऱ्या पॅटर्सननी अगदी परसदारात आढळणाऱ्या पक्ष्यांचंही चित्रीकरण आणि रेखाटन केलंय.

पॅटर्सन चांगले लेखक आहेत, संपादक आहेत, व्याख्याते आहेत, पक्षीसंरक्षण चळवळीचे अध्वर्यू आहेत; पण त्याही आधी ते चित्रकार आहेत, असं त्यांच्याबद्दल म्हटलं जात असे. त्यांना खूप मानसन्मान लाभले, अर्थात त्यासाठी त्यांनी तितकेच कष्ट उपसले, हे विसरून चालणार नाही. पॅटर्सन पक्ष्यांकडे कसे आकर्षित झाले, त्यामागे एक छोटीशी घटना आहे. त्यांचं बालपण न्यूयॉर्कच्या परिसरातील जेम्स टाऊन इथे गेलं. १९२० च्या आसपास तिथं बरीच मोकळी जागा होती. दहा वर्षांचे पॅटर्सन अशाच एका माळरानावर हिंडत होते. त्यांना एक पक्षी दिसला. तो कुठला, याला महत्त्व नाही. त्या वेळी पॅटर्सनना त्याचं नावही ठाऊक नव्हतं. तो मेला असावा, या समजुतीनं पॅटर्सन पुढे झाले, तर तो पक्षी एकदम पंख फडफडवत उडून गेला. दचकलेल्या रॉजरच्या मनात त्या दिवशी पक्ष्यांनी घर केलं! कायमचंच.

पॅटर्सन सातवीत असताना त्यांच्या जीवशास्त्राच्या शिक्षिकेनं त्यांना पक्षिनिरीक्षणासाठी नेलं. त्या शिक्षिकेचं नाव बडॉशे हॉर्नबेक. आपण एक पक्षिशास्त्रज्ञ घडवतोय, याची हॉर्नबेकना कल्पनाही नव्हती. आधीच पक्ष्यांच्या प्रेमात पडलेल्या रॉजरला त्या दिवशी पद्धतशीर पक्षिनिरीक्षण कसं करावं, याचे प्राथमिक धडे मिळाले. हॉर्नबेकनी प्रत्येक विद्यार्थ्याला दहा सेंटची एक ४ पानी पुस्तिका दिली होती. या पुस्तिकेत पक्ष्यांचं रंगीत चित्र, शास्त्रीय माहिती होती आणि त्याशिवाय त्या पक्ष्याची बाह्य आकृतीही होती. ही ज्या त्या विद्यार्थ्यानं पक्षी बघून झाल्यावर रंगवायची होती.

विद्यार्थ्यांनी बघितलेली चित्रं बघून हॉर्नबेक बाईंनी लुई अगासीझ फ्युअर्तेस यांचं 'द बर्ड्स ऑफ न्यूयॉर्क स्टेट' हे चित्रांचं पुस्तक त्यांच्या विद्यार्थ्यांना दाखवलं. प्रत्येक विद्यार्थ्यानं त्यातील एका पेंटिंगची नक्कल करायची होती. पॅटर्सननी नीलकंठ पक्ष्याचं चित्र रंगवून शाबासकी मिळवली होती.

पॅटर्सननी शिक्षण पूर्ण केलं. ल्युसिल वॉल ही त्यांच्याबरोबरच शाळेत होती. शाळेत मात्र त्या दोघांची ओळख नव्हती. पॅटर्सन वांड म्हणून प्रसिद्ध होते. शालेय शिक्षण पूर्ण झाल्यावर पॅटर्सनना फर्निचरच्या व्यवसायात नोकरी मिळाली. या नोकरीत पैसे साठवून पॅटर्सन अमेरिकन ऑर्निथॉलॉजी युनियनचे सदस्य बनले. पॅटर्सन सदस्य बनण्याआधीच त्यांनी चितारलेलं एक पेंटिंग युनियनच्या मुख्यालयात मानाच्या स्थानी विराजमान झालं होतं. या युनियनच्या सभेत पॅटर्सनची फ्युअर्तेसशी ओळख झाली. इथे फ्युअर्तेसनी पक्ष्यांची चित्रं कशी काढावीत, याचे बारकावे

पॅटर्सनला समजावून दिले. तेव्हा पॅटर्सन फक्त सतरा वर्षांचे होते, तर फ्युअर्तेस नावाजलेले चित्रकार होते. याच भेटीत फ्युअर्तेसनी ते ज्या ब्रशनं चित्रं रंगवत, तो ब्रश पॅटर्सनला भेट दिला आणि त्या बदल्यात पॅटर्सनचं एक पेंटिंग मागितलं. दुर्दैवानं यानंतर काही दिवसांतच फ्युअर्तेसचं अपघाती निधन झालं. पुढे पॅटर्सननी एका शाळेत जीवशास्त्र आणि चित्रकला शिक्षक म्हणून नोकरी धरली. १९३४ मध्ये सात वर्षं नोकरी केल्यानंतर त्यांनी पहिलं 'फिल्ड गाईड' तयार केलं. त्या वेळी अमेरिकेत आर्थिक मंदी होती, तरी त्यांचं हे 'फिल्ड गाईड टू सिलेक्टेड ईस्ट अमेरिकन बर्ड्स' खपलं. इंग्रजीत म्हणतात त्यानुसार 'रेस्ट इज हिस्टरी.'

■

लामोटियसची सागरी मत्स्यचित्रं

आयझॅक योहानेस लामोटियस या नावाच्या व्यक्तीला काय महत्त्व द्यायचं, असा प्रश्न हे नाव ऐकताच बहुतेकांना पडेल. हा लामोटियस मॉरिशसला डच ईस्ट इंडिया कंपनीचा प्रतिनिधी म्हणून सतराव्या शतकात आला. मॉरिशसचा तो राज्यपालही बनला. त्याची कारकीर्द त्याच्या आणि डच ईस्ट इंडिया कंपनीच्या दृष्टीनं फारशी सुखावह ठरली नव्हती. लामोटियस राजकारणी नव्हता. तो विद्वान होता. वनस्पतिशास्त्र, वैद्यक, इतिहास, कला आणि धर्मशास्त्र हे विषय घेऊन त्या काळातली सर्वोच्च पदवी त्यानं सन्मानपूर्वक मिळवली होती. हॉलंडमध्ये तो विद्‌वतसभा गाजवीत असे. त्या अभ्यासपूर्ण वातावरणाशी फारकत घेऊन तो मॉरिशसचा प्रशासकीय सर्वोच्च अधिकारी म्हणून रुजू झाला. त्याच्या प्रजेत जे डच नागरिक होते, त्यात किती जणांना लिहिता-वाचता येत होतं, हाही एक प्रश्नच होता. त्यामुळे त्याचं मन रिझविण्यासाठी लामोटियसनं मॉरिशसच्या निसर्गाचा अभ्यास सुरू केला. हिंदी महासागरातील विविध जलचरांच्या अतिशय नजाकतदार पेंटिंग्जमुळे तो विज्ञानाच्या आणि कलेच्या क्षेत्रात गाजला.

गव्हर्नर बनल्यानंतर लामोटियसनं पहिलं वर्ष मॉरिशस बेटाची पायी सफर करण्यात घालवलं. मॉरिशसला सागरकडेनं पूर्ण प्रदक्षिणा घालणारा तो पहिला माणूस असावा, असं मानलं जातं. मॉरिशसच्या मध्यभागी असलेल्या पठारावर मुक्काम ठोकून त्यानं पठाराच्या चारी बाजू चित्रित केल्याच; पण मॉरिशसचा पहिला

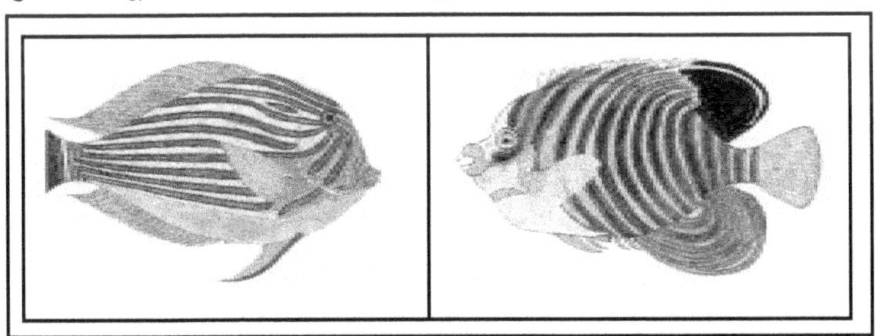

नकाशाही त्यानं तयार केला. अतिशय प्राथमिक अवस्थेतील उपकरणं आणि अवजारं वापरून त्यानं मॉरिशसचा परीघ निश्चित केला. मॉरिशसवर सापडणाऱ्या औषधी वनस्पतींची सचित्र यादीही लामोटियसनं तयार केली. हे सर्व जरी लामोटियसनं मन लावून केलं असलं, तरी त्याचं मन खऱ्या अर्थानं मॉरिशसजवळच्या सागरामध्ये आढळणाऱ्या माशांमध्ये रमलं, असं त्यानं जलरंगात आणि तैलरंगात काढलेल्या विविध प्रकारच्या मत्स्यचित्रांकडे पाहून म्हणावंसं वाटतं.

मॉरिशसचा ३०० कि.मी.चा परीघ पायी तुडवणाऱ्या या अजब राज्यपालानं जलचरांची अनेक चित्रं रेखाटली आणि रंगवली. आज हॉलंड आणि युरोपातील कलासंग्रहालयांमधून यातली २५१ चित्रं लामोटियसच्या परिश्रमांची आणि कलेची साक्षीदार म्हणून टिकून आहेत. कालौघात किती कलाकृती नष्ट झाल्या, हे सांगणं अवघड आहे. अजूनही ही चित्रं ग्रंथबद्ध झालेली नाहीत हे खरं; पण संपूर्ण युरोपात प्राणी सृष्टीचा असा अभ्यास लामोटियसपूर्वी कुणी केला नव्हता, हेही या चित्रांमुळे आणि त्यांच्याबरोबर असलेल्या त्या त्या जलचराच्या सविस्तर वर्णनावरून सिद्ध होतं. एकोणिसाव्या शतकातील अनेक ग्रंथांमधून आणि लोकार्थी विज्ञान पुस्तकांमधून लामोटियसच्या या चित्रांचा उल्लेख आढळतो. दुर्दैवानं यातल्या बऱ्याच चित्रांचा निर्माता म्हणून चुकीनं किंवा गैरसमजुतीपोटी लामोटियस ऐवजी कोमेलीस द व्लामिंगला या चित्रांचं श्रेय देण्यात आलं आहे. एके काळी ही चित्रं व्लामिंगच्या संग्रही होती एवढाच खरं तर त्याचा आणि या चित्रांचा संबंध होता. व्लामिंग हा डच ईस्ट इंडिया कंपनीत नोकरीला लागला, हे खरं; पण लामोटियसनं ही चित्रं रंगवली, तेव्हा व्लामिंग शाळकरी मुलगा होता.

लामोटियसच्या मृत्यूनंतर ही चित्रं अनेक संग्रहांमधून जात जात अखेरीस बिब्लिओथेक सेंत्रालच्या संग्रहात आली. पॅरिस येथल्या नॅचरल हिस्टरी म्युझियमच्या दुर्मीळ ग्रंथसंग्रहात म्हणजे बिब्लिओथेक सेंत्रालमध्ये या चित्रांचा जॉर्जेस कुव्हिए या फ्रेंच प्राणी शास्त्रज्ञानं अभ्यास केला होता. कुव्हिएच्या 'माशांचा निसर्गाभ्यास' या सन १८२८ च्या ग्रंथामध्ये त्यांचा उल्लेख आढळतो; मात्र या चित्रांचं श्रेय व्लामिंगनं लाटल्याचं दिसून येतं.

इ.स. १९५९ मध्ये लिप्के होल्टहुई या संशोधकानं माशांचे वेगवेगळे चित्रकार या विषयावर संशोधन सुरू केलं. त्याला हॉलंडमध्ये लामोटियसविषयीचे संदर्भ मिळाले. या संदर्भांवरून शोध घेत घेत पॅरिसच्या संग्रहालयातील ही चित्रं होल्टहुईनं शोधून काढून ती लामोटियसची कला आहे, हे निर्विवाद सिद्ध केलं. एवढंच नव्हे, तर अठराव्या शतकात वेगवेगळ्या हौशी किंवा शिकाऊ चित्रकारांनी या पेंटिंग्जच्या नकला केल्या होत्या, असंही शोधून काढलं. या नकला अर्थातच कमी प्रतीच्या आणि हीन दर्जाच्या होत्या. त्यामुळे त्यांच्यावर 'अतिशयोक्त, कलाकृती म्हणण्यास

अयोग्य आणि वाईट रीतीनं रंगवलेल्या' अशी टीका वेळोवेळी झालेली होती.

लामोटियस १६७७ मध्ये पत्नी आणि मुलीसह मॉरिशसमध्ये दाखल झाला. त्या वेळी त्यानं आधीच मॉरिशसच्या मत्स्यसृष्टीचा अभ्यास करण्याचं ठरवलं नसावं. कारण मॉरिशसला भरभराटीस आणून तिथल्या लोकांना सुखी करायचं, या उद्देशानं लामोटियस मॉरिशसला आला होता; पण त्याचे सर्व प्रयत्न व्यर्थ ठरले. ऑगस्ट १६७८ मध्ये मॉरिशसच्या सुपीक जमिनीत भरपूर पीक आलं; पण टोळधाडीनं ते उद्ध्वस्त केलं. लामोटियसनं नायॉन नदीवर धरण बांधलं; पण १६७८ मध्ये मॉरिशसवर अभूतपूर्व दुष्काळ ओढवला. या नैसर्गिक आपत्तीमुळे लामोटियसचे सर्व परिश्रम वाया गेले इ.स. १६७७ मध्ये मॉरिशसवर १३५, तर १६७९ मध्ये १५३ माणसं होती. या सर्वांवर नैसर्गिक आपत्तीचा परिणाम झाला. आधीच उल्हास असलेल्या या अत्यंत रानटी व्यक्तींमध्ये निम्म्याहून अधिक गुलाम आणि काही गुन्हेगार होते. त्यांनी कसलंही काम करायला नकार दिला होता. त्यातच या बेटावर प्रचंड प्रमाणात उंदीर माजले, ते माणसांना जुमानतच नव्हते.

इ.स. १६७९ मध्ये लागलेल्या आगीत लामोटियसची मुलगी आणि पत्नी मरण पावल्या. त्यानंतर त्याचं लक्ष बेटावरून उडालं. त्यानं प्रशासकीय कामं करणं जवळजवळ थांबवलं आणि तो चित्रकलेत रमला. इ.स. १६९२ मध्ये त्याच्या जुलमाच्या आणि कारभारातील दुर्लक्षाबद्दलच्या तक्रारी इतक्या वाढल्या, की लामोटियसला गव्हर्नर पदावरून दूर करण्यात आलं. त्याला जेरबंद करून बटाव्हियाला म्हणजे आजच्या जाकार्ताला पाठविण्यात आलं. तिथे त्याच्यावर जुलूम, ब्रिटिशांशी मित्रत्वाची वागणूक आणि कारभाराकडे दुर्लक्ष अशा आरोपांवरून खटला भरण्यात आला. आपणच पाठवलेल्या गव्हर्नरला मृत्युदंड देणं योग्य ठरणार नाही, म्हणून त्याला रोझनगेन बेटावर मजूर म्हणून पाठविण्यात आलं. सहा वर्षं वेठबिगारी केल्यावर लामोटियसला सोडून देण्यात आलं. आता तो दक्षिण आफ्रिकेत गेला. तिथून त्याचा दयेचा अर्ज मान्य करून सरकारी खर्चानं लामोटियसला परत हॉलंडला पाठविण्यात आलं. ७ एप्रिल १७१८ रोजी लामोटियस हॉलंडला जायला निघाला. त्या प्रवासातच त्याचा मृत्यू ओढवला आणि त्याचं सागरातच दफन करण्यात आलं.

मनानं कवी आणि चित्रकार असलेल्या या विद्वान गृहस्थाकडे प्रशासकीय कौशल्य नव्हतं; पण त्याची कला आणि विद्वत्ता यांना त्या काळात तरी तोड नव्हती. एखाद्या बेटावर राहून तिथल्या जीवसृष्टीची नोंद ठेवणाऱ्या या शास्त्रज्ञाला जुलमी गव्हर्नर म्हणून शिक्षा व्हावी, हा खरा दैवदुर्विलास, कारण पत्नी आणि मुलीच्या मृत्यूपूर्वी तो दयाळू आणि प्रेमळ म्हणून प्रसिद्धी पावला होता आणि त्याबद्दलही त्याला शासकीय कानपिचक्या मिळाल्या होत्याच.

■

जिम ब्रँडेनबुर्ग – लांडग्यांचा छायाचित्रकार

बऱ्याचदा वन्यपशूंची छायाचित्रं बघितल्यावर आजकाल आधुनिक कॅमेऱ्यातील सुधारणांची स्तुती करण्यात येते; पण वन्यजीवांचं छायाचित्रण ज्याला इंग्रजीमध्ये वाईल्ड लाईफ फोटोग्राफी म्हणतात, त्याला कितीही अत्याधुनिक कॅमेऱ्याची मदत मिळाली, तरी वन्यजीव छायाचित्रण वाटतं तितकं सोपं नसतं. काही काही छायाचित्रकार फक्त एकच एक प्राणी त्यांच्या या उद्योगासाठी निवडतात. भारतातले सिंगबंधू फक्त वाघाच्या छायाचित्रणामुळे जगभर गाजले. जॉन सीअरी-लेस्टर या गृहस्थानं आयुष्यभर सर्व प्रकारच्या अस्वलांचा मागोवा घेतला, तर जिम ब्रँडेनबुर्गनं उत्तर अमेरिकेन लांडग्याला आपलं मानलं आणि कॅमेऱ्यात पकडलं.

लांडगा हा एक अतिशय हुशार आणि चतुर प्राणी आहे. फर्ले मोवॅटनं 'नेव्हर क्राय वुल्फ' या त्याच्या पुस्तकामुळे लांडग्यावर होणारा अन्याय प्रथम जनतेसमोर आणला. या पुस्तकाचा सार्थ अनुवाद जगदीश गोडबोले यांनी 'लांडगा आला रे आला,' या नावानं केला. त्यावरून लांडगा निसर्गात पाहायला मिळणं किती अवघड असतं, हे लक्षात येईल. जिम ब्रँडेनबुर्गला खऱ्या खुऱ्या वन्य लांडग्यांची छायाचित्रं घ्यायची होती. बऱ्याचदा प्राणी संग्रहालयातील प्राण्यांची चित्रं मोठ्या कौशल्यानं काढून ती वन्य भासवली जातात, हा मार्ग ब्रँडेनबुर्गला मान्य नव्हता. आपण स्वत:च लांडग्यांच्या मागावर जाऊन त्यांच्या वर्तणुकीचा अभ्यास करून त्यांची छायाचित्रं घ्यायची, असा ब्रँडेनबुर्गचा निश्चय होता.

लांडग्यांच्या नैसर्गिक वागणुकीचं छायाचित्रण करायचं, तर आजकाल अमेरिकेत फार थोडे पर्याय उपलब्ध आहेत. अमेरिकेच्या संयुक्त संस्थानात एके काळी सर्वदूर आढळणारा लांडगा, आता काही थोड्याच राज्यांत आढळतो. अमेरिकेत मुख्य भूमीवरील ४८ राज्यांपैकी मिशिगन, विस्कॉन्सिन आणि मोंटानामध्ये अधूनमधून लांडगे दृष्टीस पडतात; पण ते माणसाच्या थाऱ्यालाही उभे राहत नाहीत. फक्त मिनिसोटा राज्यात लांडगे पाहायला मिळतात. इथे त्यांची संख्या अठराशेच्या आसपास आहे. त्यामुळे ब्रँडेनबुर्गना मिनिसोटा राज्यात जाऊन लांडग्यांचं छायाचित्रण

करण्याशिवाय पर्यायच नव्हता.

एके काळी अमेरिकेत वीस लाख लांडगे होते. युरोपीय स्थलांतरित माणसांना हे लांडगे शत्रूवत वाटले, कारण ते लांडगे या स्थलांतरितांच्या पाळीव प्राण्यांवर ताव मारू लागले होते. त्यामुळे बऱ्याच अमेरिकन राज्यांतून लांडगे मारण्यास प्रोत्साहन दिलं जात होतं. मारलेल्या लांडग्यामागे रोख बक्षीस, शिवाय लांडग्यांचं भक्ष्य असलेले गवे, हरणं आणि त्यांचे भाईबंद यांचीही मोठ्या प्रमाणावर हत्या केली गेली. यामुळे लांडगे अधिकाधिक पाळीव प्राणी खाऊ लागले. यामुळे अलास्काचा अपवाद सोडता बाकी अमेरिकेतील लांडगे नामशेष होण्याच्या मार्गावर आले. आता कॅनडातून लांडगे आयात करून त्यांचे कळप वाढविण्याचे अमेरिकन शासनाचे प्रयोग चालू आहेत. याचं कारण अमेरिकेतील खुरी वन्य सस्तनप्राण्यांची संख्या आता वाढू लागली आहे.

लांडग्यांची सामान्य जनांना फार थोडी माहिती असते. लांडग्याबद्दलचे जनसामान्यांच्या मनातील गैरसमज दूर व्हावे, तसंच त्या प्राण्याबद्दलची माहिती आणि त्याची जीवनगाथा एकत्रित करावी, या उद्देशानं ब्रँडेनबुर्गनी लांडग्याचं छायाचित्रण करायचं ठरवलं. त्यासाठी मिनिसोटाच्या वन्य परिसरात ब्रँडेनबुर्गनी एक लाकडी घर बांधलं. ते लपवलं. त्या घराच्या आसपास आडोसे निर्माण केले. लांडग्यांची छायाचित्रं मिळवली. लांडग्यांच्या जीवनव्यवहाराचं निरीक्षण केलं आणि 'ब्रदर वुल्फ' नावाचं एक सचित्र पुस्तक लिहिलं.

वन्यजीव छायाचित्रण हे कायमच अतीव कष्टाचं काम ठरलेलं आहे. हा एकट्यानं मूकपणे जोपासण्याचा छंद आहे. एक एक चांगलं छायाचित्र टिपायला जबरदस्त धीर लागतो. ती एक निश्चल तपश्चर्याच असते. ही तपश्चर्या दर वेळी सफलदायी ठरेल, याची खात्री देता येत नाही. काही वन्य प्राण्यांचं छायाचित्रण करणं इतर वन्य प्राण्यांच्या छायाचित्रणापेक्षा सोपं असतं. लांडग्याचं छायाचित्रण करणं निसर्गात खूपच अवघड असतं. त्यामुळे बरेचदा प्राणी संग्रहालयात नैसर्गिक परिस्थितीचा भास निर्माण करून लांडग्यांचं छायाचित्रणं केलं जातं. लांडगे जंगलात असतात, तेव्हा दाट झाडीचा आश्रय घेतात. ते कधीच एखाद्या आमीषाकडे घाईघाईनं येत नाहीत. छायाचित्रकारांच्या नेहमीच्या युक्त्या-प्रयुक्त्यांनी लांडगे कधीच फसत नाहीत. बर्फाळ प्रदेशात त्यांचं अस्तित्व कळणं आणखीच अवघड असतं. फक्त त्यांच्या पायांचे बर्फात उमटलेले ठसे, एवढीच त्यांच्या अस्तित्वाची खूण असते; पण ब्रँडेनबुर्गना लांडग्यांची छायाचित्रं खेचायचीच, या भावनेनं पछाडलेलं होतं.

अगदी पहिल्यांदा लांडग्यांची छायाचित्रं घ्यायचा ब्रँडेनबुर्गचा प्रयत्न साफ फसला होता. त्या वेळेस त्यांना शासकीय वनखात्याची मदत मिळाली होती. तरीही लांडग्यांचं एखादं वाईट छायाचित्रही काढणं ब्रँडेनबुर्गना जमलेलं नव्हतं. खरं तर

त्या भागात लांडग्यांचे तीन कळप होते. पुढच्या वेळी ब्रँडेनबुर्गनी स्वत:च छायाचित्रणाची जागा निवडायचं ठरवलं. बराच वेळ शोध घेतल्यानंतर ब्रँडेनबुर्गना हवी तशी जागा सापडली. इथे जवळ एक धबधबा होता. तो साधारणपणे सहा ते सात मीटर उंचीवरून पडत होता. त्या कड्याला चिकटून ब्रँडेनबुर्गनी त्यांचं खोपटं उभं केलं. त्यापुढे त्यांनी आडोसे उभारले. या जागेचा फायदा म्हणजे धबधब्याच्या आवाजात कॅमेऱ्याचा खटका दाबल्याचा आवाज आणि ब्रँडेनबुर्गच्या हालचालींचा आवाज दडून जात होता. ब्रँडेनबुर्गचं खोपटं लाकडी वाशांचं होतं. त्याला दोन मजले होते किंवा दोन मोठ्या पायऱ्या होत्या. नैसर्गिक खडकांचाही या खोपटाला आधार होता.

मधूनमधून रस्त्यावर ट्रकखाली आलेल्या प्राण्यांची प्रेतं ब्रँडेनबुर्ग इथे ओढून आणायचे. ती सतत आणणं मात्र त्यांनी टाळलं, नाहीतर लांडग्यांना या प्रेतांचीच सवय झाली असती. ब्रँडेनबुर्गना या कामात अनेक चित्रविचित्र अनुभवांना तोंड द्यावं लागलं; पण अखेरीस निसर्गात मोकळेपणानं वावरणाऱ्या लांडग्यांची त्यांनी छायाचित्रं घेतलीच. सतत तीन वर्षं हा उद्योग त्यांनी केला. मगच 'ब्रदर वुल्फ' लिहायला घेतलं. ब्रँडेनबुर्गनी घेतलेली लांडग्यांची छायाचित्रं खूप गाजली. या छायाचित्रांना, तसंच त्यांच्या पुस्तकालाही बरीच बक्षिसं मिळाली. कुठलंही यश मिळवायचं, तर त्यासाठी लागणारा ध्यास आणि प्रयत्न यांची पर्वा न करता काम करावं लागतं, असं ब्रँडेनबुर्गनी म्हटलंय आणि ते सिद्धही करून दाखवलंय, हे विशेष.

■

गृहिणी, आजी आणि शास्त्रज्ञ – व्हेरा रुबीन

शास्त्रज्ञ कसा दिसतो, याबद्दल आपल्या मनात काही कल्पना असतात. पांढरे केस, लांब दाढी आणि वयस्क. शास्त्रज्ञांची छायाचित्रं आपल्याला बरेचदा पाहावयास मिळतात. अलीकडच्या काळात वेगवेगळ्या दूरचित्रवाहिन्यांवर काही शास्त्रज्ञ दाखवले जातात. त्यामुळे विसाव्या शतकाच्या उत्तरार्धात जीन, गबाळा वेष, लांब वाढलेले केस अशा प्रकारचे शास्त्रज्ञ आपल्या नजरेसमोर येतात आणि स्त्री शास्त्रज्ञ म्हटली, की ती जंगलात वावरणारी अविवाहित स्त्री असणार, अशीही बऱ्याच जणांची समजूत असते; मात्र चार मुलांची आई असलेली गृहिणी, नातवंडांना खेळवणारी आजी शास्त्रज्ञ असू शकते, यावर विश्वास ठेवणं आपल्याला बऱ्याचदा अवघड जातं.

व्हेरा रुबीन ही एक गृहिणी आणि शास्त्रज्ञही आहे. तिच्याबद्दलची पहिली बातमी ३० डिसेंबर १९५० या दिवशी 'वॉशिंग्टन पोस्ट' या दैनिकानं छापली, तेव्हा त्या बातमीचा मथळा 'यंग मदर फिगर्स सेंटर ऑफ क्रिएशन बाय स्टार मोशन्स' असा होता. यंग मदरनं संशोधन केलं आणि एकटीनं रात्री जागून ताऱ्यांचं निरीक्षण केलं ते केलं; पण त्या ताऱ्यांच्या गतीवरून विश्वनिर्मितीचं केंद्रस्थान तिनं शोधून काढलं, असा काहीसा आश्चर्याचा सूर या मथळ्यात होता. त्यानंतर ४० वर्षांनी पुन्हा एकदा व्हेरा रुबीनची बातमी पहिल्या पानावर आली, 'ओल्ड ग्रँडमदर गेट्स नॅशनल मेडल ऑफ सायन्स'. या वेळी अमेरिकेचे राष्ट्राध्यक्ष बिल क्लिंटन यांनी व्हेरा रुबीनला हा अमेरिकेतील शास्त्रज्ञाला मिळणारा सर्वोच्च राष्ट्रीय सन्मान बहाल केला होता. त्या बातमीत म्हटलं होतं, की विसाव्या शतकातील एका महान शास्त्रज्ञानं स्त्री म्हणून तिची झालेली अवहेलना आणि मिळालेली तुच्छतादर्शक वागणूक यावर मात करून शास्त्रज्ञ म्हणून नाव कमावलं. तिच्यापेक्षा कमी श्रमात बऱ्याच पुरुष शास्त्रज्ञांना अधिक मानसन्मान मिळालेले होते.

रुबीन ७५ वर्षांची झाली, तेव्हा तिच्या सन्मानार्थ इ.स. २००२ मध्ये वॉशिंग्टनच्या कार्नेजी संस्थेनं खगोलशास्त्रावर एक चर्चासत्र आयोजित केलं होतं. त्या चर्चासत्रात

जे शोधनिबंध वाचले गेले, त्या शोधनिबंधांवर, किंबहुना विसाव्या शतकाच्या उत्तरार्धावरच रुबीन यांच्या संशोधनाचा प्रचंड प्रभाव पडल्याचं आता सर्व जण मान्य करू लागले आहेत. रुबीन यांनी खगोलशास्त्रात पथदर्शक संशोधन केलं. अवकाशातील सर्व अभ्रिका (गॅलॅक्सी) या कृष्ण किंवा गडद वस्तुमात्राच्या (डार्क मॅटर) धुरकट पडद्यात वावरतात, असं रुबीननी त्यांच्या संशोधनाद्वारे उजेडात आणलं. त्यांचं संशोधन खगोलशास्त्राच्या सर्व पाठ्यपुस्तकांत आजकाल असतंच. ते असल्याशिवाय कुठलंही पाठ्यपुस्तक पूर्ण होत नाही. आजही त्या विश्वाच्या आणि अभ्रिकांच्या अगदी टोकाला असेलेल्या ताऱ्यांविषयीचं संशोधन करत असतात. त्या ताऱ्यांच्या वागणुकीवरून तर रुबीन यांनी त्यांचा गडद वस्तुमात्राचा सिद्धान्त जगापुढे मांडला. विश्वासंबंधीचं कुतूहल, पूर्वग्रह दूषित नसलेले विचार, करत असलेल्या कामात झोकून देण्याची वृत्ती आणि संशोधनात आनंद मानण्याचा स्वभाव यामुळे त्या यशस्वी शास्त्रज्ञ बनल्या, असं त्यांचे सहकारी म्हणतात.

रुबीन केवळ खगोलशास्त्रज्ञच नाहीत, तर स्त्री शास्त्रज्ञांना योग्य ते मार्गदर्शन करणं, त्यांना न्याय मिळवून देणं, हे त्या आपलं कर्तव्य मानतात. खगोलशास्त्रात आजच्या अमेरिकन स्त्रिया शास्त्रज्ञ म्हणून गाजताहेत. त्या सर्व जणी रुबीन यांचं ऋण मान्य करतात. त्यांनी केवळ विज्ञानोपासनाच केली असं नाही, तर त्या गृहकृत्यदक्ष संसारी महिला म्हणूनही यशस्वी ठरल्या. अमेरिकनांच्या दृष्टीनं आश्चर्याची घटना, म्हणजे गेली पंचावन्न वर्षं त्यांचा संसार सुखानं सुरू आहेच; पण चारीही अपत्यं पीएच.डी. मिळवून शास्त्रज्ञ बनली आहेत. पतिराज बॉब रुबीन हे भौतिक रसायनशास्त्रज्ञ आहेत. बऱ्याच शास्त्रज्ञांना रुबीन पती-पत्नींच्या ५५ वर्षांच्या अविभक्त संसाराचं आणि डॉक्टरेट मिळविलेल्या चार अपत्यांचं आश्चर्य वाटतं.

केंब्रिज विद्यापीठाचे खगोलशास्त्रज्ञ डेव्हिड लिंडेन बेल यांच्या मते व्हेराचं बालसुलभ कुतूहल आणि स्वतंत्रपणे विचार करण्याची पद्धत यात तिच्या यशाचं रहस्य दडलंय. व्हेरा परंपरेनं बांधली जात नाही आणि चाकोरीबद्ध विचारात अडकून पडत नाही. स्वत: व्हेरा रुबीन साध्या असून, त्या सर्वांशी प्रेमानं वागतात. विरोधकांना आणि टीकाकारांनाही त्या आदरानंच वागवतात. कॅलिफोर्निया विद्यापीठाच्या सँड्रा फेबर हिच्या मते व्हेराचं व्यक्तिमत्त्व निर्विष आहे. आमच्या क्षेत्रात इतकी भांडणं चालू असतात आणि ज्येष्ठ शास्त्रज्ञांचे हेवेदावे तर प्रसिद्धच आहेत; मात्र व्हेराचे मतभेद हे व्यासपीठापुरते मर्यादित आहेत. वैयक्तिक आयुष्यात त्यांना दूर ठेवण्यात ती यशस्वी ठरली आहे.

व्हेरा रुबीन म्हणतात, "प्रथम मला विरोध झाला, त्याला पन्नास वर्षं होऊन गेली. हे खगोलशास्त्रज्ञ बऱ्यापैकी भांडखोर आहेत; पण तरीही आपण आपली स्वतंत्र विचारसरणी सोडायची नाही, हे मी संशोधन करायला सुरुवात केली, तेव्हाच

ठरवलं होतं.'' व्हेरा रुबीननी त्यांच्या पदव्युत्तर संशोधनासाठी १०९ अभ्रिकांच्या गतीचा आणि भ्रमणदिशेचा अभ्यास केला. विश्वाच्या ज्ञात प्रसारणाच्या तुलनेत हा अभ्यास होता. ज्ञात प्रसारण वजा जाता या अभ्रिकांचं भ्रमण कसं दिसतं, ते त्यांनी एका फिरत्या गोलावर आरेखित केलं, तेव्हा या अभ्रिका एकाच अक्षाभोवती फिरत असाव्यात, हे त्यांच्या लक्षात आलं.

त्यांना विश्वाच्या भ्रमंतीचा विचार करावासा का वाटला, याचं कारण सांगताना त्या म्हणतात, ''हे कारण आज खरं वाटणार नाही; पण माझ्या खोलीत पडल्या पडल्या जे आकाश दिसायचं, त्यात तारे काही काळ खिडकीसमोर येत आणि मग नाहीसे होत. या भ्रमंतीचं एक ना एक दिवस आपण रहस्य सोडवायचंच, असा मी निश्चय केला. मी खगोलशास्त्राचा अभ्यास केला, कारण मला आकाश बघणं आवडत असे,'' व्हेराचे वडील विद्युत अभियंते होते. त्यांनी मुलीची आवड लक्षात घेऊन तिला एक दूरदर्शी बनवून दिली. बाजारात मिळणाऱ्या दूरदर्शींच्या मानानं ती ओबडधोबड वाटली, तरी व्हेराच्या दृष्टीनं ती बहुमोल होती. त्यानंतर व्हेराला खगोलशास्त्रानं झपाटलं.

इथे एक गमतीशीर घटना सांगायला हवी. त्यावरून दुसऱ्या महायुद्धानंतरही अमेरिकेतल्या सुशिक्षितांचा स्त्रियांच्या शिक्षणाकडे पाहण्याचा दृष्टिकोन स्पष्ट होतो. व्हेराला महाविद्यालयात प्रवेश मिळाल्याचं कळताच तिच्या पदार्थविज्ञान विषयाच्या शिक्षकानं तिला सुनावलं, ''तुला महाविद्यालयात प्रवेशाबरोबर शिष्यवृत्ती मिळालीय, हे ऐकून आनंद झाला. तू विज्ञानाच्या वाटेला गेली नाहीस, तर तुझं शिक्षण नीटपणे पूर्ण व्हायला काही हरकत नाही.'' अर्थात व्हेरानं तो सल्ला धुडकावला आणि इंग्रजीत म्हण आहे, त्याप्रमाणे 'द रेस्ट इज् हिस्टरी.' जेव्हा स्वार्दमोअर महाविद्यालयात प्रवेश घ्यायला गेली, तेव्हा एका प्रवेश देणाऱ्या अधिकाऱ्यानं तिला खगोलशास्त्रीय चित्रकार बनण्याचा सल्ला दिला होता. त्यांच्या घरात आता हा विनोद नेहमीच वापरला जातो. कुठलीही अडचण आली, की घरातले सर्व एकमेकांना पेंटर बनायचंय का, असं विचारतात. मग व्हेरानं व्हासार महाविद्यालयात प्रवेश घ्यायचं ठरवलं. इथे मार्था मिचेल ही पहिली अमेरिकी गाजलेली महिला खगोलशास्त्र शिकलेली होती.

१९४७ मध्ये व्हेरा कूपर आणि बॉब रुबीन यांची उन्हाळ्याच्या सुट्टीत भेट झाली. १९४८ मध्ये व्हेराला पदवी मिळाल्यावर त्या दोघांनी लग्न केलं. या वेळी व्हेराला हार्वर्ड विद्यापीठात कॉर्नेल इथे नोकरी मिळत होती; पण बॉब अजून शिकत होता. तेव्हा तिनं ती नोकरी नाकारली. पुढे एकत्र राहता यावं म्हणून दोघांनी अशा इतरांच्या दृष्टीनं सुवर्ण संधी मानण्यात येणाऱ्या संधी नाकारल्या. बॉबचं शिक्षण संपल्यावर जॉन हॉपकिन्स विद्यापीठाच्या ॲप्लाईड फिजिक्स लॅबोरेटरीत बॉबला

नोकरी मिळली. त्या वेळी ही संस्था मेरिलँडमधील सिल्व्हर स्प्रिंग इथे होती. तिथे बॉब राल्फ आल्फर या पदार्थवैज्ञानिकाबरोबरच काम करू लागला. त्यानं या जोडप्याची खगोल भौतिकीचा प्राध्यापक असलेल्या जॉर्ज गॅमॉशी ओळख करून दिली. गॅमॉ व्हेराला मार्गदर्शन करू लागला. व्हेरा त्या वेळी जॉर्जटाउन विद्यापीठात पीएच.डी. करत होती. याचं कारण त्या भागात तेवढ्या एका विद्यापीठातच खगोलशास्त्र विषयात संशोधन करण्याची सोय होती. १९५४ मध्ये विश्वात पसरलेल्या अभ्रिकांची स्थाननिश्चिती, या विषयात तिला डॉक्टरेट मिळाली. आजही हा विषय चर्चेत आहेच. दरम्यानच्या काळात गॅमॉचं मार्गदर्शन मिळविण्यासाठी व्हेरा कार्नेगी विद्यापीठाच्या डिपार्टमेंट ऑफ टेरेस्ट्रियल मॅग्नेटिझम (डी टी एम) पृथ्वीच्या चुंबकत्वाचा अभ्यास विभागामध्ये जात होती. तिला तो विभाग खूप आवडू लागला. या विभागात तिला नोकरीही सहज मिळाली; मात्र पुढची काही वर्षं तिनं अपत्य संगोपनात घालवली. ही नोकरी त्या दृष्टीनं सोयीची होती. या काळात तिला अवकाशनिरीक्षण करायला वेळच मिळत नसे. इ.स. १९६३ मध्ये तिच्या आयुष्याला वळण देणारी एक घटना घडली. बॉब रुबीननं ला जोला कॅलिफोर्निया इथे वर्षभर काम करण्यासाठी शिष्यवृत्ती मिळवली. यामुळे व्हेराला मार्गारेट आणि जॉफ्रे बरब्रिजबरोबर कार्य करण्याची संधी उपलब्ध झाली. हे दोघं जागतिक कीर्तीचे खगोलशास्त्रज्ञ असून, त्या वेळी सॅनडिएगो इथल्या कॅलिफोर्निया विद्यापीठात काम करत होते. बरब्रिज पती-पत्नींनी व्हेराला टेक्सासमधल्या मॅकडोनल वेधशाळेतून आकाशनिरीक्षण करण्याची संधी उपलब्ध करून दिली. तिथे २०५ सें.मी. व्यासाच्या दूरदर्शीतून व्हेराला प्रथमच एका आभ्रिकेच्या परिभ्रमणाचा वेग मोजता आला. त्याचबरोबर खगोलशास्त्रज्ञ बनण्याची तिची इच्छा उफाळून वर आली.

कॅलिफोर्नियातून परतल्यावर वॉशिंग्टन इथल्या डी.टी.एम.मध्ये नोकरी द्याल का, असं संचालकांना विचारलं. जॉर्जटाउन इथल्या पगाराच्या दोन तृतीयांश पगार मिळेल, ही अट मान्य करून व्हेरा वॉशिंग्टनमध्ये सेवेत रुजू झाली. इथे तिला शिकवावं लागत नव्हतंच; पण अनुदान मिळविण्यासाठी खटपटही करावी लागत नव्हती. ती एखाद्या विद्यापीठात गेली असती, तर तिच्या मागे अनेक कटकटी लागल्या असत्या.

इथे तिनं काही काळ केंट फोर्ड या पदार्थवैज्ञानिकाच्या सहकार्यानं संशोधन केलं. केंटनं ताऱ्यांच्या प्रकाशाचं वृद्धीकरण करणारी इलेक्ट्रॉनिक यंत्रणा निर्माण केली होती. या यंत्रणेमुळे इतके दिवस अस्पष्ट वाटणाऱ्या विश्वाच्या भागातले तारे आता स्पष्ट दिसू लागले होते. फोर्ड १९९० मध्ये निवृत्त होईपर्यंत त्यांनी जोडीनं काम केलं. ते दोघं त्यांच्या विद्यार्थ्यांसह वेगवेगळ्या वेधशाळांमध्ये निरीक्षणासाठी जात असत. १९६५ मध्ये पालोमार वेधशाळेत प्रथमच स्त्री निरीक्षकास ती

वेधशाळा वापरायची परवानगी दिली. अशा तऱ्हेनं पालोमार वेधशाळेतून आकाशाचे वेध घेणारी व्हेरा रुबीन ही पहिली महिला शास्त्रज्ञ ठरली.

बरेच अवकाशनिरीक्षक अवकाशनिरीक्षणाशी संबंधित किचकट काम विद्यार्थ्यांवर किंवा सहायकांवर सोपवतात; पण व्हेरा हे सर्व काम, निरीक्षणांची नोंद, तुलना, अवकाशाचे नकाशे तयार करणं आदी सर्व गोष्टी उतारवयातही स्वतःच करते. व्हेराची मुलगी ज्युडिथ यंग हीसुद्धा खगोलशास्त्रज्ञ आहे. ''मी दुसरा कसला विचारच केला नाही. आमच्या घरातलं वातावरण असं होतं, की शास्त्रज्ञ बनणं म्हणजे मौज मजेत आयुष्य घालवणं, असं आम्हाला वाटत असे.'' तिचे भाऊही वेगवेगळ्या शास्त्र शाखांत संशोधन करून डॉक्टरेट मिळवून मग शास्त्रज्ञ बनले. मोठा डेव्हिड भूशास्त्रज्ञ म्हणून भूशास्त्रीय सर्वेक्षण विभागात काम करतो. कार्ल स्टॅन्फर्ड विद्यापीठात गणिती आहे, तर सर्वांत धाकटा ॲलन प्रिन्स्टन विद्यापीठात भूशास्त्रामध्ये संशोधन करतो. यांचे विद्यार्थीही आता डॉक्टरेट करून जगभर पसरले आहेत.

इ.स. १९८१ मध्ये अभ्रिकांच्या प्रसरणाविषयीच्या अभ्यासाला दाद म्हणून व्हेरा रुबीनची अमेरिकेच्या नॅशनल ॲकॅडमी ऑफ सायन्सेसची सदस्य म्हणून निवड झाली. मार्गारिट बरब्रिजनंतर ॲकॅडमीचं सदस्यत्व मिळालेली ती दुसरी महिला शास्त्रज्ञ ठरली. बरब्रिजबरोबर रुबीनही महिला शास्त्रज्ञांवर होणाऱ्या अन्यायाचं परिमार्जन करण्यासाठी झटत असते. ॲकॅडमीचं सदस्यत्व पुरुषांच्या मानानं कमी महिलांना मिळतं, याबाबत व्हेरा आवाज उठवते. ''जर दोन शास्त्रज्ञांच्या ज्ञानाची पातळी एकच असेल, तर नेहमीच पुरुषाची एखाद्या जागी निवड केली जातेच; पण कित्येक वेळा स्त्री की पुरुष असा निवडीच्या वेळी प्रश्न आला, तर कमी प्रतीचं शिक्षण असलेल्या पुरुषास प्राधान्य दिलं जातं,'' असं ती म्हणते. आता हळूहळू व्हेराचं हे म्हणणं मान्य होऊ लागलं आहे.

अमेरिकन खगोलशास्त्रज्ञांमध्ये व्हेराला मानाचं स्थान आहेच; पण स्त्रियांच्या प्रश्नांना वाचा फोडणारी आघाडीची कार्यकर्ती म्हणूनही तिला मानाचं स्थान दिलं जातं, हे विशेष.

■

पेनी ट्वीडीचं आदिवासी जीवन

"खरं सांगायचं तर ते लोक युरोपीय लोकांपेक्षा खूप सुखात राहतात. त्यांच्यात परस्पर सामंजस्य असतं. उच्च-नीचतेची भावना नसल्यामुळे भेदभावांना थारा नसतो. सागर आणि जमीन त्यांच्या सर्व जीवनावश्यक गरजा भागवतात." हा मजकूर कॅप्टन कुकनं ऑस्ट्रेलियातील आदिवासींची राहणी पाहून इ.स. १७७० मध्ये लिहिला. तिसऱ्या जॉर्जनं त्याच्यावर ब्रिटिश साम्राज्यासाठी नवी भूमी मिळविण्याची जबाबदारी सोपवलेली होती. त्यात स्थानिक लोकांशी करार करून त्यांच्याकडून त्यांची भूमी मिळवावी, असंही म्हटलेलं होतं. ही कराराची अट विसरली गेली. ऑस्ट्रेलियाची भूमी ब्रिटिशांनी बळकावली. मूळ आदिवासींचे हालहाल करून त्यांच्या भूभागावर ब्रिटिशांनी आक्रमण करताना, ही माणसं असंस्कृत असून, त्यांना चांगलं जगण्याची इच्छाच नसते, असाही प्रचार केला. त्यांची जीवनपद्धती हीन दर्जाची असते, असा गेली दोनशे वर्षांहून अधिक काळ प्रचार करत १५ वर्षांपूर्वी ऑस्ट्रेलियानं त्या देशाच्या स्थापनेची २०० वर्षं समारंभपूर्वक साजरी केली, तेव्हाही गेली ४०,००० वर्षं या भूखंडात वास्तव्य करणाऱ्या मूळ रहिवाशांना त्या समारंभात स्थान नव्हतं. ते आदिवासी, त्यांची भूमी, त्यांच्या परंपरा आणि त्यांची संस्कृती जपून ठेवण्याची धडपड करत होते.

पेनी ट्वीडी नावाची एक मानवशास्त्रज्ञ १९७५ मध्ये या आदिवासींचा अभ्यास करायला पुढे आली. हे काम आपण वर्षभरात पूर्ण करू शकू, अशा समजुतीत ती होती. पुढे पंधरा वर्षं ती हा अभ्यास करत होती. आज ती ऑस्ट्रेलियन आदिवासींच्या रुढी आणि परंपरांविषयी अधिकारी व्यक्ती म्हणून मान्यता पावली आहे. या आदिवासींच्या अभ्यासामुळे तिचा जीवनाकडे बघायचा दृष्टिकोन तर बदललाच; पण तिला ती गौरवर्णी असल्याबद्दल शरम वाटू लागली. ज्या वेळी ट्वीडीनं आदिवासींचा अभ्यास सुरू केला, तेव्हा ती छायाचित्र पत्रकार म्हणून मान्यता पावली होती. नॅशनल जिओग्राफिक, जिओ, पॅरिसमॅच आणि लंडन टाइम्ससारख्या नियतकालिकांसाठी ती सुमारे ५० देशांत जाऊन आलेली होती. व्हिएतनाम आणि बांगला देशातील

युद्धात छायाचित्रकार म्हणून तिनं फार मोलाची कामगिरी बजावली होती.

केवळ पत्रकार म्हणूनच ती गाजली नव्हती, उत्तर अमेरिकेतील विविध रेड इंडियन जमाती, व्हिएतनाममधील मोंटेनार्ड आणि बोलिव्हियातील आयमार आदिवासींच्या जीवन पद्धतीचं दर्शन तिच्यामुळे साऱ्या जगाला झालेलं होतं. बी.बी.सी.साठी ऑस्ट्रेलियन आदिवासींचं-ॲबॉरिजिन्सचं चित्रण करायला ती ऑस्ट्रेलियातील दुर्गम अशा आर्नहेम भूमीत पोहोचली. गोरे ऑस्ट्रेलियन मानवी वस्तीस अयोग्य, असं या भागाचं वर्णन करतात. त्यामुळेच आदिवासी त्यांच्या मूळ रूपात या भागात पाहावयास मिळतात. गेली ४० हजार वर्षं ही भूमी या आदिवासींनी पुण्यभूमी मानलेली असून, इथलं त्यांच्या जीवनाचं दर्शन घडल्यावर पेनी थक्क झाली.

"तिथे पोहोचल्यावर मी जे बघितलं आणि जे ऐकलं, त्यामुळे मला खूप वाईट वाटलं. ते आदिवासी प्रत्यक्षात वेगळेच होते. गोऱ्या माणसानं त्यांची पद्धतशीर बदनामी चालवली होती. त्यामुळे बाहेरच्या जगाला त्यांच्याबद्दलची मिळत असलेली माहिती आणि वास्तव यांच्यात खूपच फरक होता. एक दिवस मी एलिस स्प्रिंग या शहरी गेले. या आदिवासींची माहिती देणारी काही पुस्तकं असली, तर पाहावी म्हणून मी शोध घेतला; पण कुठल्याही पुस्तकांच्या दुकानात या विषयावर एकही पुस्तक उपलब्ध नव्हतं." ते पाहून या आदिवासींवर आपणच एक अभ्यासपूर्ण पुस्तक लिहायला हवं, असा तिनं मनाशी निश्चय केला. खरं तर हे माझं वेडं साहसच होतं; पण त्या लोकांचं अगत्य, प्रेमळ वागणं पाहून मी भारावून गेले होते." असं पेनी सांगते.

या आदिवासींनी पारंपरिक रीतीनंच जगायचं असं ठरवलं होतं. शहरी बनलेले आदिवासी सरकारी मदतीवर लाचार जीवन जगत होते. रात्री दारू पिऊन रस्त्यांवर जागा मिळेल तिथे बेहोश होऊन पडत होते. पेनीला यासाठी त्या आदिवासींबरोबर जगण्यासाठी शासकीय परवानगी मिळवणं भाग होतं. हे नियम फार विचित्र होते. त्या आदिवासींनी आमंत्रण देऊन बोलावल्याशिवाय कुठल्याही बिगर आदिवासी व्यक्ती या आदिवासींच्या बरोबर राहू शकत नाहीत आणि चांगली ओळख असल्याशिवाय आदिवासी कुणाला पाहुणा म्हणून बोलावत नाहीत.

मग पेनी एका आदिवासी वस्तीजवळ राहू लागली. एका सागरी तुफानात उद्ध्वस्त झालेल्या पडक्या घरात ती राहत असे. या अभ्यासाला पुरेसा पैसा मिळावा, म्हणून तिनं नॅशनल जिऑग्राफिकसाठी टिमोरच्या युद्धाचं छायाचित्रणही केलं. नंतर दीड वर्षं त्या पडक्या घरात काढल्यावर पेनी, तिचा सहकारी आणि पती, व्हिडिओ चित्रीकरण तज्ज्ञ क्लाइव्ह स्कोले आणि त्यांचा दीड वर्षांचा मुलगा बेन यांना त्या आदिवासींनी पाहुणे म्हणून स्वीकारलं. अशा तऱ्हेनं आदिवासी जीवनपद्धती शिकायचा त्यांचा कार्यक्रम सुरू झाला.

या आदिवासींचं संपूर्ण आयुष्य परस्पर सहकार आणि जे काही मिळेल, ते सारख्या प्रमाणात वाटून घेणं, या दोन तत्त्वांवर आधारित असतं. पेनीचा मुलगा बेन याच्या आयुष्याची पहिली दहा वर्षं या आदिवासींच्या सहवासात गेली. त्यामुळे तो शिकण्यासाठी पुन्हा गोऱ्यांच्या जगात गेला, तेव्हा तिथल्या लोकांची असहिष्णू वागणूक आणि स्वार्थी जीवनपद्धती अंगिकारणं त्याला अवघड गेलं. त्या लोकांचं वागणं त्याला धक्कादायक वाटू लागलं.

"आदिवासींमध्ये राहताना आपण त्यांना काहीच देऊ शकत नाही; मात्र त्यांच्याकडून आपण भरपूर काही घेतोय, असं सारखं वाटत राहतं." असं पेनी म्हणते. ती जशी त्यांच्या परंपरांची माहिती करून घेत असे, त्याचप्रमाणे ते आदिवासीही पेनीच्या जगभ्रमणाची माहिती घेत, हे पसस्पर कुतूहल तिच्या अभ्यासाला पोषक ठरलं. अमेरिकेतही आदिवासी आहेत, याचं त्यांना आश्चर्य वाटत असे. एके काळी गोरी माणसंही तलवार आणि धनुष्य-बाण घेऊन लढायची, यावर ते प्रथम विश्वास ठेवायला तयार नव्हते. गोऱ्या जगात दगड फेकणारी यंत्रं आणि उकळत्या तेलाचा युद्ध साहित्य म्हणून वापर होत असे, हे त्यांना विनोदी वाटलं. "आदिवासींच्या जीवनाचं हास्य-विनोद हे एक अविभाज्य अंक असतं." असं पेनी म्हणते.

भूमीशी भावनिक एकरूपता, हे आदिवासींच्या यशस्वी जीवनाचं सूत्र आहे, असंही पेनीला वाटतं. त्या भूमीतील प्राणी, वनस्पती, खडक आणि माती या संबंधीचं त्यांचं ज्ञान त्या त्या क्षेत्रातील मान्यवर गोऱ्या शास्त्रज्ञांना तोंडात बोटं घालायला लावतं. भूव्यवस्थापन आणि जलव्यवस्थापन याबाबतीत तथाकथित प्रगत समाजाला बरंच काही शिकता येईल. त्या भूमीतील युरेनियमबद्दलच फक्त उत्साह दाखविणाऱ्या गोऱ्या व्यापाऱ्यांनी ते काढू नये, त्याऐवजी आदिवासींना मदत करायला हवी, असा विचार पेनीनं तिच्या 'धिस माय कंट्री' या पुस्तकात मांडला आहे. ते पुस्तक फक्त ऑस्ट्रेलियातच प्रथम प्रकाशित झालं. आता ते जगभर वितरित होण्याची शक्यता आहे.

■

गाड्यांच्या टकरी घडवणारा माणूस

डॅनिएल हेडक्विस्ट या माणसाचा काही जणांना राग येईल, तर इतर काही तरुणांना हेवा वाटेल. जाग्वार्स, व्होल्व्हो, ॲस्टन मार्टीन अशी कोटींत किंमत असलेल्या गाड्या आयुष्यात कधी तरी वापरता याव्यात, अशी इच्छा मनात धरून बरेच तरुण त्यांच्या मोटरसायकली चालवत असतात. या गाड्यांना अपघात घडवून आणून त्यांची मोडतोड करायचं काम हा डॅनिएल हेडक्विस्टचा पोटापाण्याचा उद्योग आहे. कुठलीही गाडी त्याच्याकडे आली, की ती पोलादी अडथळ्यावर आपटणं, दुसऱ्या गाड्यांवर धडकवणं किंवा डोंगरकड्यावरून दरीत पाडणं हे त्याचं काम. हेडक्विस्ट स्वीडनमधल्या गॉयटेबर्ग इथल्या व्होल्व्हो सेफ्टी सेंटरमध्ये चाचणी अभियंता आहे. चीफ क्रॅश टेस्ट इंजिनिअर.

फोर्ड कंपनीच्या सर्व प्रकारच्या गाड्यांना अपघात घडवून आणणं, फोर्ड कंपनीच्या उपशाखांतील गाड्यांना सर्व प्रकारच्या अडचणीतून नेऊन त्यांचे दोष शोधून काढणं व त्यांच्यामध्ये कोणत्या सुधारणा करता येतील, ते त्या त्या गाडीच्या निर्मिती केंद्राला कळवणं, हे काम हेडक्विस्टवर सोपविण्यात आलं असून, या सर्व चाचण्या स्वीडनमध्ये घडवून आणल्या जातात. फोर्ड या अमेरिकन कंपनीनं तिच्या गाड्यांच्या चाचण्यांची जबाबदारी व्होल्व्होवर सोपवायचं कारणही तसंच आहे. व्होल्व्हो ही जगातली सर्वांत सुरक्षित गाडी मानण्यात येते. मोटरगाड्यांना सुरक्षिततेसाठी जे आंतरराष्ट्रीय सन्मान मिळतात, त्यात व्होल्व्होएवढी बक्षिसं दुसऱ्या कुठल्याही गाडीस मिळालेली नाहीत.

गेल्या काही तपांमध्ये व्होल्व्होनं मोटरगाड्यांच्या आराखड्यांमध्ये आणि सुरक्षा सुविधांमध्ये हळूहळू अनेक नावीन्यपूर्ण सुविधा निर्माण केल्या आहेत. यात तीन ठिकाणी आधार घेणारा पुढच्या सीटवरील सुरक्षा पट्टा, मागच्या दिशेनं तोंड असणारी लहान मुलांची बाबा सीट, (बेबी सीट) तसंच गरागरा फिरून उलटणाऱ्या गाड्यांना फिरू न देता थांबवणारी स्थिरीकरण यंत्रणा (स्टॅबिलिटी कंट्रोल) अशा सुधारणांमुळे व्होल्व्हो प्रमाणेच इतर गाड्यानिर्मितीमध्येही सुधारणा

करण्यात येत आहेत.

रोज दिवस उजाडला की, हेडक्विस्ट आणि त्याचे सहकारी एक गाडी पोलादी अडथळ्यावर आदळायची तयारी करतात किंवा दोन गाड्यांची धडक घडवून आणायच्या उद्योगाला लागतात. यातली एक गाडी काही वेळा नुकतीच कारखान्यातून बाहेर पडलेली असते आणि ती तिथून थेट यांच्या तावडीत देण्यात येते. आधी छोटेछोटे अपघात घडवून आणले जातात. अगदी शेवटी, संपूर्ण गाडीचा चक्काचूर घडवणारा अपघात केला जातो. एक नवी कोरी गाडी मिळाल्यावर दिवसभरात तिचं भंगारात रूपांतर करायचं, हा तसा खर्चिक खेळ आहे. त्यामुळे या अपघातातून जास्तीत जास्त माहिती मिळवणं भाग असतं. सर्व अपघात व्यवस्थित घडवून आणावे लागतात. त्यामुळे प्रत्येक अपघात नीट घडून येईपर्यंत हे सर्व अभियंते मानसिक तणावाखाली असतात.

आज जरी हेडक्विस्ट अभियंता असला, तरी त्याचं बालपण शेतावर गेलं. तिथे ट्रॅक्टर, ट्रक आणि इतर यंत्रांमध्ये त्याचं मन शेतीकामापेक्षा अधिक रमत असे. सायकल चालवायला शिकायच्या पूर्वीच तो मोपेड फिरवायला शिकत होता. १९९३ मध्ये अभियांत्रिकी पदवी मिळवल्यानंतर त्याला एका स्थानिक व्यापाऱ्याकडे नोकरी लागली. हा व्यापारी मोटारींचे आणि इतर वाहनांचे सुटे भाग विकत असे. तिथून हळूहळू हेडक्विस्ट चाचणी-चालक बनला आणि मग सध्याच्या उद्योगात आला. अपघात घडवून आणायचा आणि नंतर त्यातून निष्पन्न होणाऱ्या माहितीचं पृथःकरण करायचं, हा त्याचा उद्योग जोमानं सुरू झाला.

इ.स. २००० च्या उन्हाळ्यात व्होल्व्हो एक नवी अपघात प्रयोगशाळा सुरू करत असल्याचं हेडक्विस्टनं ऐकलं. त्यामुळे त्यानं लगेचच व्होल्व्होशी संपर्क साधला आणि सप्टेंबर २००० पासून तो व्होल्व्होसाठी गाड्यांची मोडतोड करू लागला. हा यंत्र अभियांत्रिकीतला पदवीधर असला, तरी हळूहळू विद्युत अभियांत्रिकी, संगणक आदी वेगवेगळ्या क्षेत्रांचं ज्ञान संपादन करायला त्यानं सुरुवात केली.

व्होल्व्होच्या चाचण्यांची सुरुवात आधी सत्याभास तंत्रातून अपघातांचा अभ्यास करून होते. या सत्याभास चाचण्यांसाठी (व्हर्चुअल रिॲलिटी टेस्टिंगसाठी) एक बृहद्संगणक वापरला जातो. त्याच्या साहाय्यानं खरे वाटावेत असे अपघात संगणक-पटलावर घडवून आणता येतात. त्यात मोटारीतील सर्व भागांचं व अपघातानंतर मोटारींच्या झालेल्या सर्व तुकड्यांचं परीक्षण, निरीक्षण करता येतं. त्यामुळे या भागांवर एखाद्या अपघाताचे कोणते परिणाम घडून येऊ शकतात, हेही पाहता येतं. मोटारींच्या ३ लक्ष तुकड्यांचं असं पृथःकरण केलं जाऊ शकतं. एखादी नवी गाडी बाजारात येते, तेव्हा तिची काहीच माहिती कंपनीला नसते. त्यामुळे यासाठी हे सत्याभास तंत्र खूप उपयुक्त ठरतं.

सत्याभास आणि सत्य यात बरंच अंतर असू शकतं. त्यामुळे नंतर प्रत्यक्ष चाचण्या सुरू होतात. व्होल्व्होनं या चाचण्यांसाठी अद्ययावत प्रयोगशाळा प्रस्थापित केलेली आहे. गाडीवरच्या टपासाठी वेगळ्या चाचण्या करणारी प्रणाली, समोरच्या भागासाठी वेगळी पद्धत वापरणारी यंत्रणा, सारथ्य चक्रावरचे परिणाम बघण्यासाठी वेगळी यंत्रणा व अपघाताबरोबर हवेनं फुगून सारथ्याला आणि प्रवाशाला संरक्षण देणाऱ्या पिशव्या तपासणं, हे काम खास चाचणीगृहात केलं जातं. गाडीला प्रत्यक्ष अपघातात जो जोर सहन करावा लागतो आणि गाडीच्या वेगवेगळ्या भागांवर जो दाब पडतो, तो पाहण्यासाठी एक अपघात सादृशीकरण यंत्रणाही तयार असते. त्यामुळे गाडी बाहेरून दाबली जात असताना आतल्या भागाचं कसं नुकसान होऊ शकतं आणि त्याचा प्रवाशांवर कोणता परिणाम होतो, हे या प्रयोगशाळेतच स्पष्ट होतं. या सादृशीकरणात प्रत्यक्षात पूर्ण मोटारगाडी न वापरता तिच्या सुट्या भागांवर वेगवगेळ्या तीव्रतेच्या अपघातांचा कोणता परिणाम होतो, हे लक्षात येऊ शकतं. चाचण्यांनंतर योग्य त्या दुरुस्त्या करून बनवलेली गाडी अंतिम चाचणीत वापरली जाते. या अंतिम चाचणीची व्होल्व्होची प्रयोगशाळा ही मोटार निर्मात्यांच्या विश्वातील पहिल्या क्रमांकाची प्रयोगशाळा मानण्यात येते. ती फार महत्त्वाची आहे. इथे रहदारीत येणाऱ्या सर्व प्रकारच्या परिस्थिती निर्माण करता येतात.

या प्रयोगशाळेचं एक वैशिष्ट्य म्हणजे इथले दोन रस्ते. १५४ मीटर लांबीचा रस्ता हा सरळ रेषेतला आणि स्थिर रस्ता आहे, तर ८० मीटरच्या रस्त्याला एकाएकी काटकोनातही वळवता येण्याची सोय आहे. त्यामुळे डोंगरातील चढ-उताराच्या, तसंच वळणावळणाच्या रस्त्याचं सादृशीकरण इथे होऊ शकतंच; पण सरळ गाडी कड्यावर आपटणंही शक्य होतं. वेगवेगळ्या नैसर्गिक किंवा मानवनिर्मित अडथळ्यांवर गाडी धडकल्यावर काय होतं, हे मोठ्या, स्थिर रस्त्याच्या अखेरीस असलेल्या ८५० टन वजनाच्या काँक्रिट ठोकळ्यावर गाडी आदळून पाहता येतं.

बदलत्या वळणांचा ६०० टन वजनाचा ८० मीटर लांब रस्ता हे एक अभियांत्रिकी आश्चर्यच मानावं लागेल. हा रस्ता हवा भरलेल्या वीस रबरी गाद्यांवर बसवलेला आहे. तो जेव्हा वळवायचा असतो, तेव्हा या रस्त्याखाली खूब दाबाखालची हवा सोडली जाते. त्यामुळे वरचा रस्ता आणि खालच्या गाद्या यांच्या दरम्यान ०.१ मि.मी. इतकी एक फट तयार होते. मग २० खास बांधणीचे ट्रक हा रस्ता खेचून वळवतात. या रस्त्यावर धावणाऱ्या आणि अपघातग्रस्त होणाऱ्या गाड्यांच्या हालचालीतला प्रत्येक मि.मी. लेझर मापन यंत्रणेच्या साहाय्यानं मोजला जात असतो. ही माहिती १८०० किलोवॅटच्या विद्युत मोटारीस सतत पुरवली जाते. यामुळे ही मोटार अपघातासाठी त्या रस्त्यावर जेव्हा दुसरी मोटार जोरात ढकलते, तेव्हा दोन्ही मोटारी किंवा अडथळा आणि मोटारगाडी यांची धडक किती वेगात

होणार, हे ठरलेलं असतं. या अपघातात मोटारीवर आणि आतल्या मानवसदृश बाहुल्यांवर कोणते आणि कसे आघात होणार, हे जाणून घेण्यासाठी १५० इलेक्ट्रॉनिकी संवेदक त्या गाड्यांवर आणि बाहुल्यांवर बसवलेले असतात. अपघात होताच या संवेदकांनी गोळा केलेली माहिती बृहद्संगणकात भरण्यात येते. गाडीच्या आतील आणि रस्त्याच्या कडेचे स्थिर आणि चलतचित्रण करणारे कॅमेरेही त्यांचं कार्य करत असतात.

आजकाल बऱ्याच आधुनिक मोटरगाड्यांमधील यंत्रणा संगणकी आणि इलेक्ट्रॉनिकी बनल्या आहेत. त्यामुळे अपघातांचा पंचनामा करताना या यंत्रणांची गैरवर्तणूक हा एक महत्त्वाचा मुद्दा ठरतो. यामुळे या मुद्दाम घडवून आणलेल्या अपघातांमध्येही इलेक्ट्रॉनिकी यंत्रणा आणि गाडीनियंत्रक संगणक यांच्यावर होणारे परिणाम तपासून पाहणं आवश्यक ठरतं. या सर्व इलेक्ट्रॉनिक प्रणाली अपघातप्रसंगी सुरक्षा उपाय कार्यरत करतात की नाही, ते पाहणं महत्त्वाचं असतं.

हेडक्विस्ट आणि त्याच्या सहकाऱ्यांच्या या प्रयोगशाळेची महती इतर मोटरगाड्या उत्पादकांनाही पटलेली असून त्यांच्या गाड्याही आता चाचणीसाठी व्होल्व्होच्या या प्रयोगशाळेत येतात. बऱ्याच उत्पादकांचे प्रतिनिधी या चाचण्या पाहण्यासाठीही उपस्थित असतात. ते या रस्त्याखालील पाहणी कक्षात बसतात. या पाहणी कक्षाचं छत भक्कम, अतूट काचेच्या अनेक थरांचं बनवलेलं असून ते पारदर्शक आहे. त्यात वेगवगेळ्या प्रकारचे कॅमेरेही आहेत.

आपल्याला उपयोगी पडेल अशी एक चाचणीही इथे घेतली जाते. ती म्हणजे, रेनडिअर, कॅरिबू अशा प्राण्यांवर गाडी आदळण्याचे परिणाम. त्यासाठी कृत्रिम यंत्रचलित प्राणी वापरले जातात. कॅनडात तसंच नॉर्डिक स्कॅंडिनेव्हियन देशात हे प्राणी बरेचदा गाड्यांपुढे येतात आणि प्रखर दिव्यांनी डोळे दिपले की, रस्त्यात स्तब्ध उभे राहतात. भारतातील गाडी उत्पादकांनी त्यांच्या गाड्या गाई-म्हशींच्या धडकीत टिकतील की नाही, याची चाचणी करायला हेडक्विस्टकडे पाठवायला हरकत नाही. भारतीय गाड्यांसाठी आणखी एक चाचणी म्हणजे रूळ ओलांडताना रेल्वेशी होणारी धडक. या प्रयोगशाळेत त्याचंही सदृशीकरण होऊ शकेल, असं वाटतं.

■

तेरेसा ओल्सन – अष्टपैलू शास्त्रज्ञ

कुठलीही सौंदर्य स्पर्धा सहज जिंकू शकेल, अशी एखादी मध्यमवयीन स्त्री जेव्हा महाविद्यालयात होती, त्या वेळी तिनं अभियांत्रिकीत पदवी मिळवली. प्राध्यापकाची नोकरी न करता डॉक्टरेट मिळाल्यानंतर ती क्षेपणास्त्र निर्मितीत शिरली. यात आपल्याला जरी आश्चर्य वाटलं, तरी लॉकहिड मार्टिन या कंपनीच्या क्षेपणास्त्र विभागात महत्त्वाचं पद भूषविणाऱ्या तेरेसा ओल्सनला तसं वाटत नाही. ती क्षेपणास्त्रांचे आराखडे बनवते. ती ज्या प्रक्रियेनं झाडली जातात, त्या प्रक्रियेच्या चाचण्या करते. ती लिओनार्डो दा विंचीच्या कलेची चाहती आहे आणि पुराणवस्तू गोळा करण्याचा तिला छंद आहे. ४३ वर्षांची तेरेसा तीन मुलांचं संगोपन करते. इ.स. २००९ मध्ये नवऱ्याबरोबर पुराणवस्तूंचे बाजार धुंडाळते आणि पोटापाण्यासाठी संहारक अस्त्रांचं प्रक्षेपण कसं करता येईल, याचे आराखडे बनवते.

खरंतर युद्धाशी संबंधित संहारक अस्त्रांच्या क्षेत्रावर पुरुषांचा प्रभाव आढळतो. त्यामुळे इथल्या पुरुषी वातावरणात ही सुंदर स्त्री वेगळी उठून दिसते. इ.स. २००१ मध्ये तेरेसाला 'सर्वोत्कृष्ट तरुण विद्युत अभियंता' हा बहुमान मिळाला. या बहुमानाबरोबर जे मानपत्र दिलं जातं, त्यात तिच्या व्यावसायिक प्रावीण्याबरोबर तिच्या चित्रकलेतील आणि छायाचित्रकारितेतील कौशल्याचाही खास उल्लेख करण्यात आला होता. याबद्दल बोलताना तेरेसा म्हणते, "लोकांचे काही ठाम गैरसमज आहेत. कलेत प्रावीण्य मिळवणारं सर्जनशील असं व्यक्तिमत्त्व असेल, तर तर्कशुद्ध विचार करून वैज्ञानिक प्रगल्भता मिळवता येत नाही, हा त्यातला एक मोठा गैरसमज आहे. मला हे विचार पटत नाहीत. उलट कलात्मक विचारसरणीचा मला माझ्या वैज्ञानिक जीवनात फायदाच झालाय असं मला वाटतं."

तेरेसाला लहानपणापासून गणित आणि विज्ञान विषयांची आवड होती. तिच्या वडिलांनी मुलीची ही आवड लक्षात घेऊन तिला अभियंता व्हायला उद्युक्त केलं. तेरेसाचे वडील व्हिएतनाममध्ये लढले होते. त्यांनी यंत्र अभियांत्रिकीची पदवी मिळवलेली होती. पूर्ण वेळ नोकरी करताकरता त्यांनी फावल्या वेळात संशोधन

चालू ठेवलं होतं. त्यातून त्यांना विमानोड्डाणाशी संबंधित काही बौद्धिक संपदा एकाधिकार मिळाले, तसेच शाईझोत मुद्रणाच्या बाबतीतही त्यांनी एकाधिकार मिळवले. आपण जे शाईझोत मुद्रणयंत्र (इंकजेट प्रिंटर) बाजारात बघतो, त्याच्या अत्याधुनिकतेस तेरेसाच्या वडिलांचा हातभार लागलेला आहे. ओल्सननं वडिलांचा उपदेश मानला; पण त्यांच्या पावलावर पाऊल ठेवायचं तिनं टाळलं. ती जेव्हा ओहायोमधल्या डेटन इथल्या राईट विद्यापीठात शिकू लागली, तेव्हा तिनं विद्युत अभियांत्रिकी शाखा निवडली. विमानवाले राईट बंधू इथलेच. त्यांच्या स्मरणार्थ या विद्यापीठीचं नाव 'राईट विद्यापीठ' असं ठेवण्यात आलं आहे. महाविद्यालयात तिच्या हुशारीमुळे ती गाजत होती. त्याचबरोबर तिचे इतर छंदही जोपासत होती. ती महाविद्यालयाची 'चीअर लीडर' होती. हुशार विद्यार्थ्यांच्या संघटनेची अध्यक्षा होती. अभ्यास मंडळात नव्यानं प्रवेश घेणाऱ्या विद्यार्थ्यांची मार्गदर्शकसुद्धा होती. १९८९ मध्ये तिचं विद्यापीठीय शिक्षण संपलं. पुढे काय करायचं, हे तिला सुचत नव्हतं. त्यातच तिनं लग्न करायचं ठरवलं होतं. तेव्हा तिच्या प्रियकराबरोबर ती ओहायोतून पेन सिल्व्हानिया स्टेट युनिव्हर्सिटीत गेली. ती डॉक्टरेटसाठी संशोधन करणार असेल, तर तिला तीन वर्षं व्याख्याता म्हणून काम करून पैसे मिळवता येतील, असं तिथे गेल्यावर तिला कळलं. तोपर्यंत तेरेसानं पीएच.डी. मिळवावी वगैरे विचार केलेला नव्हता. नोकरी मिळते म्हटल्यावर तिनं होकार दिला खरा; पण पीएच.डी. मिळविण्यासाठी काय करावं लागतं, याची तोपर्यंत तिला कल्पना नव्हती. आपल्या तीन वर्षांच्या कराराची मुदत संपायच्या आत आपण प्रबंध पूर्ण करू शकू, असं तिला वाटत होतं.

तेरेसा जेव्हा इतर विद्यार्थ्यांना भेटली, तेव्हा तिला इतक्या झटकन संशोधन पूर्ण करून प्रबंध पूर्ण झालेलं कुणीच भेटेना. त्यामुळे ती हादरली. पेन स्टेट विद्यापीठाच्या प्रायोजित विज्ञान विभागाच्या प्रयोगशाळेत तिनं प्रवेश केला, तेव्हा अत्याधुनिक अभियांत्रिकी प्रशिक्षण म्हणजे काय, ते तिच्या लक्षात आलं. ज्या प्रकल्पांतर्गत तिला शिष्यवृत्ती मिळत होती, तो पाणतीरांविषयीचा प्रकल्प होता. त्यामुळे पाणबुड्या आणि पाणतीर हाताळावे लागल्यामुळे ती चक्रावून गेली. गणित आणि अभियांत्रिकीचा हा उपयोग तिच्या दृष्टीनं अगदी वेगळा आणि नावीन्यपूर्ण होता.

तेरेसाला १९९४ मध्ये पीएच.डी. मिळाली. ती त्यानंतरही तीन वर्षं या प्रकल्पात काम करत होती. या वेळी तिनं उथळ पाण्यात वापरण्यात येणाऱ्या सोनार यंत्रणेवर संशोधन केलं होतं. जेव्हा पाणतीर झाडला जातो, तेव्हा त्याला त्याचं लक्ष्य काय प्रकारचं आहे, हे ओळखता आलं, तर तो फक्त शत्रूच्याच पाणबुड्या बुडवील. पाणतीर ज्या दिशेनं निघालाय, तिथे पुढ्यात असलेलं लक्ष्य हे स्वपक्षाची

पाणबुडी असेल, तर तो त्या पाणबुडीला धक्का न पोहोचवता दुसरीकडे जाईल, अशा प्रकारचे पाणतीर बनविणं, हे या प्रकल्पाचं एक ध्येय होतं. यासाठी उथळ पाण्यात सागर किनाऱ्याजवळ तेरेसानं आणि तिच्या सहकाऱ्यांनी प्रयोग केले. याचं कारण उथळ पाण्यात प्रतिध्वनींसह इतरही अनेक आवाज निर्माण होत असतात. या अनुभवाचा फायदा घेऊन तिनं या तंत्राच्या साहाय्यानं वैद्यकीय यंत्रणा सुधारण्याचा यशस्वी प्रयत्न केला. तिच्या धडपडीला यश येऊन स्तनांच्या कर्करोगाचा शोध घेण्याचं स्तनांतर्गत आरेखन आणि विद्युत मेंदू आरेखन ही तंत्रं अधिक प्रभावी बनली.

इ.स. १९९७ मध्ये तेरेसानं लॉकहिड मार्टिन कंपनीच्या फ्लोरिडातील ओर्लांडो येथील शाखेत नोकरी सुरू केली. तिचं नवं कार्यक्षेत्र हवेतील अस्त्रांमध्ये सुधारणा करणं, हे होतं. ''मी आता पाण्याखालून वर येऊन हवेत तरंगू लागले आहे.'' असं या घटनेचं तिनं वर्णन केलं. वेगवेगळ्या लक्ष्यांचा त्यांच्या प्रतिमांच्या साहाय्यानं माग काढणारी अस्त्रं आणि अशा अस्त्रांचा मागोवा घेणाऱ्या यंत्रणांच्या निर्मिती आणि सुधारणा प्रक्रियांचे गणितावर आधारित आराखडे बनविण्याचं काम तेरेसावर सोपविण्यात आलं होतं.

क्षेपणास्त्रनिर्मिती आणि प्रगतीबरोबरच विमानांमधील अस्त्रक्षेपणयंत्रणाही ओर्लांडो इथल्या कारखान्यात सुरू होती. या यंत्रणेतील एक महत्त्वाचा भाग म्हणजे, काय घडतंय, हे वैमानिकाला सांगणं आणि दाखविणं. त्याचबरोबर लक्ष्य शोधून ते लक्ष्य नष्ट करण्यासाठी वैमानिकास मदत करणं.

या संपूर्ण प्रक्रियेत जो संगणक दुवा म्हणून काम करतो, त्याला अनेक प्रकारची वेगवेगळ्या ठिकाणची माहिती पुरवत राहावं लागतं. तरच तो वैमानिकासमोरच्या पटलावर योग्य ते दृश्य निर्माण करू शकतो. वैमानिकाला विमानाच्या नाकासमोरचं दृश्य दिसत असतं, पण वर-खाली आणि मागे काय चाललंय, हे मात्र त्याला कळत नसतं. ते पाहून आणि ऐकून, तसंच रडारनं अंतर मोजून ती सर्व माहिती वैमानिकाला द्यावी लागते. यात आता LADAR – लाडार यंत्रणेची भर पडली आहे. 'लेझर डॉप्लर अँड रेंजिंग' म्हणजे रडाराप्रमाणे लेझर किरणांचा वापर. रडार आणि ऊपारूण (इन्फ्रारेड) प्रतिमा द्विमित असतात, त्यांना या नव्या तंत्राची मदत मिळाली, तर त्या त्रिमित होतात.

इ.स. २००३ मध्ये या वेगवगेळ्या माहितीचं एक चित्रीकरण करून त्याचं साकल्यानं संशोधन करणाऱ्या गटाची प्रमुख म्हणून तेरेसाची नेमणूक झाली. तेरेसा ज्या शस्त्रास्त्रांच्या क्षेत्रात काम करते तिथे स्त्रिया अपवादानंच आढळतात; पण अशा परिस्थितीची तेरेसाला सवय आहे. महाविद्यालयात असताना तिच्या वर्गात ती एकटीच मुलगी होती. त्यामुळे सध्याच्या परिस्थितीचं तिला नावीन्य वाटत नाही.

विशेषत: या क्षेत्रात काम करताना काही वेळा नवरा, मुलं अशा संसारिक गोष्टी विसरून अहोरात्र काम करावं लागतं; पण त्याचबरोबर जेव्हा काम नसतं, तेव्हा कंपनी लगेच सुट्टीही देते. काही वेळा एखाद्या दिवशी १६-१६ तासही ती काम करते. याशिवाय ती सुट्टीच्या दिवशी आणि वेळ मिळेल तेव्हा निसर्गचित्रं काढते आणि रंगवते. लाकूड तासून त्याच्या वस्तू बनवणं आणि गिटार वाजवणं हेही छंद ती जोपासते. सगळ्याचा समतोल राखायला ज्याचं त्यानंच शिकावं लागतं, असं तिचं सांगणं आहे.

■

कर्करोगाचा पाठलाग करणारी – सुसान हॅगनेस

इ.स. २००३ मध्ये अमेरिकेत स्तनांच्या कर्करोगाच्या दोन लक्ष नव्या रुग्णांची नोंद झाली. अमेरिकेत जेवढ्या कर्करोगग्रस्त रुग्ण स्त्रिया आहेत, त्यातल्या ३५ टक्के स्त्रियांना स्तनांचा कर्करोग आहे. स्तनांचा कर्करोग प्राथमिक अवस्थेत उघड झाला, तर रुग्ण वाचवता येण्याची शक्यता वाढते. त्यामुळे तो शोधण्याचे बरेच प्रयत्न केले जातात. त्यातलं मॅमोग्राफी म्हणजे स्तनारेखन हे तंत्र उदयास आल्यापासून स्तनांचा कर्करोग प्राथमिक अवस्थेत उघड होण्याचं प्रमाण वाढलं असलं, तरी या तंत्रानं सर्वच रुग्णांचा कर्करोग उघड होतो, असं नाही; उलट स्तनांना काही प्रमाणात इजा होण्याची शक्यताही असते. या प्रकारात १५ टक्के निष्कर्ष चुकीचे निघत असल्यानं रुग्णांना बरेचदा मानसिक त्रासाला सामोरं जावं लागतं.

हा मानसिक त्रास का होतो? मॅमोग्राफीमध्ये क्ष-किरणांच्या साहाय्यानं संगणक स्तनांच्या अंतर्भागाचं त्रिमित चित्रण करतो; पण काही वेळा स्तनांच्या उतींच्या अंतर्गत फरकामुळे आणि संरचनेमुळे हे त्रिमित चित्रण फसतं. ज्या उती निरोगी असतात, त्या कर्कग्रस्त वाटतात, तर कर्कग्रस्त पेशी निरोगी वाटतात. हे चित्र अधिक स्पष्ट व्हावं, असा प्रयत्न विद्युत अभियांत्रिकीची प्राध्यापिका सुसान हॅगनेस करते आहे. तिच्या मते क्ष-किरणांपेक्षा मायक्रोवेव्ह वापरून जर हे चित्रीकरण केलं, तर ते जास्त अचूक होऊ शकतं. स्तनारेखनाकरिता ज्या वेगवेगळ्या वारंवारतेचे क्ष-किरण वापरले जातात, त्यापेक्षा मायक्रोवेव्हच्या वारंवारिता (फ्रीक्वेन्सी) बदलून ते चित्रण अधिक चांगलं होऊ शकतं. स्तनांच्या कर्करोगाचा पत्ता लावणं सुसान तिचं आद्य कर्तव्य समजते. ''स्त्रियांचे प्राण वाचविणं माझ्या संशोधनानं शक्य होणार आहे, हे मला फार महत्त्वाचं वाटतं.''

हॅगनेस आणि तिचे सहकारी ज्या पद्धतीनं मॅमोग्राफची निर्मिती करू पाहतात, ती पद्धत प्रथम रडार संदेशवहनात वापरण्यात आली होती. या पद्धतीत ज्या स्तनाची तपासणी करायची त्या स्तनाभोवती आकाशक प्रक्षेपकांचं (अँटेनी रिसिव्हर्स ॲण्ड ट्रान्समीटर्स) एक जाळं निर्माण केलं जातं. प्रत्येक प्रक्षेपक एक क्षीण

मायक्रोवेव्ह स्पंद स्तनात सोडतो आणि याच्या परावर्तनाची तसंच वक्रीभवनाची नोंद ठेवतो. मायक्रोवेव्ह या आयनीकरण करत नसल्यामुळे त्या क्ष-किरणांपेक्षा खूपच सुरक्षित असतात. नेहमीच्या रडार यंत्रणेप्रमाणेच मायक्रोवेव्ह लहरींच्या प्रवासाला लागणारा वेळ आणि त्यांची आंदोलनं यांचा अभ्यास करून आतील उती निरोगी आहेत की कर्करोगग्रस्त आहेत, हे ठरवता येतं.

हॅगनेस पीएच.डी.साठी संशोधन करत असतानाच या तंत्राचा पाया घातला गेला. विद्युत चुंबकीय लहरी विकिरणशील (डिस्पर्सिव्ह) पदार्थांपासून जाताना जो विशिष्ट वेळ घेतात, त्यासंबंधी हे संशोधन होतं. हॅगनेसनं वेगवेगळ्या उतींमधून प्रवास करताना निरनिराळ्या वारंवारतेच्या लहरींच्या विकरीकरण क्षमतेचा तौलनिक अभ्यास करून तिचा प्रबंध सिद्ध केला होता. आता स्वत: प्राध्यापक बनल्यावर हॅगनेसनं तिच्या सहाध्यायांच्या मदतीनं कर्करोगग्रस्त स्तनांमधून या विविध लहरींचा प्रवास कसा होतो, त्याचं परावर्तन कसं होतं, वगैरे गुणधर्मांचा अभ्यास हाती घेतला आहे. मायक्रोवेव्हच्या साहाय्यानं या अभ्यासात २ मि.मी. व्यासाचं आवाळूसुद्धा स्पष्ट दिसू शकतं, हेही त्यांनी सिद्ध केलं आहे. क्ष-किरणांच्या साहाय्यानं ५ मि.मी. पेक्षा लहान आवाळू कळू शकत नाहीत; पण दाट उतींमध्ये बऱ्याचदा १ सें.मी. पेक्षा मोठी वाढही लपली जाते. या पार्श्वभूमीवर हॅगनेसचं यश महत्त्वाचं ठरतं. हे तंत्र अजून प्रायोगिक अवस्थेत असून त्याच्या वैद्यकीय उपयोगाला आणखी काही वर्षं तरी जावी लागतील. याचं कारण ते खात्रीशीर आहे आणि अपायकारक नाही, याबद्दल चाचण्यांद्वारे या प्रयोगकर्त्यांनी ग्वाही दिल्यावर मग इतर तज्ज्ञांना त्याच्या चाचण्या घेऊन हे तंत्र उपयुक्त आहे, हे मान्य करावं लागेल. हॅगनेसच्या मते या तंत्रात अजून सुधारणा करता येणं शक्य आहे.

सुसान हॅगनेसला अभियंता बनविण्यास तिच्या कुटुंबाचे मित्र असलेले हर्ब बेली हे प्राध्यापक कारणीभूत ठरले. रोझ हुलमन इन्स्टिट्यूट ऑफ टेक्नॉलॉजी या संस्थेत बेली गणिताचे प्राध्यापक होते. ते यांचे शेजारी. दोन्ही घरांचं एकमेकांकडे येणं-जाणं होतं. बेलींनी सुसान पाचव्या इयत्तेत असतानाच तिचा गणिताकडे असलेला कल हेरला आणि सुसानला गणिती अभ्यासात प्रोत्साहन द्यायला सुरुवात केली. त्यांनीच सुट्टीत सुसानला संगणक आज्ञावली तयार करायच्या अभ्यासक्रमात भाग घेण्यास उद्युक्त केलं. तिला वेगवेगळ्या प्रकारची गणितं सोडवायला लावली आणि स्वत:बरोबरच तिचं नाव रुबिक क्यूब सोडविण्याच्या स्पर्धेत दाखल केलं. ती अशा तऱ्हेनं माध्यमिक विद्यालयात असताना गणिताकडे आकर्षित झालीच; पण बेलीच्या अवकल समीकरणांच्या (डिफरन्शिअल इक्वेशन) वर्गात व्याख्यानं ऐकायला बसू लागली. बेलीप्रमाणेच माध्यमिक विद्यालयातील बॉब फिशर या शिक्षकानंही तिला घडविण्यास हातभार लावला. गणितं सोडविण्याची घाई त्यानं कधीच केली नाही.

विद्यार्थ्यांनी आपापल्या गतीनं गणितं सोडवायला हवीत, असं तो म्हणे. तो शिकवताना पारंपरिक पठणपद्धती कधीच वापरत नसे. त्याच्या या शिकविण्याच्या पद्धतीमुळे आणि विद्यार्थ्यांच्या पाठीशी उभं राहण्याच्या वृत्तीमुळे विद्यार्थीही त्याच्या वर्गास टाळाटाळ न करता उपस्थित असत. फिशरप्रमाणं आपणही शिक्षक व्हावं, असं तेव्हापासून सुसानला वाटू लागलं.

शालेय शिक्षण संपल्यावर हर्ब बेलीनं सुसानला विद्युत अभियांत्रिकीमध्ये ढकललं. तिची गणित आणि पदार्थविज्ञानातील गती हर्बला ठाऊक होती. त्यामुळे विद्युत अभियांत्रिकीत सुसान खूप प्रगती करेल, याची हर्बला खात्री वाटत होती. सुसाननं नॉर्थ वेस्टर्न विद्यापीठात संशोधनाद्वारे पदवी या कार्यक्रमात नाव नोंदवलं. इथे ती ॲलन टेक्लोव्ह यांच्या मार्गदर्शनाखाली संशोधन करू लागली. तिच्याबरोबर मेलिंडा पिकेट-मे आणि रोझ जोसेफ या सहाध्यायी होत्या.

या तीनही विद्यार्थिनी एकाच प्रयोगशाळेत काम करत असल्यामुळे सुसानला एकटंएकटं वाटण्याचा प्रश्नच उद्‌भवला नाही. अभियांत्रिकी क्षेत्रात प्रशिक्षण घेणाऱ्या बऱ्याच स्त्रियांना या एकलेपणाचा मानसिक त्रास सहन करावा लागतो. अजूनही अभियांत्रिकी क्षेत्रात स्त्रिया अल्पसंख्यच आहेत. टेक्लोव्हच्या १४ पीएच.डी. विद्यार्थ्यांत ५ मुली होत्या, हे विशेष. सुसानची सामाजिक जाणीवही वाखाणण्यासारखी आहे. ती तिच्याकडे संशोधन करणाऱ्या विद्यार्थ्यांना मार्गदर्शन करून शिवाय पदवीच्या विद्यार्थ्यांना व्याख्यानं देतेच, पण वेगवेगळ्या शाळांत माध्यमिक विद्यार्थ्यांसाठी संगणकवर्ग चालवते. अमेरिकेतील अल्पसंख्याकांसाठी असलेल्या शाळांमध्ये जाऊन ती बीजगणित शिकवते. त्याचबरोबर विद्यार्थिनींना शिकवताना येणाऱ्या अडचणी सोडविण्यात आघाडीवर असते. 'दुमेनयिन सायन्स ॲण्ड इंजिनिअरिंग' या विस्कॉन्सिन इथल्या कार्यक्रमाच्या संचालक मंडळाची ती सदस्य आहे. या कार्यक्रमांतर्गत आर्थिक दृष्टीने मागास विद्यार्थिनींना एकत्र एकाच वसतिगृहात राहून शिकावं लागतं; त्यांना अभ्यासासाठी मदत करण्यात येते.

इ.स. २००० मध्ये एका विमानप्रवासात सुसान आणि वेंडी क्रोन या दोघी एकत्र होत्या. क्रोन अभियांत्रिकी पदार्थविज्ञानाची सहायक प्राध्यापिका आहे. त्या दोघींच्या गप्पांचा विषय विद्यार्थिनींना शिकताना येणाऱ्या अडचणी हा होता. तेव्हा एकाच विद्यापीठात असलेल्या विद्यार्थिनींचा परस्परसंबंध येत नाही, तर वेगवेगळ्या ठिकाणी शिकणाऱ्या विद्यार्थिनींना परस्परांच्या अडचणी कशा समजणार, असा एक मुद्दा बोलण्याच्या ओघात पुढे आला. त्यासंबंधी काय करता येईल, यावर विस्तृत चर्चा झाली. त्यातून ग्रॅज्युएट वुमेन नेटवर्कची स्थापना झाली. या जाळ्याचे सदस्य ई-मेलनं परस्परसंपर्कात राहतात आणि महिन्यातून एकदा भोजनासाठी दुपारी एकत्र येतात. इथल्या अनौपचारिक चर्चेत त्या 'पुढे काय आणि सध्याच्या अडचणी' अशा

दोन विषयांवर वैचारिक आदान-प्रदान करतात. हे सर्व चालू असतानाच सुसानचं संशोधनाकडे दुर्लक्ष झालेलं नाही.

विद्युत चुंबकीय क्षेत्रं हा तिच्या संशोधनाचा आवडता विषय असल्यामुळे तिनं तिच्याच विद्यापीठातील वैद्यकीय विभागाच्या साहाय्यानं स्तनांच्या कर्करोगावर संशोधन सुरू केलं. मायक्रोवेव्हचा वापर स्तनांच्या कर्करोगांचा शोध लावण्यासाठी करायचा, तर बहुशाखीय सहकार्याची आवश्यकता होतीच; पण संघभावना सुसानला नवी नसल्यामुळे या संशोधनात अनेक अडचणी येऊनसुद्धा आता या संशोधनाच्या चाचण्या मानवी रुग्णांत सुरू आहेत. यासाठी सुसानचे नेतृत्वगुणच कारणीभूत ठरले आहेत. क्ष-किरणतज्ज्ञ, कर्करोगतज्ज्ञ, जैवसांख्यिकीकतज्ज्ञ, शल्यशास्त्रज्ञ, मायक्रोवेव्हतज्ज्ञ आणि पदार्थवैज्ञानिक अशा विविध शाखांचा मेळ घालून सुसाननं हे संशोधन पूर्णत्वास नेलं आहे. त्यात तिच्या सहकाऱ्यांचा फार मोठा वाटा आहे, हे ती मान्य करते. सुसानला असंख्य पारितोषिकं मिळाली असून त्यातला इ.स. २००० मध्ये मिळालेला सर्वोत्कृष्ट शिक्षक पुरस्कार तिला महत्त्वाचा वाटतो. तिचं नवं तंत्र यशस्वी झालं, तर अनेक स्त्रियांना दिलासा मिळेल; सुसानला मात्र पुढच्या संशोधनात या तंत्राचा इतर कर्करोगांच्या शोधासाठी कसा उपयोग करता येईल, हे शोधून काढायचं आहे.

■

अपरिचित संगणकतज्ज्ञ – लिन कॉनवे

सुमारे ३० वर्षांपूर्वी लिन कॉनवे 'आय.बी.एम.' या जगप्रसिद्ध संगणक कंपनीत कामाला होती. तिशी गाठायला अजून थोडा काळ बाकी असतानाच ती एका अतिशय गुप्त अशा प्रकल्पात सहभागी झालेली होती. 'आय.बी.एम.' तेव्हा एक बृहद्संगणक– सुपर कॉम्प्युटर बनविण्याचा प्रकल्प राबवित होतं. त्या प्रकल्पात लिनला सहभागी करून घेण्यात आलं होतं. तिनं या प्रकल्पात एक महत्त्वाची कामगिरी पार पाडलेली होती. 'सीपीयू' म्हणजे सेंट्रल प्रोसेसिंग युनिट, ज्याला मराठीत 'केंद्रीय प्रक्रियक' म्हणतात, ते एकक बनविण्यात ती यशस्वी झाली होती. एवढंच नव्हे, तर एकाच वेळी हे एकक एकमेकांत गोंधळ न घालता अनेक कामं करू शकेल, अशा रीतीनं लिनचं केंद्रीय प्रक्रियक एकक काम करत होतं. त्या काळात ही घटना फार महत्त्वाची मानण्यात येत होती. किंबहुना ते संशोधन अभूतपूर्व गणण्यात येत होतं.

यानंतर दहा वर्षांनी, म्हणजे चाळिशी गाठायच्या थोड्या आधीचा काळ तिनं पुन्हा गाजवला. चाळिशीच्या आधी ती झेरॉक्स कंपनीच्या पालो अल्टो संशोधन केंद्रात दाखल झाली. त्यानंतरची काही वर्षं, म्हणजे चाळिशीनंतरचाही काही काळ लिननं समाकलित मंडलांची (इंटिग्रेटेड सर्किट्स) पुनर्रचना करण्यात खर्च केली. त्यातून व्हीएलएसआय— व्हेरी लार्ज स्केल इंटिग्रेशन, म्हणेज फार मोठ्या प्रमाणावर समाकलन करण्याच्या क्रांतीची सुरुवात झाली. यामुळे अतिशय कमी जागेत खूप समाकलित मंडलांचा जमाना आला आणि सूक्ष्मीकरणाची नवी लाट आली. एका सूक्ष्म चकतीवर हजारांऐवजी लक्षावधी ट्रांझिस्टर बसवणं शक्य झाल्यानंच हे घडू शकतं.

सन मायक्रो सिस्टिम, सिलिकॉन ग्राफिक्स आणि इतर संगणक कंपन्या लिनच्या मार्गदर्शनाखाली तयार झालेल्या तंत्रवेत्त्यांमुळे उभ्या राहिल्या होत्या. आता संगणक सव्यसाची बनून अनेक गुंतागुंतीची कामं एकमेकांत बाधा येऊ न देता करू लागले होते. हे उरकून लिन कॉनवेनं अमेरिकेच्या संरक्षण विभागात सल्लागार

म्हणून काम सुरू केलं. कृत्रिम बुद्धिमत्तेच्या क्षेत्रात तिचं कार्य आता सुरू झालं होतं. युद्धक्षेत्रात स्वत:चे निर्णय काही प्रमाणात का होईना, स्वत:च घेऊ शकतील, असे संगणक बनविण्याचे प्रयत्न लिनच्या मार्गदर्शनाखाली सुरू झाले होते. मग लिन कॉनवे मिशिगन विद्यापीठात असोसिएट डीन म्हणून गेली आणि आता तिथे विद्युत अभियांत्रिकी विभागात ख्यातकीर्त प्राध्यापक (प्रोफेसर एमेरिट्स) म्हणून कार्यरत आहे. विद्युत अभियांत्रिकी आणि संगणक विभागाला तिनं नवनव्या योजना राबवायला उद्युक्त केलं असलं, तरी १९९८ पर्यंत लिनचं सुरुवातीचं 'आय.बी.एम.'मधलं काम कुणालाच ठाऊक नव्हतं. कारण ते लिननंच उघड होऊ दिलं नव्हतं. त्या काळाबाबात ती कधीच कुणाशी फारसं बोलत नव्हती.

लिननं तिच्या संशोधन कार्याच्या सुरुवातीच्या काळाबद्दल गुप्तता बाळगली, याचं कारण ती प्रसिद्धीपराङ्मुख होती, असं मात्र नाही, तर तिच्या पूर्वायुष्याचं रहस्य जगापुढे येणं तिला श्रेयस्कर वाटत नव्हतं. लिन मुलगा म्हणून जन्माला आली होती आणि पुरुष म्हणून तिनं 'आय.बी.एम.'मध्ये संशोधन कार्य केलेलं होतं. त्या काळात कॉनवेनं लग्न केलं होतंच, पण 'तो' दोन मुलांचा बापही बनला होता. जेव्हा कॉनवेनं लिंगबदल शस्त्रक्रिया करून घेतली, तेव्हा त्याचं लग्न आपोआपच रद्दबातल ठरलंच, पण त्याला (तिला) मुलांना भेटायचीही बंदी करण्यात आली. वडिलांचं स्त्रीरूप बघून अजाण मुलांना मानसिक धक्का बसू नये, म्हणून समाजकल्याण खात्यानं हा बंदीचा आदेश तिच्या पूर्वाश्रमीच्या पत्नीच्या विनंतीवरून काढलेला होता. लिनच्या मते तेव्हा तरी तिला खूप वाईट वाटलं. तरी त्या काळात ते अपरिहार्यच होतं. आधीचं आयुष्य पुरुष म्हणून जगल्यामुळे तिला तिच्या उत्तर आयुष्यात भरपूर फायदा झाला, असंही लिनला वाटतं. ''माझ्यासारख्या व्यक्तींची जगाला त्या काळात सवय नसल्यामुळे मला वेगळे अनुभव आले. मी माझं आयुष्य म्हणजे एक वैज्ञानिक, मानसशास्त्रीय आणि समाजशास्त्रीय प्रयोग समजते. आजही या प्रयोगाचं फलित शोधण्याच्या दृष्टीनं मी या प्रयोगांतून निष्पन्न होणारी माहिती गोळा करत असते'' असं लिनचं म्हणणं आहे.

अगदी लहानपणापासून आपण 'मुलगा' नाही, अशी लिनची खात्री पटलेली होती; पण त्या काळात त्या मुलाला त्याच्या त्या भावना बोलून दाखवणं शक्य नव्हतं. इ.स. १९५५ मध्ये मेसॅच्युसेट्स इन्स्टिट्यूट ऑफ टेक्नॉलॉजीमध्ये लिनला प्रवेश मिळाला. ग्रंथालयातील पुस्तकं वाचून लिननं चोरून 'इस्ट्रोजेन' या स्त्री-संप्रेरकाचं सेवन सुरू केलं. त्या वेळी ती पदार्थविज्ञानाची पदवी मिळवायच्या प्रयत्नात होती. संध्याकाळी इतर मुलं जेव्हा खेळाच्या मैदानावर असत, तेव्हा लिन स्त्री-पेहराव करून भटकत असे! इथे एका डॉक्टरची आणि तिची ओळख झाली. तो डॉक्टर सज्जन निघाला. त्यानं लिनला अशा खुळ्या उपचारांनी होणारे तोटे

समजावून दिले. अशा तऱ्हेनं ती/तो 'इस्ट्रोजेन' टोचून घेत राहिले, तर कुठल्याही वैद्यकीय उपचारांचा नंतर उपयोग होणार नाहीच, पण जे शारीरिक आणि मानसिक परिणाम होतील, त्यामुळे तिचं सर्व आयुष्यच उद्ध्वस्त होईल, असा सल्लाही त्या डॉक्टरनं दिला. यानंतर काही काळातच लिननं शिक्षणाला अर्धवट अवस्थेतच रामराम ठोकला. मानवी लैंगिक अवस्थेचं संशोधन करणाऱ्या शास्त्रज्ञांच्या मते शारीरिक लिंग आणि मानसिक लैंगिक धारणा यांचा मेळ बसत नाही, अशा व्यक्तींचं अमेरिकेत दर हजारात एक ते दर तीस हजारांत एक, एवढं प्रमाण आहे. यातही स्त्रियांपेक्षा तिप्पट प्रमाणात असे पुरुष आढळतात. याला 'जेंडर डिस्फोरिया' (लैंगिक असंलग्नता) असं म्हटलं जातं. सर्वसाधारणपणे हा मानसिक अवस्थेचा प्रकार मानला जातो. ज्यांना लिंगबदल करून शस्त्रक्रिया करून घ्यायची इच्छा असते, त्या व्यक्तींना आधी बऱ्याच मानसिक तसंच शारीरिक चाचण्यांना सामोरं जावं लागतं. गर्भावस्थेत लिंगनिर्मितीच्या वेळी झालेल्या चुकीच्या संदेशवहनामुळे या व्यक्तींची शारीरिक आणि मानसिक अवस्था यात फारकत होते, असं अलीकडचं संशोधन सांगतं. काही तज्ज्ञांच्या मते 'डीडीटी'सारख्या कीटकनाशकांचा हा परिणाम असण्याची शक्यता संभवते. अमेरिकेत अलीकडच्या काही वर्षांत प्रतिवर्षी सुमारे २५०० लिंगबदल शस्त्रक्रिया घडतात; पण यातल्या बऱ्याच व्यक्ती त्यांचं पूर्वायुष्य उघड होऊ नये, अशी काळजी घेतात. त्यामुळे समाजात अशा व्यक्ती नक्की किती, हे कळणं अवघड आहे.

१९६० नंतरच्या दशकाच्या पूर्वार्धात जेव्हा कॉनवेनं पुन्हा महाविद्यालयात प्रवेश घेतला, तेव्हा अमेरिकेत हाताच्या बोटांवर मोजता येतील इतक्या व्यक्तींनी लिंगबदल शस्त्रक्रिया करून घेतलेल्या होत्या. या शस्त्रक्रियेआधी कॉनवेनं इलेक्ट्रॉनिक क्षेत्रात तज्ज्ञसहायक म्हणून काम करून पैसे साठवले होते; पण ते पुरेसे नाहीत, हे लक्षात येताच त्या पैशातून इलेक्ट्रॉनिक्समधलं पदव्युत्तर शिक्षण पूर्ण करायचं, संगणक क्षेत्रात मोठ्या पगाराची नोकरी मिळवायची, पैसे साठवायचे आणि मग शस्त्रक्रिया करून घेऊन उत्तर आयुष्य 'स्त्री' म्हणून जगायचं, असा बेत लिननं केला. इलेक्ट्रॉनिक्समधलं शिक्षण पूर्ण करताना पुरुष असलेल्या कॉनवेनं मानवशास्त्रातही अभ्यास सुरू केला होताच, पण त्यातही प्राचीन संस्कृती आणि अर्वाचिन आदिम जमातींच्या चालीरीतीवर कॉनवेनं लक्ष केंद्रित केलं होतं. याचं कारण बऱ्याच आदिम जमातींमध्ये काही पुरुष स्त्रियांप्रमाणे राहतात व वागतात, असं कॉनवेनं वाचलं होतं. कॉनवेला झटकन चांगल्या पगाराची नोकरी मिळवून पैसे साठवून लिंगबदलाची शस्त्रक्रिया करवून घ्यायची इच्छा होती खरी; पण नियतीच्या मनात काही वेगळंच होतं. शिक्षण चालू असताना कॉनवे जी अर्ध वेळ नोकरी करत असे, तिथल्याच एका सहकारी स्त्रीशी त्याचा संबंध आला. त्यातून तिला दिवस गेले. त्यामुळे

कॉनवेनं मग तिच्याशी लग्न केलं. आता शस्त्रक्रिया पुढे ढकलणं, हे अपरिहार्य ठरलं. मग कॉनवेनं 'हर्ब शॉर' या कोलंबिया विद्यापीठातील विद्युत अभियांत्रिकी शिक्षकाच्या सांगण्यानुसार 'आय.बी.एम.'मध्ये नोकरी धरली. शॉर 'आयबीएम'मध्ये नोकरी करता करता कोलंबिया विद्यापीठात शिकवत होता. तो 'आय.बी.एम.'च्या 'प्रोजेक्ट वाय'मध्ये महत्त्वाची भूमिका बजावत होता. हे 'प्रोजेक्ट वाय' म्हणजे 'आय.बी.एम.'चा बृहद्‌संगणक बनविण्याचा पहिला प्रकल्प होता. त्या वेळी त्याला 'ॲडव्हान्स्ड कॉम्प्युटर सिस्टिम' असंही म्हणण्यात येत असे. 'आय.बी.एम.'च्या दृष्टीनं हा प्रकल्प फार प्रतिष्ठेचा मानण्यात येत असे. 'कंट्रोल डाटा कॉर्पोरेशन' या एका नव्या कंपनीनं संगणकनिर्मितीच्या बाबतीत 'आय.बी.एम.'वर मात केली होती. या 'सी.डी.सी.' कंपनीचा नवा संगणक 'आय.बी.एम.'च्या संगणकाच्या मानानं आकारानं लहान होताच; पण तो अधिक कार्यक्षम होता. संगणकक्षेत्रातल्या एका गाजलेल्या हकिकतीचा या घटनेशी संबंध आहे. 'सी.डी.सी.'चा संगणक बाजारात आला, तेव्हा 'आय.बी.एम.' संस्थेचे संचालक थॉमस जे. वॉटसन यांनी एक पत्रक 'आय.बी.एम.'च्या अधिकाऱ्यांना पाठवलं. त्या पत्रकांत त्यांनी या सर्व अधिकाऱ्यांना एक प्रश्न विचारला होता– 'आपल्या कंपनीतील हजारो कर्मचाऱ्यांना जे जमलेलं नाही, ते शिपायासह फक्त ३४ कर्मचारी असलेल्या कंपनीला कसं साध्य झालं?'

त्या काळात संगणक एका वेळी एकच कार्य करत असत. कॉनवेनं या प्रकारच्या संगणकांमध्ये मूलभूत बदल घडवून आणला होता. यामुळे संगणक समांतर प्रक्रिया (पॅरलल प्रोसेसिंग) वापरून झपाट्यानं काम करू लागले. तरीही 'आय.बी.एम.'च्या वरिष्ठांची साशंकता, वेगवेगळ्या विभागांतील अंतर्गत राजकारण यामुळे कॉनवेच्या अनेक सूचनांकडे दुर्लक्ष केलं गेलं. पुढे १९७६ मध्ये 'क्रे-१' हा बृहद्‌संगणक बाजारात आला आणि 'आय.बी.एम.'ला धक्का देऊन गेला. याच सुमारास कॉनवेच्या व्यक्तिगत आयुष्यात अनेक वादळं घोंगावू लागली होती. त्याच्या मनात सतत आत्महत्येचे विचार डोकावत असत. 'पुरुष' म्हणून जगणं त्याला अशक्य होऊन बसलं होतं. तेव्हा त्यानं लिंगबदल शस्त्रक्रिया करून घ्यायचं ठरवलं. शस्त्रक्रिया करून लिन कॉनवे' 'आय.बी.एम.'मध्ये परतली, तेव्हा त्या कंपनीत जबरदस्त वादळ उठलं. 'आय.बी.एम.'च्या वरिष्ठ व्यवस्थापनानं लिनला कामावरून काढण्याचा निर्णय घेतला. खरंतर लिनच्या वरिष्ठानं लिन जाण्यात कंपनीचा तोटा आहे, हे पटवून द्यायचा खूप प्रयत्न केला होता, पण व्यवस्थापनानं तिकडे दुर्लक्ष केलं. लिनला हाकलून देण्याची 'आय.बी.एम.'च्या व्यवस्थापनला एवढी घाई झाली होती की, कॉनवे आणि तिच्या सहकाऱ्यांच्या संशोधनाच्या नोंदी कॉनवेकडून परत घेण्याचंही कंपनीस सुचलेलं नव्हतं.

आता कॉनवेच्या उपजीविकेचा आधारच गेला होता. दारिद्र्यात लोटल्या

गेलेल्या लिनच्या पत्नी आणि मुलांना शासकीय बेकारभत्त्यावर गुजराण करायची वेळ आली होती. समाजकल्याण अधिकाऱ्यानं मुलांच्या व पत्नीच्या पोटगीसाठी लिनवर दबाव आणलाच, पण त्याच वेळी त्यानं त्यांची थेट-भेट घ्यायलाही बंदी केली. जर अशी भेट घ्यायचा लिननं प्रयत्न केलाच, तर तिला अटक करण्यात येईल, असंही सुनावलं. कुठेही नोकरी मिळवायचा प्रयत्न केला, तर अनुभव विचारला जायचा. 'आय.बी.एम.'चा अनुभव सांगायचा, तर लिंगबदलाची हकिकत सांगताच नोकरीवर घ्यायला नकार दिला जायचा. अशा परिस्थितीत लिनला एक छोटं काम कंत्राटी पद्धतीनं मिळालं. असं होताहोता १९७३ साल उजाडलं. झेरॉक्स कंपनीनं संगणकक्षेत्रात नुकताच चंचूप्रवेश केला होता.

या कंपनीच्या पालो अल्टो रिसर्च सेंटरमध्ये तिला सामावून घेण्यात आलं. लिनचा थोडासा शामळू स्वभाव, तसंच तिचं इतरांच्या मानानं कमी असलेलं शिक्षण यामुळे सुरुवातीला तिच्या सूचनांकडे कुणी फारसं लक्ष देत नसे. जेव्हा एखाद्या विषयावर चर्चा चालू असेल, तेव्हा आग्रहीपणे मुद्दे मांडून तिची कल्पना पुढे ढकलणं लिनला जमत नसे. एवढंच नव्हे, तर ती क्वचितच स्वत: दूरध्वनीवर बोलत असे. काही काळानं लिनची कार्व्हर मीड या अर्धवाहकांवर संशोधन करणाऱ्या संशोधकाशी ओळख झाली. मीडनं 'ट्रांझिस्टरच्या आकारावरील मर्यादा' या विषयावर मूलभूत संशोधन केलेलं होतं. लिन आणि मीडनं अर्धवाहकांवर संशोधन केलंच; पण समाकलित मंडलांच्या आकाराच्या सूक्ष्मीकरणावरही मूलभूत संशोधन केलं. व्हीएलएसआयला (व्हेरी लार्ज स्केल इंटिग्रेशनला) राजमान्यता मिळावी म्हणून तिनं आणि तिच्या सहकाऱ्यांनी एक पाठ्यपुस्तक लिहिलं. ती 'एमआयटी'त शिकवू लागली. तिथल्या विद्यार्थ्यांनी तिला 'बेस्ट प्रोफेसर वुई एव्हर हॅड' म्हणून गौरवलं. कॉनवेच्या व्हीएलएसआय संकल्पनेची एके काळी टवाळी करणाऱ्या तिच्या प्रतिस्पर्ध्यांना थोड्याच काळात त्या संकल्पनेच्या यशाची कल्पना आली. तेव्हा ही 'स्त्री' नसून खरंतर पुरुषच आहे, अशी कुजबूज सुरू करायचा प्रयत्न झाला; पण तोपर्यंत कॉनवेच्या बुद्धिमत्तेनं आणि सहकारी पद्धतीनं काम करण्याच्या शैलीमुळे प्रभावित झालेल्या अमेरिकन संगणकविश्वानं तिकडे दुर्लक्षच केलं. तिचं यश इतकं खणखणीत होतं की, लिन स्त्री आहे की पुरुष, या चर्चेला आता गौण स्थान होतं. पुढे ही चर्चा करणाऱ्यांकडे दुर्लक्ष करण्यात येऊ लागलं.

यानंतर काही काळातच अमेरिकेच्या संरक्षण संशोधन विभागानं (दार्पा–डिफेन्स ॲडव्हान्स रिसर्च प्रोजेक्ट एजन्सीनं) लिनला बोलावून घेतलं. एके काळी याच संस्थेच्या तज्ज्ञांनी लिनच्या व्हीएलएसआय कल्पनांची टवाळी केली होती. एवढंच नव्हे, तर तिच्या भाषणाच्या वेळी हे तज्ज्ञ कुचेष्टेनं हसत होते. लिननं स्वत:हूनच 'दार्पा'च्या 'फिफ्थ जनरेशन कॉम्प्युटर प्रोग्राम'ला रामराम ठोकला. पुढे तो प्रकल्पही

बारगळलाच. कॉनवे मग मिशिगन विद्यापीठात शिकवू लागली; पण आयुष्यात ज्या गोष्टी तिला पूर्वी परिस्थितीमुळे करता आल्या नव्हत्या, त्यांचाही उपभोग घ्यायचं तिनं ठरवलं. कॅनोइंग व कायाकिंग हे होडी चालविण्याचे साहसी प्रकार, मोटारसायकलच्या शर्यती यांच्याबरोबरच तिनं चार्लीसारखा जोडीदारही मिळवला.

स्वयंपाकघरातही तिनं बऱ्याच नव्या सुधारणा घडवून आणल्या. इतकंच नव्हे, तर ती उत्कृष्ट स्वयंपाकीही बनली. विद्यापीठात तिनं ग्रंथालयात सुधारणा घडवून आणल्या. डिजिटल प्रयोगशाळा निर्माण केली. दूरशिक्षणाची सोय निर्माण केली.

१९९८ मध्ये कॉनवे निवृत्त झाली. दरम्यानच्या काळात मार्क स्मॉदरमननं संगणकक्षेत्राचा इतिहास लिहायचं ठरवलं, तेव्हा त्याला कॉनवेनं संगणकक्षेत्रात केलेल्या योगदानाचा पत्ता लागला. मग तिनं तिच्या पूर्वायुष्यात केलेल्या संशोधनाची एसीएस-१ आणि 'आय.बी.एम.'मधल्या संशोधनाची हकिकत उघड केली. ''मी जर 'आय.बी.एम.'मध्येच राहिले असते, तर 'व्हीएलएसआय' क्रांतीशी माझा संबंधच नसता आला'' असं ती स्वत:च म्हणते. त्या काळात ज्यांच्यामुळे त्रास झाला, त्यांच्याबद्दल तिला अजिबात कटुता नाही, हे विशेष!

■

सुसान सॉलोमन आणि स्कॉटची मोहीम

सुसान सॉलोमन ही विसाव्या शतकाच्या उत्तरार्धातील एक शास्त्रज्ञ आहे. रॉबर्ट फाल्कन स्कॉट १९१२ मध्ये अंटार्क्टिका मोहिमेत दक्षिण ध्रुवावर पोहोचून परतताना गोठला गेला. त्याच्या मोहिमेच्या अपयशाला चुकीचं नियोजन कारणीभूत ठरलं, असं म्हणण्यात येतं. ते काही अंशी खरंही आहे; पण त्याचा आणि सुसान सॉलोमनचा संबंध काय? हा प्रश्नही मनात येणं साहजिक आहे.

सुसान सॉलोमन ही वातावरणशास्त्रज्ञ १९८६ मध्ये द. ध्रुवीय खंडावर हवामानाची अभ्यासक म्हणून पोहोचली. एक दिवस तिथलं तापमान -४५ अंश से. म्हणजे शून्य अंशाखाली ४५ अंश से. असताना ती बाहेर पडली. तिच्या डोळ्यांतून बाहेर पडणारे अश्रू डोळ्यांच्या कडांवरच गोठले. वाऱ्यामुळे इथलं तापमान खऱ्या अर्थानं -७० अंश से. बरोबर होतं. त्याला इंग्रजीत विंडचिल फॅक्टर (वात गोठण घटक) असं म्हणतात. याच अनुभवामुळे तिनं स्कॉटच्या मोहिमेचा अभ्यास करायचं ठरवलं.

तिच्या अभ्यासावर आधारित पुस्तक इ.स. २००१ मध्ये प्रसिद्ध झालं. त्याचं नाव 'द कोल्डेस्ट मार्च : स्कॉट्स फॅटल अंटार्क्टिक एक्स्पीडीशन'. येल युनिव्हर्सिटीनं प्रकाशित केलेलं हे पुस्तक मुद्दाम मिळवून वाचावं, असं आहे. शास्त्रीय संशोधन आणि माणुसकी या दोन्ही गोष्टींचा सुरेख मेळ या पुस्तकात पाहावयास मिळतो. स्कॉट आणि त्याच्या साथीदारांना या मोहिमेत का अपयश आलं असावं, याची कारणमीमांसा या पुस्तकात केली आहे. काही वेळा आपल्या नियंत्रणाबाहेरची अनपेक्षित नैसर्गिक परिस्थिती माणसाच्या अपयशाला का व कशी कारणीभूत ठरते, हे इथे पाहावयास मिळतं. ज्यांना ही कारणं कळलेली नसतात, ते अशा घटनांना 'नियतीचा खेळ' असं म्हणतात. सॉलोमनच्या मते स्कॉट यशस्वी झाला असता; पण दुर्दैवानं त्याच्या मोहिमेची वेळ चुकली. इतर कुठल्याही वर्षी त्याची मोहीम आरामात यशस्वी होऊ शकली असती.

१९११-१२ चा अंटार्क्टिक उन्हाळा हा उन्हाळाच नव्हता. तो प्रचंड थंडीचा

उन्हाळा स्कॉटनं नेमका दक्षिण ध्रुव विजयासाठी निवडला होता. तो उन्हाळा त्या शतकातील अंटार्क्टिकाच्या शतकातील सर्वाधिक वाईट हवामानापैकी एक होता. किंबहुना त्याला उन्हाळा म्हणणंच अवघड होतं!

सॉलोमन वातावरणशास्त्रज्ञ असल्यानं तिनं अंटार्क्टिक हवामानाच्या नोंदीचा तुलनात्मक अभ्यास केला. त्याचबरोबर तिनं स्कॉटच्या मोहिमेतील सर्व उपलब्ध नोंदी आणि रोजनिश्या यांचा अभ्यास केला. त्यावरून स्कॉटनं मोहिमेची आखणी अतिशय काळजीपूर्वक केली होती आणि म्हणून मोहिमेच्या अपयशाचं खापर स्कॉटच्या माथी फोडणं योग्य नाही, असं तिचं म्हणणं आहे. विज्ञानाच्या साहाय्यानं इतिहासाचा शोध घेतला, तर बरेचदा सत्य परिस्थिती लक्षात येते, असं सॉलोमन तिच्या संशोधनाबद्दल म्हणते. स्कॉट आणि त्याचे सहकारी मृत्युमुखी पडले, तो मार्च महिना कित्येक दशकांमधील सर्वाधिक थंड मार्च महिना होता. तापमान –५५ अंश से. (उणे ५५ अंश से.) इतकं कमी होतं. त्यामुळे त्या थंडीत आणि त्यावरचा वाऱ्याचा परिणाम लक्षात घेता स्कॉट आणि त्याचे सहकारी जगले असते, तरच आश्चर्य करावं लागलं असतं, असं सॉलोमनचं म्हणणं आहे. आज सर्व आधुनिक साधनांच्या साहाय्यानंसुद्धा एवढी थंडी सहन करणं सर्वांनाच शक्य होत नाही त्यामुळे त्या काळात तर ते अशक्यच होतं.

हा निष्कर्ष काढणारी सॉलोमन ओझोन विवराचं अस्तित्व सिद्ध करणाऱ्या तुकडीचं नेतृत्व करत होती. लहानपणापासूनच जगाकडे वेगळ्या नजरेनं पाहण्याची तिला सवय आहे. गेली सुमारे १५-२० वर्षं ती स्कॉटच्या मोहिमेचा अभ्यास करत होती. सीएफसी रसायनं आणि ओझोन विवरांमधील परस्परसंबंध तिनं स्पष्ट केला. त्याच काळात तिचा स्कॉटच्या मोहिमेचा अभ्यास सुरू झाला. नॅशनल ओशॅनिक अँड अ‍ॅट्मॉस्फेरिक अ‍ॅडमिनिस्ट्रेशनच्या (नोआच्या) बोल्डर, कोलोराडो इथल्या प्रयोगशाळेत काम करत असतानाच तिनं सीएफसी संयुगं आणि ओझोन विवर यांच्या परस्परसंबंधाचं सैद्धान्तिकरीत्या गणित मांडलं होतं. पृथ्वीपासून सुमारे १९-२० कि.मी. उंचीवर स्तरितांबरामध्ये ओझोन थराच्या अतिशीत तापमानात सीएफसीमधला क्लोरीन जागृत होत असावा, असा सॉलोमनचा तर्क होता. हा जागृत क्लोरीन अणू ओझोनमधल्या जास्तीच्या ऑक्सिजनच्या अणूशी संयोग पावत असावा, असा तिचा अंदाज होता. त्यामुळे ओझोन थरातील ओझोनचं प्रमाण कमी होऊ लागलं, हे माणसाच्या दृष्टीनं धोकादायक असल्याचा दावा ती करत होती.

तिच्या या दाव्याची सत्यता तपासून पाहण्यासाठी १९८६-१९८७ मध्ये सॉलोमन तिच्या सहकाऱ्यांसह अंटार्क्टिकामध्ये आली होती. तिनं केलेल्या वातावरणीय मोजमापांमुळे तिचं म्हणणं खरं असल्याचं सिद्ध झालं. त्यामुळे सुसान सॉलोमनला १९९३ मध्ये अमेरिकेतील 'नॅशनल मेडल ऑफ सायन्स'ही मिळालं. हे संशोधन

कार्य चालू असतानाच स्कॉटच्या मोहिमेबद्दलचं तिचं कुतूहल वाढीस लागलं. सुमारे बारा वर्षं तिनं स्कॉट आणि त्याच्या सहकाऱ्यांच्या नोंदी आणि रोजनिशींचा अभ्यास केला. ''त्यांच्या हवामानाविषयक नोंदींचा अभ्यास करताना माझा त्यांच्याबद्दलचा आदर वाढीस लागला'' असं सॉलोमन म्हणते. या अभ्यासातच तिला स्कॉटच्या मोहिमेच्या अपयशाची कारणं मिळायला सुरुवात झाली. स्कॉटच्या नियोजनात दोष काढणं सोपं असलं, तरी हे दोष फारसे गंभीर नव्हते. त्याच्या दुर्दैवानं तो सुमारे पन्नास वर्षांतील सर्वांत वाईट हवामानात दक्षिण ध्रुवीय प्रदेशात वावरला, हे सुसानच्या लक्षात आलं. तेव्हा मग सुसाननं सर्व पुराव्यांचा नीट अभ्यास करून ही माहिती जगापुढे आणायचं ठरवलं.

या अभ्यासात सुसानच्या लक्षात ज्या गोष्टी आल्या, त्यानुसार वातावरणानं स्कॉटच्या मोहिमेचा तीन प्रकारे घात केला, असं तिच्या निदर्शनास आलं. ही मोहीम परतीच्या प्रवासात रॉस हिमतटावर पोहोचली, तेव्हा तिथून पुढचा प्रवास अतिशय सुकर व्हावा, अशी त्या मोहिमेची अपेक्षा होती. हा त्यांच्या प्रवासाचा अखेरचा टप्पा होता. मोहिमेच्या आधीच्या अंदाजानुसार त्याचप्रमाणे या भागाच्या ज्ञात वातावरणाच्या अभ्यासावरून वारं त्यांना मागून पुढे ढकलेल, अशी त्यांची अपेक्षा होती. मोहिमेच्या हवामानतज्ज्ञ जॉर्ज सी. सिंप्सनच्या अंदाजानुसार तापमान शून्य अंश सेल्सिअस खाली २० ते २५ अंश से. एवढं असणार होतं. त्याऐवजी त्यांना सरासरी -३५ अंश से. एवढ्या तापमानास तोंड द्यावं लागलं होतं. ते रॉस हिमतटावर तीन आठवडे होते. त्या काळात फक्त एकदाच हे तापमान त्यांच्या अपेक्षेइतकं वर चढलं होतं.

सिंप्सनच्या मते इतकं वाईट हवामान वाटेत लागण्याची शक्यता फक्त १० टक्के एवढीच होती. सॉलोमननं आधुनिक काळातल्या सरासरी तापमानांची नोंद बघितली, तेव्हा सिंप्सनचा अंदाज बरोबर असल्याचं तिच्या लक्षात आलं. विसाव्या शतकाच्या उत्तरार्धात फक्त १९८८ मध्ये मार्च महिन्यात अंटार्क्टिकावर एवढं कमी तापमान सॉलोमनला आढळलं. मुख्य म्हणजे कधी नव्हे ते वारं पडलं. स्कॉटला वेगवान वाऱ्याच्या मदतीची अपेक्षा होती. वारंच नसल्यामुळे त्या मोहिमेतील प्रत्येकाला ९० किलो वजन असलेली घसरगाडी ओढत नेणं भाग पडलं होतं. त्या वेळी त्या भागातल्या हिमाचे कण वाळूसारखे बनल्यानं या घसरगाड्या ओढणं आणखी त्रासदायक ठरलं होतं.

सॉलोमननं आधुनिक हिमवैज्ञानिकांच्या संशोधनातून असं का घडलं, ते शोधून काढलं. साधारणपणे -२५ अंश से. पेक्षा कमी तापमानास घसरगाड्यांच्या पट्ट्यांच्या घर्षणानं बर्फ वितळत नाही. त्यामुळे घसरगाड्या ओढणं अवघड झालं. वारं असतं, तर शिडं उभारून घसरगाड्या वेगानं नेता आल्या असत्या, तर कदाचित ते वाचू

शकले असते. त्यातच कधी नव्हे ते एक भयानक हिमवादळ त्यांच्या वाटेत आलं. त्यामुळे हिमदंशानं स्कॉटला चालणं अशक्य झालं. ते आणखी १७-१८ कि.मी. पुढे गेले असते, तर अन्न आणि निवारा त्यांना उपलब्ध झाला असता. सॉलोमननं साप्ताहिक सुट्ट्या आणि रात्री उशिरा जागून हे संशोधन केलं.

''बरेच शास्त्रज्ञ आपल्या वैज्ञानिक वर्तुळाबाहेर पडून जनसामान्यांच्या संपर्कात येत नाहीत. विज्ञानात बऱ्याच रसभरीत घटना आहेत. त्या सामान्य वाचकांपर्यंत पोहोचल्या, तर लोकांना विज्ञानाकडे आकृष्ट करता येईल. 'द कोल्डेस्ट मार्च' हा माझा असा एक प्रयत्न आहे.'' असं सुसानचं म्हणणं आहे. हा प्रयत्न खरोखरच वाचनीय आहे, यातही शंका नाही.

■

www.ingramcontent.com/pod-product-compliance
Ingram Content Group UK Ltd.
Pitfield, Milton Keynes, MK11 3LW, UK
UKHW021701190726
13853UKWH00001B/386